互换性与技术测量

（第二版）

主　编　赵　燕　吴智慧

副主编　李丽君

参　编　陈　艳　谢卫容　诸　彦　李智慧

華中科技大學出版社
http://www.hustp.com
中国·武汉

内容提要

本书从互换性生产要求的实际出发，依据我国在2020年发布的《产品几何技术规范(GPS)》等最新国家标准编写，简要系统地介绍了几何量公差的选用和检测的基本知识，阐述了技术测量的基本原理。全书共分十一章，主要内容包括绪论、孔与轴的极限与配合、长度测量基础、几何公差与误差检测、表面粗糙度、光滑极限量规、滚动轴承的公差与配合、圆锥的公差与配合、螺纹公差、键和花键的公差与配合、圆柱齿轮的公差与配合等。每章后面附有思考题与练习题，便于读者复习和巩固知识。

本书可作为高等工科院校机械类或近机类各专业"互换性与技术测量"课程教材，也可供机械制造工程技术人员及计量、检验人员参考。

图书在版编目(CIP)数据

互换性与技术测量/赵燕，吴智慧主编. —2版. —武汉：华中科技大学出版社，2022.7
ISBN 978-7-5680-8296-9

Ⅰ. ①互… Ⅱ. ①赵… ②吴… Ⅲ. ①零部件-互换性 ②零部件-技术测量 Ⅳ. ①TG801

中国版本图书馆CIP数据核字(2022)第121943号

互换性与技术测量(第二版)
Huhuanxing yu Jishu Celiang (Di-er Ban)　　　赵　燕　吴智慧　主编

策划编辑：袁　冲
责任编辑：刘　静
封面设计：孢　子
责任监印：朱　玠
出版发行：华中科技大学出版社(中国·武汉)　　电话：(027)81321913
　　　　　武汉市东湖新技术开发区华工科技园　　邮编：430223
录　　排：华中科技大学惠友文印中心
印　　刷：武汉开心印印刷有限公司
开　　本：787mm×1092mm　1/16
印　　张：14.5
字　　数：359千字
版　　次：2022年7月第2版第1次印刷
定　　价：39.00元

前言

“互换性与技术测量”是高等学校机械类各专业的重要技术基础课。它包含几何量公差选用和技术测量两方面的内容，与机械设计、机械制造及其质量控制密切相关，是机械工程技术人员和管理人员必须掌握的一门综合性应用技术基础课程。在教学计划中，本课程有联系设计类课程与制造工艺类课程的纽带作用，也有从基础课及其他技术基础课教学过渡到专业课教学的桥梁作用。

本课程主要由公差配合与技术测量两部分组成，这两部分有一定的联系，但又自成体系。其中公差配合属标准化范畴，而技术测量属计量学范畴，它们是独立的两个体系。而本课程正是将公差标准与计量技术有机地结合在一起的一门技术基础学科。本学科的基本理论是误差理论，基本教学研究方法是数量统计，研究的中心是机器使用要求与制造要求的矛盾，解决方法是规定公差并用计量测试手段保证其贯彻实施。

本教材在第一版的基础上，根据课程教学课时少的特点，按照最新发布的国家和国际标准对各章的内容进行了修订，重点对孔与轴的极限与配合、几何公差与误差检测、滚动轴承的公差与配合、螺纹公差等章节内容进行了修改。本教材具有以下特点：

(1) 依据教学大纲的基本要求，注重基础内容和标准应用，以方便自学；

(2) 适用于技术型工科院校的机械类专业，计划授课 40 学时左右，教师可根据需要对课时进行调整。

(3) 理论联系实际，结合零件精度设计实例对公差标准应用问题进行分析。

(4) 本教材全部采用 2020 年最新颁布的国家标准，同时注重国际标准(ISO)与国家标准(GB)的对比，以使学生逐渐适应我国加入 WTO 后对机械制造业的新要求。随着计算机辅助设计在制造业中的普遍运用，根据国家标准要求，在几何公差部分增加了三维(3D)标准介绍，以适应行业使用需求。

本书由赵燕、吴智慧担任主编，由李丽君担任副主编，参加编写及再版修订的有陈艳、谢卫容、诸彦和李智慧。具体分工如下：陈艳、李丽君，第 1、6 章；赵燕，第 2、3、4 章；李智慧，第

5 章；吴智慧，第 8、9、10、11 章；谢卫容、诸彦，第 7 章。全书由赵燕统稿，并主要由吴智慧、李智慧负责修订和提供课件。本书在编写过程中，得到了武昌首义学院吴昌林常务副校长、机电与自动化学院副院长李硕教授的大力支持；得到了华中科技大学出版社编辑袁冲的大力支持；参考了许多教材与期刊，引用了一些著者的插图和资料，在参考文献中未能一一列出，在此一并表示衷心的感谢。

由于编者的水平、时间有限，书中难免存在错误和不当之处，恳请广大读者批评指正。

编　者

2022 年 1 月

目录

第1章 绪论

1.1 互换性

1.1.1 互换性的含义

什么叫互换性？在人们的日常生活中有大量的现象涉及互换性。例如：机器或仪器上掉了一个螺钉，按相同的规格买一个装上就行了；灯泡坏了，买一个安上即可；汽车、拖拉机，乃至自行车、缝纫机、手表中某个机件磨损了，也可以换上一个新的，便能正常使用。互换性是重要的生产原则和有效的技术措施，在日用工业品、机床、汽车、电子产品、军工产品等各生产部门都被广泛采用。

互换性是指在同一规格的一批零件或部件中，任取一件，不需经过任何选择、修配或调整，就能装配在整机上，并能满足使用性能要求的特性。

显然，具备互换性应该同时具备两个条件：①不需经过任何选择、修配或调整便能装配（当然也应包括维修更换）；②装配（或更换）后的整机能满足其使用性能要求。

互换性是许多工业部门产品设计和制造中遵循的重要原则。它不仅涉及产品制造中零部件的可装配性，而且还涉及机械设计、生产及其使用的重大技术和经济问题。

1.1.2 互换性的分类

在生产中，互换性按可互换的程度可分为完全互换（绝对互换）性与不完全互换（有限互换）性。

若零件在装配或更换时，不需选择、辅助加工与修配，则其互换性为完全互换性。当装配精度要求较高时，采用完全互换将使零件制造公差很小，加工困难，成本很高，甚至无法加工。这时，可以采用其他技术手段来满足装配要求。例如分组装配法，就是将零件的制造公差适当地放大，使之便于加工，而在零件加工后装配前，用测量器具将这些零件按实际尺寸的大小分为若干组，使每组零件间实际尺寸的差别减小，按相应组进行装配（即大孔与大轴相配，小孔与小轴相配）。这样，既可保证装配精度和使用要求，又能降低加工难度、降低成本。此时，仅组内零件可以互换，组与组之间不可互换，故这种互换性称为不完全互换性。

对于标准部件或机构来说,互换性又可分为外互换性与内互换性。

外互换性是指部件或机构与其相配件间的互换性,例如滚动轴承内圈内径与轴的配合,外圈外径与机座孔的配合。内互换性是指部件或机构内部组成零件间的互换性,例如滚动轴承内,外圈滚道直径与滚珠(滚柱)直径的装配。

为使用方便起见,滚动轴承的外互换采用完全互换,而其内互换则因其组成零件的精度要求高、加工困难而采用分组装配,为不完全互换。一般来说,不完全互换只用于部件或机构的制造厂内部的装配。至于厂外协作,即使产量不大,往往也要求完全互换。究竟是采用完全互换,还是不完全互换或者部分地采用修配调整,要由产品精度要求与复杂程度、产量大小(生产规模)、生产设备、技术水平等一系列因素决定。

应该指出,零件具有互换性,绝不仅仅取决于它们几何参数的一致性,还取决于它们的物理性能、化学性能、机械性能等参数的一致性。因此,按决定参数或使用要求,互换性可分为几何参数互换性与功能互换性,本课程主要研究的是零件几何参数的互换性。

1.1.3 互换性在机械制造中的作用

互换性在机械制造中有很重要的作用。

从使用方面看,如果一台机器的某零件具有互换性,则该零件损坏后,可以很快地用另一备件来代替,从而使机器维修方便,保证了机器工作的连续性和持久性,延长了机器的使用寿命,提高了机器的使用价值。在某些情况下,互换性所起的作用是难以用价值来衡量的。例如:发电厂要及时排除发电设备的故障,保证继续供电;在战场上要及时排除武器装备的故障,保证继续战斗。在这些场合,实现零件的互换,显然是极为重要的。

从制造方面看,互换性是提高生产水平和进行文明生产的有力手段。装配时,由于零件(部件)具有互换性,不需要辅助加工和修配,可以减轻装配工的劳动量,因而缩短了装配周期。而且,互换性还可使装配工作按流水作业方式进行,以至实现自动化装配,这就使装配生产效率显著提高。加工时,由于按标准规定的公差加工,同一台机器上的各个零件可以分别由各专业厂同时制造。各专业厂产品单一,产品数量多,分工细,所以有条件采用高效率的专用设备,乃至采用计算机进行辅助加工,从而使产品的数量增加、质量明显提高,成本也必然显著降低。

从设计方面看,产品中采用了具有互换性的零部件,尤其是采用了较多的标准零件和部件(螺钉、销、滚动轴承等),将使许多零部件不必重新设计,从而大大减轻了计算与绘图的工作量,简化了设计程序,缩短了设计周期。尤其是还可以应用计算机进行辅助设计,这对发展系列产品和促进产品结构、性能的不断改善,都有很大作用。例如,目前我国手表生产采用具有互换性的统一机芯,许多新建手表厂不用重新设计手表机芯,因而缩短了生产准备周期,而且也为不断改进和提高产品质量创造了一个极好的条件。

综上所述,在机械制造中组织互换性生产,大量地应用具有互换性的零部件,不仅能够显著提高劳动生产率,而且还能够有效地保证产品质量和降低成本。所以,使零部件具有互换性是机械制造中重要的原则和有效的技术措施。

1.2 标准化与优先数系

1.2.1 标准与标准化

现代制造业生产的特点是规模大、分工细、协作单位多、互换性要求高。为了适应生产中各部门的协调和各生产环节的衔接，必须有一种手段，使分散的、局部的生产部门和生产环节保持必要的统一，成为一个有机的整体，以实现互换性生产。标准与标准化正是联系这种关系的主要途径和手段。实行标准化是互换性生产的基础。

1. 标准

标准是指为了在一定的范围内获得最佳秩序，对活动或其结果规定共同的和重复使用的规则、导则或特性的文件。标准对于改进产品质量，缩短产品生产制造周期，开发新产品和协作配套，提高社会经济效益，发展社会主义市场经济和对外贸易等有很重要的意义。

2. 标准化

标准化是指为了在一定的范围内获得最佳秩序，对实际或潜在的问题制定共同的和重复使用的规则的活动。标准化是社会化生产的重要手段，是联系设计、生产和使用方面的纽带，是科学管理的重要组成部分。标准化对于改进产品、过程和服务的适用性，防止贸易壁垒，促进技术合作具有特别重要的意义。

标准化工作包括制定标准、发布标准、组织实施标准和对标准的实施进行监督的全部活动过程。这个过程是从探索标准化对象开始，经调查、实验和分析，进而起草、制定和贯彻标准，而后修订标准。因此，标准化是一个不断循环又不断提高其水平的过程。

1.2.2 标准化的发展历程

1. 国际标准化的发展

标准化在人类开始创造工具时就已出现。标准化是社会生产劳动的产物。标准化在近代工业兴起和发展的过程中显得重要起来。早在19世纪，标准化在国防、造船、铁路运输等行业中的应用十分突出。标准化在其他行业中的应用也很广泛。到了20世纪初，一些国家相继成立全国性的标准化组织机构，推进了本国的标准化事业。以后由于生产的发展，国际交流越来越频繁，因而出现了地区性和国际性的标准化组织。1926年成立了国际标准化协会（简称ISA）。1947年重建国际标准化协会并改名为国际标准化组织（简称ISO）。现在，这个世界上最大的标准化组织已成为联合国经济及社会理事会的甲级咨询机构。ISO 9000系列标准的颁发，使世界各国的质量管理及质量保证的原则、方法和程序，都统一在国际标准的基础之上。

2. 我国标准化的发展

我国标准化是在1949年新中国成立后得到重视并发展起来的。1958年发布第一批120项国家标准。从1959年开始，陆续制定并发布了公差与配合、形状和位置公差、公差原则、表面粗糙度、光滑极限量规、渐开线圆柱齿轮精度、极限与配合等许多公差标准。我国在1978年恢复为ISO成员，承担ISO技术委员会秘书处工作和国际标准草案的起草工作。从1979年开始，我国制定并发布了以国际标准为基础的新的公差标准。从1992年开始，我国又发布了以国际标准为基础进行修订的T类新公差标准。1988年全国人大常委会通过并由国家主席发布了《中华人民共和国标准化法》。1993年全国人大常委会通过并由国家主席发布了《中华人民共和国产品质量法》。我国标准化水平在社会主义现代化建设过程中不断得到发展与提高，并对我国经济的发展做出了很大的贡献。

1.2.3 优先数系

1. 优先数系及其公比

国家标准《优先数和优先数系》(GB/T 321—2005)规定十进等比数列为优先数系，并规定了5个系列。这5个系列分别用符号R5、R10、R20、R40和R80表示，称为R*r*系列。其中前4个系列是常用的基本系列；而R80则作为补充系列，仅用于分级很细的特殊场合。

优先数系是工程设计和工业生产中常用的一种数值制度。优先数与优先数系是19世纪末(1877年)，由法国人查尔斯·雷诺(Charles Renard)首先提出的。当时载人升空的气球所使用的绳索尺寸由设计者随意规定，多达425种。雷诺根据单位长度不同直径绳索的重量级数来确定绳索的尺寸，按几何公比递增，每进5项使项值增大10倍，把绳索规格减少到17种。在此基础上，产生了优先数系的系列。后人为了纪念雷诺，将优先数系称为R*r*数系。

基本系列R5、R10、R20、R40的1～10的常用值如表1-1所示。

表1-1 优先数系基本系列的常用值(GB/T 321—2005)

基本系列	1～10的常用值										
R5	1.00		1.60		2.50		4.00		6.30		10.00
R10	1.00	1.25	1.60	2.00	2.50	3.15	4.00	5.00	6.30	8.00	10.00
R20	1.00	1.12	1.25	1.40	1.60	1.80	2.00	2.24	2.50	2.80	
	3.15	3.55	4.00	4.50	5.00	5.60	6.30	7.10	8.00	9.00	10.00
R40	1.00	1.06	1.12	1.18	1.25	1.32	1.40	1.50	1.60	1.70	1.80
	1.90	2.00	2.12	2.24	2.36	2.50	2.65	2.80	3.00	3.15	3.35
	3.55	3.75	4.00	4.25	4.50	4.75	5.00	5.30	5.60	6.00	6.30
	6.70	7.10	7.50	8.00	8.50	9.00	9.50	10.00			

优先数系是十进等比数列，其中包含10的所有整数幂(…，0.01，0.1，1，10，100，…)。只要知道一个十进段内的优先数值，其他十进段内的数值就可由小数点的前后移位得到。优先数系中的数值可方便地向两端延伸，由表1-1中的数值，使小数点前后移位，便可以得到所有小于1和大于10的任意优先数。

优先数系的公比为$q_r=\sqrt[r]{10}$。由表1-1可以看出，基本系列R5、R10、R20、R40的公比分别为$q_5=\sqrt[5]{10}\approx1.60$、$q_{10}=\sqrt[10]{10}\approx1.25$、$q_{20}=\sqrt[20]{10}\approx1.12$、$q_{40}=\sqrt[40]{10}\approx1.06$。另外，补充

系列 R80 的公比为 $q_{80}=\sqrt[80]{10}\approx1.03$。

2. 优先数与优先数系的特点

优先数系中的任何一个项值均称为优先数。优先数的理论值为$(\sqrt[r]{10})^{N_r}$，其中 N_r 是任意整数。按照此式计算得到的优先数的理论值，除 10 的整数幂外，大多为无理数，工程技术中不宜直接使用。实际应用的数值都是经过化整处理后的近似值，根据取值的有效数字位数，优先数的近似值可以分为：计算值（取 5 位有效数字，供精确计算用）；常用值（即优先值，取 3 位有效数字，是经常使用的）；化整值（是将常用值做化整处理后所得的数值，一般取 2 位有效数字）。

优先数系主要有以下特点。

（1）任意相邻两项间的相对差近似不变（按理论值，则相对差为恒定值）。

如 R5 系列约为 60%，R10 系列约为 25%，R20 系列约为 12%，R40 系列约为 6%，R80 系列约为 3%。由表 1-1 可以明显地看出这一点。

（2）任意两项的理论值经计算后仍为一个优先数的理论值。

计算包括任意两项理论值的积或商，任意一项理论值的正、负整数乘方等。

（3）优先数系具有相关性。

优先数系的相关性表现为：在上一级优先数系中隔项取值，就得到下一系列的优先数系；反之，在下一系列中插入比例中项，就得到上一系列。如在 R40 系列中隔项取值，就得到 R20 系列；在 R10 系列中隔项取值，就得到 R5 系列。又如在 R5 系列中插入比例中项，就得到 R10 系列；在 R20 系列中插入比例中项，就得到 R40 系列。这种相关性也可以说成：R5 系列中的项值包含在 R10 系列中，R10 系列中的项值包含在 R20 系列中，R20 系列中的项值包含在 R40 系列中，R40 系列中的项值包含在 R80 系列中。

3. 优先数系的派生系列

为使优先数系具有更宽广的适应性，可以从基本系列中，每逢 p 项留取一个优先数，生成新的派生系列。

如派生系列 R10/3，就是从基本系列 R10 中，自 1 以后每逢 3 项留取一个优先数而组成的，即 1.00，2.00，4.00，8.00，16.0，32.0，64.0，…。

4. 优先数系的选用规则

优先数系的应用很广泛。它适用于各种尺寸、参数的系列化和质量指标的分级，对保证各种工业产品的品种、规格、系列的合理化分档和协调配套具有十分重要的意义。

选用基本系列时，应遵守先疏后密的规则：按 R5、R10、R20、R40 的顺序选用。当基本系列不能满足要求时，可选用派生系列，注意应优先采用公比较大和延伸项含有项值 1 的派生系列。根据经济性和需要量等不同条件，还可分段选用最合适的系列，以复合系列的形式来组成最佳系列。

优先数系由于包含各种不同公比的系列，因而可以满足各种较密和较疏的分级要求。优先数系以其广泛的适用性，成为国际上通用的标准化数系。工程技术人员应在一切标准化领域中尽可能地采用优先数系，以达到使各种技术参数协调、简化和统一的目的，促进国民经济更快、更稳发展。

1.3 互换性测量技术基础课程

1.3.1 本课程的研究对象和任务

“互换性测量技术基础”是高等工科院校机械、仪器仪表类及有关专业的一门综合性很强的应用技术基础课，是机械设计(运动设计、结构设计、精度设计)中不可缺少的重要组成部分。本课程的研究对象是机械或仪器零部件的几何精度设计及其检测原理，即几何参数的互换性。在教学计划中，它是联系机械设计和机械制造工艺课程的纽带，是从基础课过渡到专业课的桥梁。尤其是近年来，随着生产和科学技术的飞速发展，对机械零件标准化要求越来越高，因此本课程又充实了最新技术基础标准、国际先进技术、提高产品质量的措施等内容。本课程不仅是高等学校有关专业学生的必修课，而且是厂矿企业、科研单位的工程技术人员必须掌握的一门知识。

学生在学习本课程时，应具有一定的理论知识和生产实践知识，即能读图、制图，了解机械加工的一般知识和常用机构的原理。高等学校有关专业的学生通过本课程的学习，可以完成下列任务。

(1) 掌握互换性、标准化的概念及机械零部件精度设计的基本原理和方法，了解典型零件极限与配合标准的组成和应用，能合理地确定各种典型零件的制造精度。这些都是保证产品质量的重要手段。

(2) 进一步加强基本理论、基本知识和基本技能的学习和训练。本课程的理论基础是误差理论，其基本理论的研究方法是数理统计，具体研究的对象是机器零部件的精度设计，并且通过一定的计量测试方法保证设计要求的实现。显然，本课程既有坚实的基本理论，又有广泛的基本知识(确定和分析零件精度的概念)和基本技能(即典型零件的测试方法)，成为对学生进行“三基”训练的重要环节。

(3) 进一步培养学生分析问题和解决问题的能力。本课程是一门实践性很强的课程，无论是对零件的精度设计，还是对零件检测方法的确定，都需要和生产实际密切结合。学生只有深入了解各种生产实际因素的影响，灵活运用所学得的知识，熟练查阅各种标准表格和资料，正确使用各种典型测量工具，才能较好地完成本课程的任务。因此，通过本课程的学习，不仅能提高学生分析问题和解决问题的能力，还能使他们独立工作的能力及动手能力得到训练和提高。

1.3.2 本课程的特点和学习方法

本课程是由互换性原理和测量技术基础两部分组成的。互换性是零部件精度设计的基本内容，和标准化关系十分密切；测量技术基础属于计量学的范畴，是论述零部件的测量原理、方法及测量误差处理等内容的。因此，本课程的特点是：术语定义多，符号、代号多，标准规定多，经验解法多。所以，刚学完系统性较强的理论基础课的学生，往往感到概念难记、内容繁多。而且，从标准规定上看，原则性强；从工程应用上看，灵活性大。这对于初学者来

说，较难掌握。但是，正像任何东西都离不开主体，任何事物都有它的主要矛盾一样，本课程尽管概念很多、涉及面广，但各部分都围绕着以保证互换性为主的精度设计问题，介绍各种典型零件几何精度的概念，分析各种零件几何精度的设计方法，论述各种零件的检测规定等。所以，学生在学习中应注意及时总结归纳，找出它们之间的关系和联系。学生要认真按时完成作业，认真做实验和写实验报告，实验课是本课程验证基本知识、训练基本技能、理论联系实际的重要环节。此外，在后续课程，例如机械零件设计、工艺设计、毕业设计中，学生都应正确、完整地把在本课程中学到的知识应用到工程实际中去。

思考题与练习题

一、思考题

1. 什么叫互换性？它在机械制造中有何作用？互换性是否只适用于大批量生产？

2. 生产中常用的互换性有几种？采用不完全互换的条件和意义是什么？

3. 何谓标准化？它和互换性有何关系？

4. 何谓优先数系？基本系列有哪些？公比如何？派生系列是怎样形成的？

二、练习题

5. 按优先数系基本系列确定优先数：

(1) 第一个数为10，按R5系列确定后五项优先数；

(2) 第一个数为100，按R10/3系列确定后三项优先数。

第2章 孔与轴的极限与配合

由孔和轴构成的圆柱体结合是机械制造中应用最为广泛的结构，一般用作相对转动或移动副、固定连接或可拆定心连接副。圆柱体结合有直径和长度两个参数，从使用要求来看，直径参数通常更为重要，是圆柱体结合主要应该考虑的参数。

从现代机械工业发展的趋势来看，对机械零件的互换性要求越来越高。为了使零件具有互换性，就必须保证零件的尺寸、几何形状和相互位置以及零件的表面质量等的一致性。就尺寸而言，互换性要求尺寸的一致性，是指要求尺寸在某一合理的范围内，这个范围既要保证相互结合的尺寸之间形成一定的关系，以满足不同的使用要求，又要满足在制造上的经济性与合理性，因此就形成了“极限与配合”的概念。“极限”用于协调机械零件的使用要求与制造经济性之间的矛盾，而“配合”则反映零件在组合时的相互关系。

为了便于机器的设计、制造、使用和维修，保证机械零件的精度、使用性能和寿命，与机器精度有直接联系的孔、轴的极限与配合应该标准化。本章介绍与孔、轴的极限与配合相关的国家标准的基本概念、主要内容及其应用。

2.1 基本术语及定义

2.1.1 有关孔、轴的定义

1. 孔

孔是工件的内尺寸要素，包括非圆柱形的内尺寸要素。孔的内部没有材料，从装配关系上看，孔是包容面。孔的直径用大写字母“D”表示。

2. 轴

轴是工件的外尺寸要素，包括非圆柱形的外尺寸要素。轴的内部有材料，从装配关系上看，轴是被包容面。轴的直径用小写字母“d”表示。

这里的孔和轴是广义的，它包括圆柱形的和非圆柱形的孔和轴。例如，图 2-1 中标注的 D_1、D_2、D_3 皆为孔，d_1、d_2、d_3、d_4、d_5 皆为轴。

在极限与配合中，孔和轴的关系表现为包容和被包容的关系，即孔是包容面，轴是被包容面。从加工过程看，随着余量的切除，孔的尺寸由小变大，轴的尺寸则由大变小。

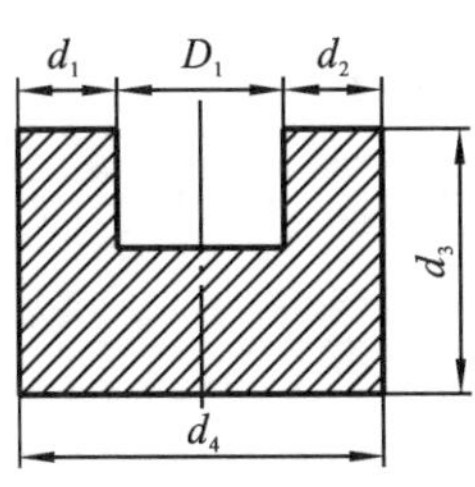

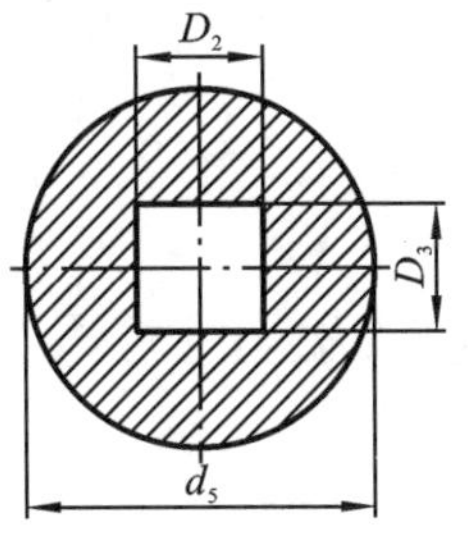

图 2-1　孔和轴的定义

2.1.2　有关尺寸的定义

1. 尺寸

尺寸是指用特定单位表示长度的数字。尺寸表示长度的大小，它由数字和长度单位（如 mm）组成。在技术文件中，若已注明共同单位，则尺寸只写数字，不写单位。

2. 公称尺寸（孔 D、轴 d）

设计时给定的尺寸称为公称尺寸（以前称为基本尺寸）。孔和轴的公称尺寸分别用符号 D 和 d 表示。它是根据零件的使用要求进行计算或根据实验和经验而确定的，一般应符合标准尺寸系列，以减少定值刀具、量具的规格和数量。

3. 实际尺寸（孔 D_a、轴 d_a）

拟合组成要素的尺寸称为实际尺寸。孔和轴的实际尺寸分别用符号 D_a 和 d_a 表示。因为被测表面存在形状误差，所以被测表面不同部位的实际尺寸不尽相同，如图 2-2 所示。因为有测量误差，所以通过测量所得到的实际尺寸并非真实尺寸。

4. 极限尺寸（孔 D_{max}、D_{min}，轴 d_{max}、d_{min}）

允许尺寸变化的两个极限值称为极限尺寸。两个极限值中较大的一个称为上极限尺寸（以前称为最大极限尺寸），用符号 D_{max}、d_{max} 表示；较小的一个称为下极限尺寸（以前称为最小极限尺寸），用符号 D_{min}、d_{min} 表示，如图 2-3 所示。

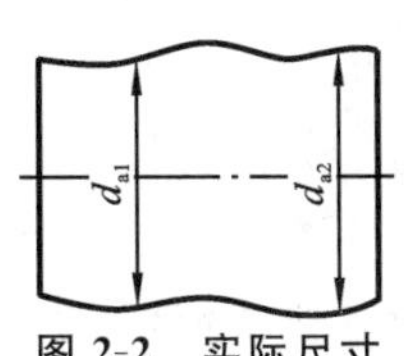

图 2-2　实际尺寸

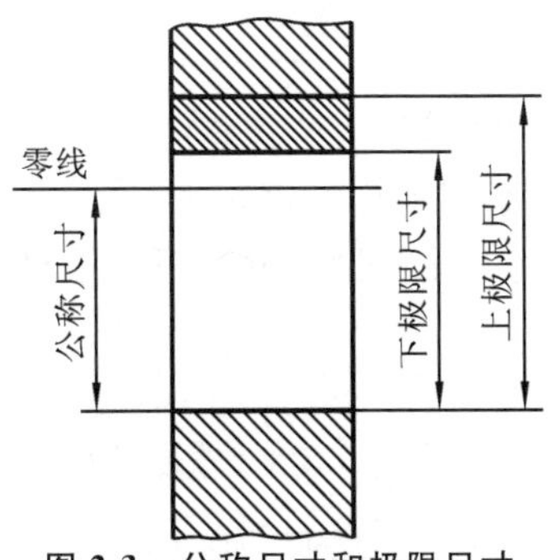

图 2-3　公称尺寸和极限尺寸

各种尺寸之间的关系如下：

公称尺寸和极限尺寸应该是设计时首先给定的，然后以公称尺寸为基数来确定极限尺寸，最后用极限尺寸来控制实际尺寸的变动范围。

用关系式表示孔和轴实际尺寸的合格条件分别为

$$D_{min} \leqslant D_a \leqslant D_{max}$$
$$d_{min} \leqslant d_a \leqslant d_{max}$$

2.1.3 有关公差与偏差的术语及定义

1. 尺寸偏差

某一尺寸减其公称尺寸所得的代数差称为尺寸偏差，简称偏差。

2. 极限偏差

极限尺寸减去公称尺寸所得的代数差称为极限偏差，包括上极限偏差(以前称为上偏差)和下极限偏差(以前称为下偏差)。上极限尺寸减其公称尺寸所得的代数差称为上极限偏差；下极限尺寸减其公称尺寸所得的代数差称为下极限偏差。孔和轴的上极限偏差分别用 ES 和 es 表示，孔和轴的下极限偏差分别用 EI 和 ei 表示，如图2-4所示。极限偏差可用下列公式表示：

$$\begin{aligned} ES &= D_{max} - D \\ EI &= D_{min} - D \\ es &= d_{max} - d \\ ei &= d_{min} - d \end{aligned} \tag{2-1}$$

3. 实际偏差

实际尺寸减去公称尺寸所得的代数差称为实际偏差。合格零件的实际偏差应控制在规定的极限偏差范围之内。孔和轴的实际偏差分别用 E_a 和 e_a 表示。

为了满足孔与轴配合的不同松紧要求，极限尺寸可能大于、小于或等于公称尺寸。因此，极限偏差的数值可能是正值、负值或零值。也因此，在偏差值的前面除零值外，应标上相应的“+”号或“-”号。

尺寸合格的孔和轴，实际偏差应位于极限偏差范围内，可用尺寸偏差来限制实际偏差。因此，尺寸合格条件也可以用偏差表示：

$$EI \leqslant E_a \leqslant ES$$
$$ei \leqslant e_a \leqslant es$$

4. 尺寸公差

尺寸公差(简称公差)是指尺寸的允许变动量。孔和轴的尺寸公差分别用 T_h 和 T_s 表示。公差等于上极限尺寸与下极限尺寸的代数差，也等于上极限偏差与下极限偏差的代数差，即

$$\begin{aligned} T_h &= D_{max} - D_{min} = ES - EI \\ T_s &= d_{max} - d_{min} = es - ei \end{aligned} \tag{2-2}$$

尺寸公差用于控制加工误差。工件的加工误差在公差范围内，则合格；超出了公差范围，则不合格。

在分析孔、轴的尺寸、偏差、公差的关系时，可以采用公差带图的形式，即尺寸公差带图。图 2-4 所示为尺寸公差带图，图中有一条零线和相应的公差带。

(1) 零线：在极限与配合图解中，表示公称尺寸的一条直线，以其为基准确定偏差和公

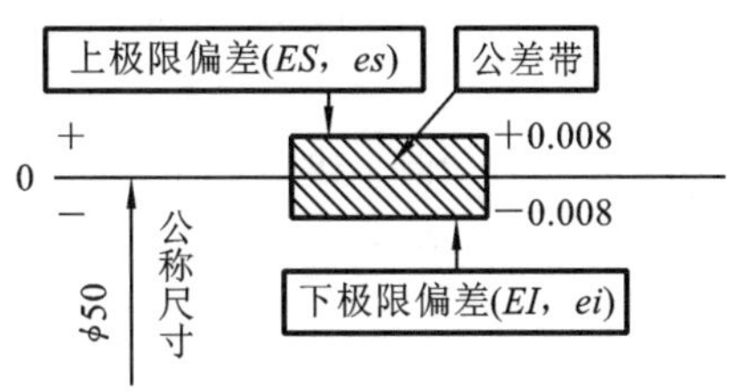

图 2-4 尺寸公差带图示例

差。通常,零线沿水平方向绘制,零线以上的偏差为正偏差,零线以下的偏差为负偏差,位于零线的偏差为零。

(2) 尺寸公差带(公差带):在公差带图中,由上极限偏差和下极限偏差的两条直线所限定的一个区域。公差带在零线垂直方向上的宽度代表公差值,沿零线方向的长度可适当选取。

在公差带图中,公称尺寸的单位用毫米(mm)表示,极限偏差和公差的单位一般用微米(μm)表示,也可用毫米(mm)表示。

公差带由公差带的大小和公差带的位置两个基本要素构成。公差带的大小由标准公差值确定,在公差带图上由公差带在零线垂直方向上的宽度表示;公差带的位置由基本偏差确定。为了使公差带标准化,国家标准将公差值和极限偏差都进行了标准化。

5. 标准公差(IT)

标准公差是指国家标准中所规定的公差值。

6. 基本偏差

基本偏差是指国家标准所规定的用于确定公差带相对零线位置的上极限偏差或下极限偏差。一般以靠近零线的那个极限偏差作为基本偏差,如图 2-5 所示。对于跨在零线上并对称分布的公差带,上、下极限偏差均可作为基本偏差。

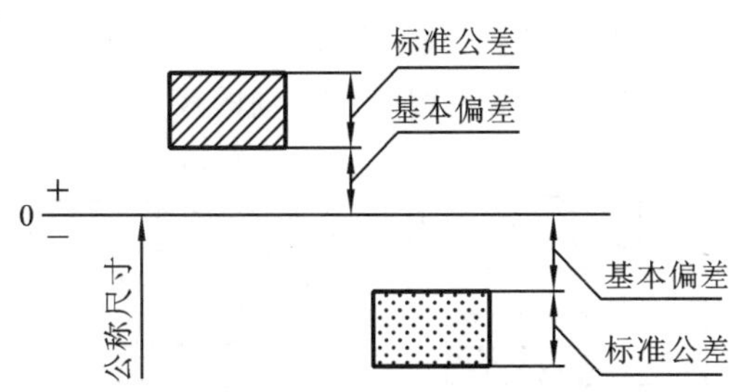

图 2-5 标准公差与基本偏差

【例 2-1】 已知公称尺寸为 25 mm 的孔和轴:孔的上极限尺寸为 ϕ25.021 mm,孔的下极限尺寸为 ϕ25 mm;轴的上极限尺寸为 ϕ24.980 mm,轴的下极限尺寸为 ϕ24.967 mm。求孔、轴的极限偏差及公差,并画出公差带图。

解 孔的极限偏差为

$$ES = D_{max} - D = (25.021 - 25)\ \text{mm} = +0.021\ \text{mm}$$

$$EI = D_{min} - D = (25 - 25)\ \text{mm} = 0\ \text{mm}$$

孔的公差为

$$T_h = ES - EI = [(+0.021) - 0]\ mm = 0.021\ mm$$

轴的极限偏差为

$$es = d_{max} - d = (24.980 - 25)\ mm = -0.020\ mm$$
$$ei = d_{min} - d = (24.967 - 25)\ mm = -0.033\ mm$$

轴的公差为

$$T_s = es - ei = [(-0.020) - (-0.033)]\ mm = 0.013\ mm$$

公差带图如图 2-6 所示。

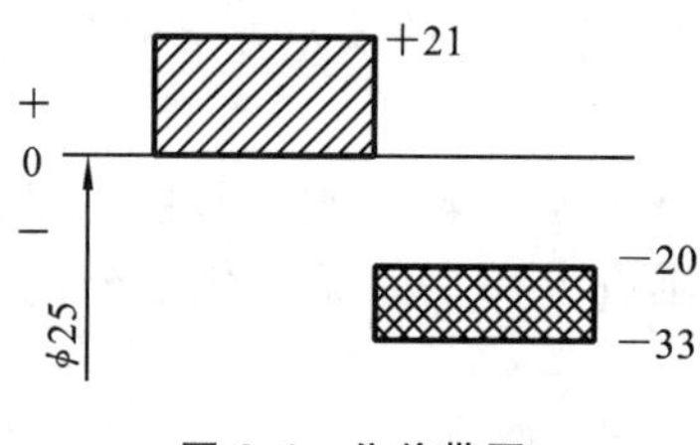

图 2-6 公差带图

2.1.4 有关配合的术语及定义

1. 配合

配合是指公称尺寸相同并且相互结合的孔和轴公差带之间的关系。根据孔、轴公差带之间的不同关系,配合可分为间隙配合、过盈配合和过渡配合三大类。

2. 间隙与过盈

间隙或过盈指的是孔的尺寸减去相配合的轴的尺寸所得的代数差。此差值为正值时是间隙,用符号 X 表示;为负值时是过盈,用符号 Y 表示。

3. 间隙配合

间隙配合是指具有间隙的配合(包括最小间隙等于零的配合)。此时,孔公差带在轴公差带的上方,如图 2-7 所示,孔的尺寸减去相配合的轴的尺寸所得的代数差为正值。

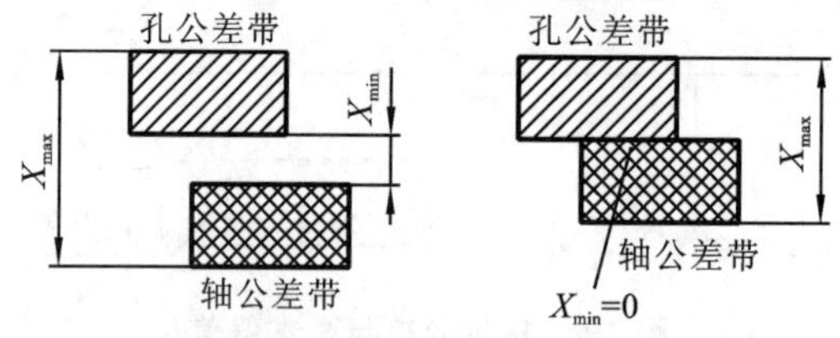

图 2-7 间隙配合示意图

孔的上极限尺寸减去轴的下极限尺寸所得的代数差称为最大间隙,用符号 X_{max} 表示,即

$$X_{max} = D_{max} - d_{min} = ES - ei \quad (2-3)$$

孔的下极限尺寸减去轴的上极限尺寸所得的代数差称为最小间隙,用符号 X_{min} 表示,即

$$X_{min} = D_{min} - d_{max} = EI - es \quad (2-4)$$

当孔的下极限尺寸与相配合的轴的上极限尺寸相等时,最小间隙为零。

最大间隙与最小间隙的平均值称为平均间隙,实际设计中经常会用到。间隙配合中的平均间隙用符号 X_{av} 表示,即

$$X_{av} = (X_{max} + X_{min})/2 \tag{2-5}$$

间隙数值的前面必须冠以正号。

4. 过盈配合

过盈配合是指具有过盈的配合(包括最小过盈等于零的配合)。此时,孔公差带在轴公差带的下方,如图 2-8 所示,孔的尺寸减去相配合的轴的尺寸所得的代数差为负值。

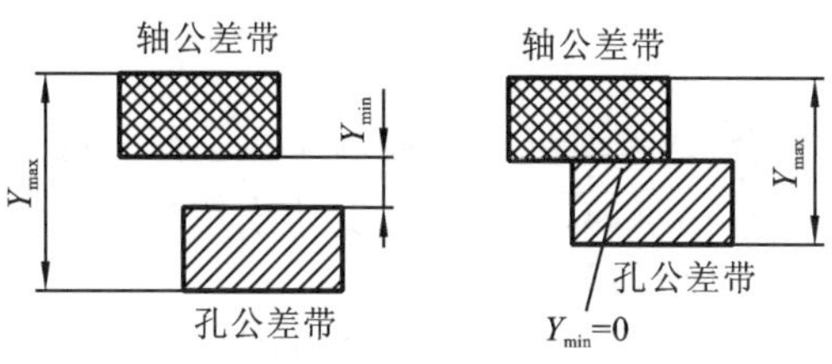

图 2-8　过盈配合示意图

孔的上极限尺寸减去轴的下极限尺寸所得的代数差称为最小过盈,用符号 Y_{min} 表示,即

$$Y_{min} = D_{max} - d_{min} = ES - ei \tag{2-6}$$

孔的下极限尺寸减去轴的上极限尺寸所得的代数差称为最大过盈,用符号 Y_{max} 表示,即

$$Y_{max} = D_{min} - d_{max} = EI - es \tag{2-7}$$

当孔的上极限尺寸与相配合的轴的下极限尺寸相等时,最小过盈为零。

最小过盈与最大过盈的平均值称为平均过盈,实际设计中经常会用到。过盈配合中的平均过盈用符号 Y_{av} 表示,即

$$Y_{av} = (Y_{max} + Y_{min})/2 \tag{2-8}$$

过盈数值的前面必须冠以负号。

5. 过渡配合

过渡配合是指可能具有间隙或过盈的配合。此时,孔公差带与轴公差带相互交叠,如图 2-9 所示。过渡配合中,孔的上极限尺寸减去轴的下极限尺寸所得的代数差称为最大间隙,其计算公式与式(2-3)相同。孔的下极限尺寸减去轴的上极限尺寸所得的代数差称为最大过盈,其计算公式与式(2-7)相同。

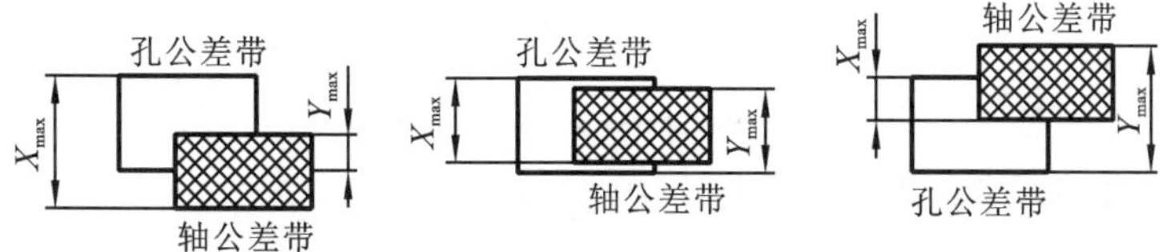

图 2-9　过渡配合示意图

过渡配合中的平均间隙或平均过盈为

$$X_{av}(\text{或 } Y_{av}) = (X_{max} + Y_{max})/2 \tag{2-9}$$

计算结果为正时为平均间隙;计算结果为负时为平均过盈。

6. 配合公差

标准将允许间隙或过盈的变动量称为配合公差。它是设计人员根据机器配合部位使用性能的要求对配合松紧变动的程度给定的允许值。配合公差越大,配合精度越低;配合公差越小,配合精度越高。

配合公差是用符号 T_f 表示，它与尺寸公差一样，只能为正值。

间隙配合中：

$$T_f = X_{max} - X_{min} = T_h + T_s \tag{2-10}$$

过盈配合中：

$$T_f = Y_{min} - Y_{max} = T_h + T_s \tag{2-11}$$

过渡配合中：

$$T_f = X_{max} - Y_{max} = T_h + T_s \tag{2-12}$$

由此可见，对于各类配合，均有其配合公差等于相互配合的孔公差和轴公差之和的结论，说明了配合精度是由相互配合的孔和轴的精度所决定的。配合公差反映了孔和轴的配合精度，配合种类反映孔和轴的配合性质。

【例 2-2】 计算下列三组孔、轴配合的极限间隙或过盈、平均间隙或过盈及配合公差，并画出配合公差带图。

(1) 孔 $\phi25^{+0.021}_{0}$ mm 与轴 $\phi25^{-0.020}_{-0.033}$ mm 相配合。

(2) 孔 $\phi25^{+0.021}_{0}$ mm 与轴 $\phi25^{+0.041}_{+0.028}$ mm 相配合。

(3) 孔 $\phi25^{+0.021}_{0}$ mm 与轴 $\phi25^{+0.015}_{+0.002}$ mm 相配合。

解 (1) 极限间隙 $X_{max}=D_{max}-d_{min}=(25.021-24.967)\ mm=+0.054\ mm$

$X_{min}=D_{min}-d_{max}=(25.000-24.980)\ mm=+0.020\ mm$

平均间隙 $X_{av}=(X_{max}+X_{min})/2=[(+0.054)+(+0.020)]\ mm/2=+0.037\ mm$

配合公差 $T_f=X_{max}-X_{min}=(0.054-0.020)\ mm=+0.034\ mm$

(2) 极限过盈 $Y_{max}=D_{min}-d_{max}=(25.000-25.041)\ mm=-0.041\ mm$

$Y_{min}=D_{max}-d_{min}=(25.021-25.028)\ mm=-0.007\ mm$

平均过盈 $Y_{av}=(Y_{max}+Y_{min})/2=[(-0.041)+(-0.007)]\ mm/2=-0.024\ mm$

配合公差 $T_f=Y_{min}-Y_{max}=[-0.007-(-0.041)]\ mm=+0.034\ mm$

(3) 最大间隙 $X_{max}=D_{max}-d_{min}=(25.021-25.002)\ mm=+0.019\ mm$

最大过盈 $Y_{max}=D_{min}-d_{max}=(25.000-25.015)\ mm=-0.015\ mm$

平均间隙或平均过盈

X_{av}(或 Y_{av}) $=(X_{max}+Y_{max})/2=[(+0.019)+(-0.015)]\ mm/2=+0.002\ mm$

可知为平均间隙，即 $X_{av}=+0.002\ mm$

配合公差 $T_f=X_{max}-Y_{max}=[+0.019-(-0.015)]\ mm=+0.034\ mm$

上述三种配合的配合公差带图如图 2-10 所示。

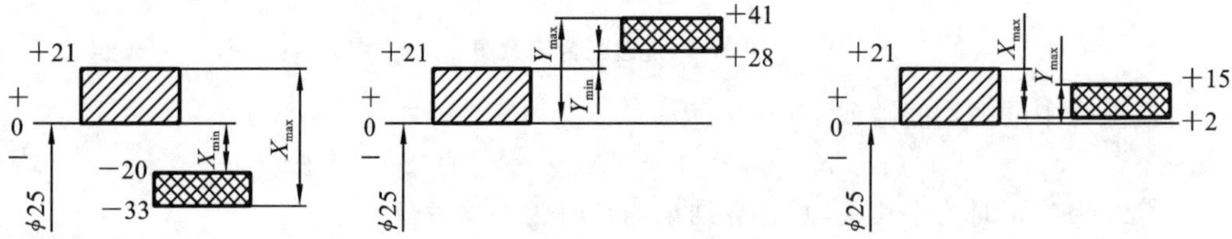

图 2-10 配合公差带图

7. ISO 配合制

在机械产品中，有各种不同的配合要求，这就需要由各种不同的孔、轴公差带来实现。为

了设计和制造上的经济性，把其中孔公差带（或轴公差带）的位置固定，而改变轴公差带（或孔公差带）的位置，从而实现所需要的各种配合。

用标准化的孔、轴公差带（即同一极限制的孔和轴）组成各种配合的制度称为配合制。该配合制由于对标国际 ISO 体系制定，因此也称为 ISO 配合制。《产品几何技术规范（GPS） 线性尺寸公差 ISO 代号体系　第 1 部分：公差、偏差和配合的基础》（GB/T 1800.1—2020）规定了两种配合制（基孔制和基轴制）来获得各种配合。

1）基孔制

基孔制是指基本偏差为一定的孔的公差带，与不同基本偏差的轴的公差带形成各种配合的一种制度。基孔制的孔为基准孔，孔的下极限尺寸与公称尺寸相等，即孔的下极限偏差为零（见图 2-11）。

2）基轴制

基轴制是指基本偏差为一定的轴的公差带，与不同基本偏差的孔的公差带形成各种配合的一种制度。基轴制的轴为基准轴，轴的上极限尺寸与公称尺寸相等，即轴的上极限偏差为零（见图 2-12）。

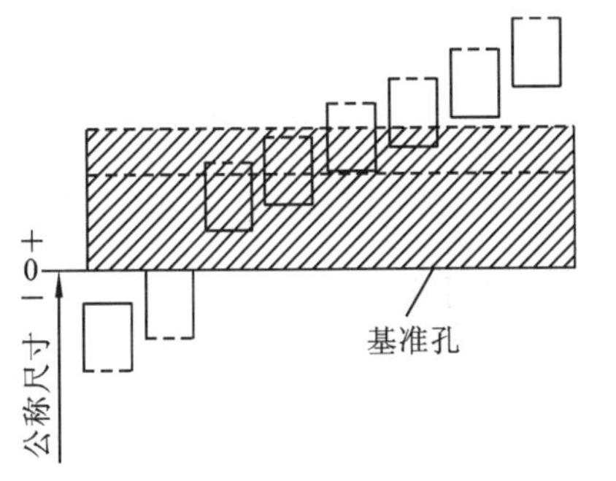

图 2-11　基孔制配合

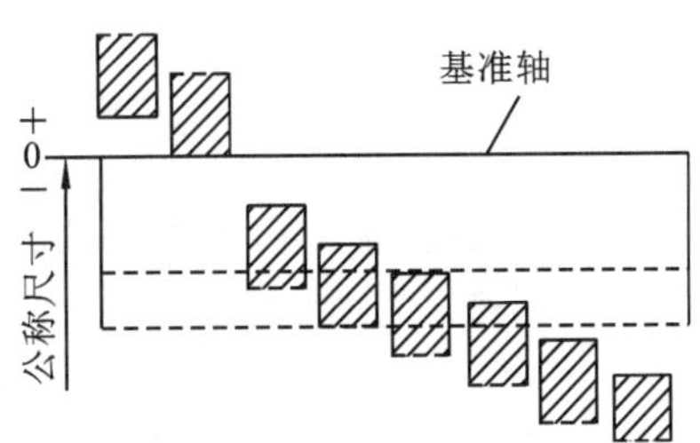

图 2-12　基轴制配合

基准制配合是规定配合系列的基础。按照孔、轴公差带相对位置的不同，基孔制和基轴制都有间隙配合、过盈配合和过渡配合三种类型。

从以上的术语及定义中可以看出，各种配合是由孔、轴公差带之间的关系决定的，而公差带的大小和位置又分别由标准公差和基本偏差决定。下一节将详细介绍国家标准对标准公差和基本偏差的各种规定及其应用。

2.2　极限与配合国家标准

极限与配合国家标准是由 GB/T 1800.1—2020 规定的一系列标准化公差和基本偏差组成的。这些标准适用于圆柱和非圆柱形光滑工件的尺寸公差、尺寸的检验及由它们组成的配合。

2.2.1　标准公差系列

标准公差是指极限与配合标准表中所列的任一公差，用来确定公差带的大小。标准公差由标准公差等级和数值构成,标准公差的数值又由标准公差因子、公差等级系数和公称尺寸分段确定。

1. 标准公差等级及其代号

GB/T 1800.2—2020 将标准公差分为 20 个等级,它们用符号 IT 和阿拉伯数字组成的代号表示:IT01,IT0,IT1,IT2,…,IT18。其中 IT01 精度最高,从 IT01 到 IT18 等级依次降低,相应的标准公差值依次增大。国家标准对公差等级的规定和划分,简化和统一了在设计和制造过程中对精度的要求。

2. 标准公差数值

在公称尺寸和公差等级确定的情况下,按国家标准规定的标准公差计算公式可算出并经过圆整得到相应的标准公差数值。

对于公称尺寸≤500 mm,IT5~IT18 的标准公差,计算公式为

$$T = ai \tag{2-13}$$

式中:T——标准公差数值(μm);

a——等级系数,其数值如表 2-1 所示;

i——标准公差因子(μm)。

对于公称尺寸≤500 mm 的公差因子,计算公式为

$$i = 0.45D^{1/3} + 0.001D \tag{2-14}$$

式中:D——孔或轴的公称尺寸(mm)。

式(2-13)表明:标准公差的数值是反映公差等级的等级系数 a 和与公称尺寸大小相关的标准公差因子 i 的乘积。

表 2-1 标准公差数值的计算公式

标准公差等级	公　式	标准公差等级	公　式	标准公差等级	公　式
IT01	$0.3+0.008D$	IT6	$10i$	IT13	$250i$
IT0	$0.5+0.012D$	IT7	$16i$	IT14	$400i$
IT1	$0.8+0.020D$	IT8	$25i$	IT15	$640i$
IT2	$(IT1)(IT5/IT1)^{1/4}$	IT9	$40i$	IT16	$1\,000i$
IT3	$(IT1)(IT5/IT1)^{2/4}$	IT10	$64i$	IT17	$1\,600i$
IT4	$(IT1)(IT5/IT1)^{3/4}$	IT11	$100i$		
IT5	$7i$	IT12	$160i$		

标准公差因子是公称尺寸的函数。对于不同的公称尺寸,有不同的公差数值与之对应。如果按照标准公差计算公式计算标准公差数值,编制的公差表格就会特别庞大,给生产也会带来不便。同时,当公称尺寸相差不是太大时,计算得到的标准公差也比较接近。为了统一公差数值,简化公差表格,使其便于使用,国家标准将公称尺寸进行分段,其中小于或等于 500 mm 的公称尺寸被分为 13 个尺寸段。

尺寸分段后,对于同一尺寸段内不同的公称尺寸采用同一尺寸来计算公差值,将首尾两个公称尺寸 D_1、D_2的几何平均值作为 D 值($D=(D_1 \times D_2)^{1/2}$)代入式(2-13)和式(2-14)进行计算。

按照上述方法计算各尺寸段和各公差等级的公差值便得到表 2-2。在实际应用中，标准公差数值可以直接查表，无须计算。

表 2-2　标准公差数值

标准公差等级		IT01	IT0	IT1	IT2	IT3	IT4	IT5	IT6	IT7	IT8	IT9	IT10	IT11	IT12	IT13	IT14	IT15	IT16	IT17	IT18
公称尺寸/mm		标准公差数值																			
大于	至	μm													mm						
—	3	0.3	0.5	0.8	1.2	2	3	4	6	10	14	25	40	60	0.10	0.14	0.25	0.4	0.6	1	1.4
3	6	0.4	0.6	1	1.5	2.5	4	5	8	12	18	30	48	75	0.12	0.18	0.3	0.48	0.75	1.2	1.8
6	10	0.4	0.6	1	1.5	2.5	4	6	9	15	22	36	28	90	0.15	0.22	0.36	0.58	0.9	1.5	2.2
10	18	0.5	0.8	1.2	2	3	5	8	11	18	27	43	70	110	0.18	0.27	0.43	0.7	1.1	1.8	2.7
18	30	0.6	1	1.5	2.5	4	6	9	13	21	33	52	84	130	0.21	0.33	0.52	0.84	1.3	2.1	3.3
30	50	0.6	1	1.5	2.5	4	7	11	16	25	39	62	100	160	0.25	0.39	0.62	1	1.6	2.5	3.9
50	80	0.8	1.2	2	3	5	8	13	19	30	46	74	120	190	0.30	0.46	0.74	1.2	1.9	3	4.6
80	120	1	1.5	2.5	4	6	10	15	22	35	54	87	140	220	0.35	0.54	0.87	1.4	2.2	3.5	5.4
120	180	1.2	2	3.5	5	8	12	18	25	40	63	100	160	250	0.40	0.63	1	1.6	2.5	4	6.3
180	250	2	3	4.5	7	10	14	20	29	46	72	115	185	290	0.46	0.72	1.15	1.85	2.9	4.6	7.2
250	315	2.5	4	6	8	12	16	23	32	52	81	130	210	320	0.52	0.81	1.3	2.1	3.2	5.2	8.1
315	400	3	5	7	9	13	18	25	36	57	89	140	230	360	0.57	0.89	1.4	2.3	3.6	5.7	8.9
400	500	4	6	8	10	15	20	27	40	63	97	155	250	400	0.63	0.97	1.55	2.5	4	6.3	9.7

由表 2-2 可以看出，公称尺寸越大，标准公差数值也越大。生产实践表明，在相同的加工条件下加工一批零件，公称尺寸不同的孔或轴加工后产生的加工误差范围亦不相同。统计分析发现，加工误差与公称尺寸之间呈立方抛物线关系，如图 2-13 所示。

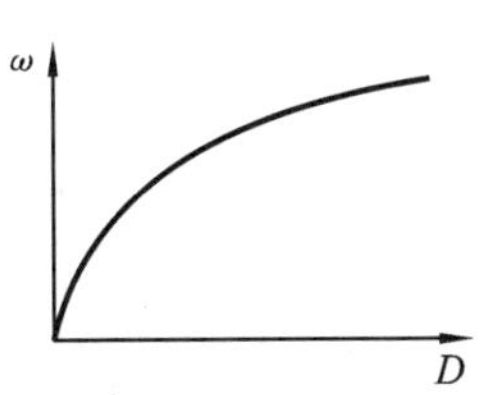

图 2-13　加工误差与公称尺寸的关系

2.2.2　基本偏差系列

基本偏差是指国家标准所规定的上极限偏差或下极限偏差，一般为靠近零线的那个极限偏差。孔或轴的标准公差和基本偏差确定后，就可以利用公式计算另一极限偏差。

1. 基本偏差系列代号及其特征

GB/T 1800.2—2020 对孔和轴分别规定了 28 个基本偏差，其代号分别用拉丁字母表示，大写表示孔，小写表示轴。在 26 个拉丁字母中去掉容易与其他含义混淆的 5 个字母，即 I、L、O、Q、W(i、l、o、q、w)，同时增加了 7 个双写字母，即 CD、EF、FG、JS、ZA、ZB、ZC(cd、ef、fg、js、za、zb、zc)，共 28 个基本偏差。图 2-14 为基本偏差系列图。

从图 2-14 中我们可以看出：对于所有公差带，当位于零线上方时，基本偏差为下极限偏差；当位于零线下方时，基本偏差为上极限偏差。

A～H 的孔基本偏差为下极限偏差 EI；P～ZC 的孔基本偏差为上极限偏差 ES。

a～h 的轴基本偏差为上极限偏差 es；p～zc 的轴基本偏差为下极限偏差 ei。

从 A 至 H(从 a 至 h)离零线越来越近，亦即基本偏差的绝对值越来越小；从 K 至 ZC(从 k 至 zc)离零线越来越远，亦即基本偏差的绝对值越来越大。

H 和 h 的基本偏差数值都为零，H 孔的基本偏差为下极限偏差，h 轴的基本偏差为上

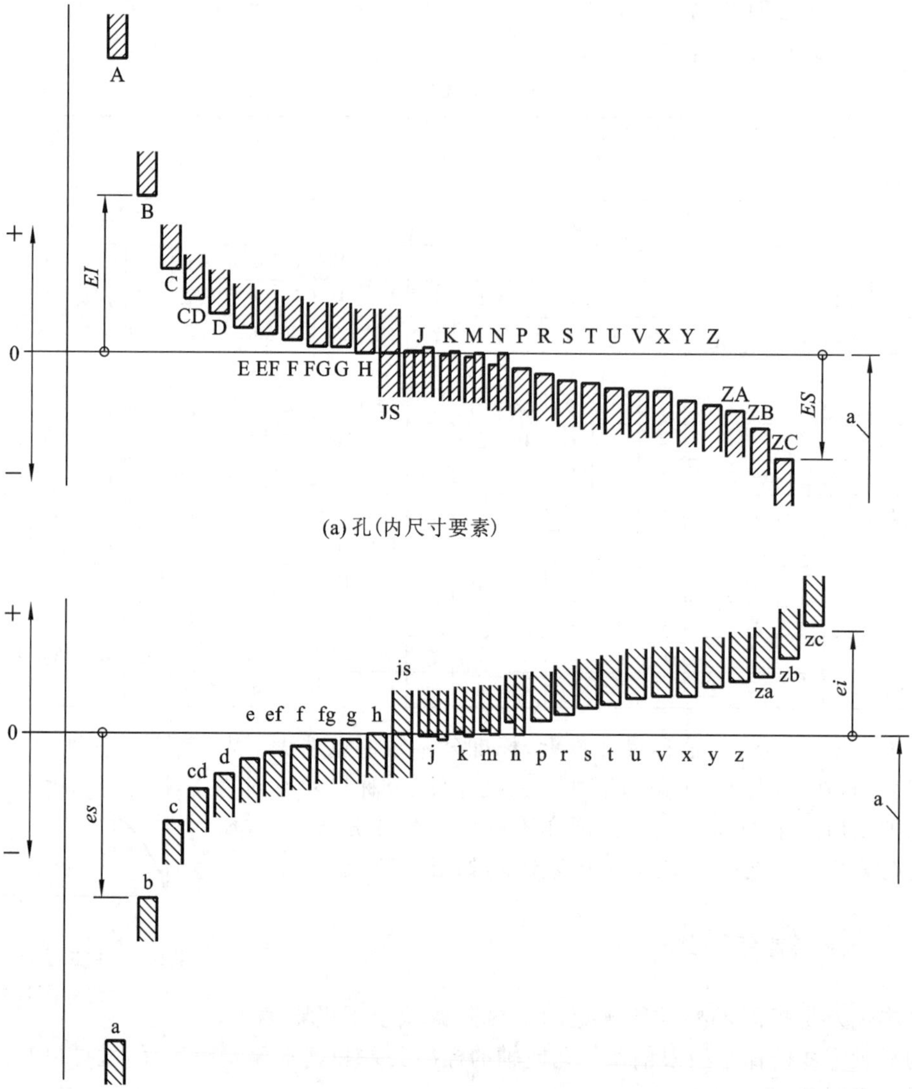

(a) 孔(内尺寸要素)

(b) 轴(外尺寸要素)

图 2-14　基本偏差系列图

ES,*EI*—孔的基本偏差(示例);*ei*,*es*—轴的基本偏差(示例);a—公称尺寸

极限偏差。

JS(js)公差带完全对称地跨在零线上。上、下极限偏差值为±IT/2。上、下极限偏差均可作为基本偏差。

在图 2-14 中,各公差带只画出基本偏差一端,而另一个极限偏差没有画出,因为另一端表示公差带的延伸方向,其确切位置取决于标准公差数值的大小。

2. 基本偏差的数值

1) 轴的基本偏差的数值

轴的基本偏差的数值是以基孔制为基础,依据各种配合的要求,从生产实践经验和有关统计分析的结果中整理出一系列公式而计算出来的,结果经圆整后即可编制出轴的基本偏差数值表。具体数值如表 2-3 所示。

表 2-3　尺寸至 500 mm 轴的基本偏差数值(摘自 GB/T 1800.1—2020)　　单位：μm

基本偏差		上极限偏差											js	下极限偏差				
代号		a[①]	b[①]	c	cd	d	e	ef	f	fg	g	h		j			k	
公称尺寸/mm		所有的标准公差等级												IT5和IT6	IT7	IT8	IT4至IT7	≤IT3 >IT7
大于	至																	
—	3	−270	−140	−60	−34	−20	−14	−10	−6	−4	−2	0	±ITn/2，式中n是标准公差等级数	−2	−4	−6	0	0
3	6	−270	−140	−70	−46	−30	−20	−14	−10	−6	−4	0		−2	−4		+1	0
6	10	−280	−150	−80	−56	−40	−25	−18	−13	−8	−5	0		−2	−5		+1	0
10	14	−290	−150	−95	−70	−50	−32	−23	−16	−10	−6	0		−3	−6		+1	0
14	18	−290	−150	−95	−70	−50	−32	−23	−16	−10	−6	0		−3	−6		+1	0
18	24	−300	−160	−110	−85	−65	−40	−25	−20	−12	−7	0		−4	−8		+2	0
24	30	−300	−160	−110	−85	−65	−40	−25	−20	−12	−7	0		−4	−8		+2	0
30	40	−310	−170	−120	−100	−80	−50	−35	−25	−15	−9	0		−5	−10		+2	0
40	50	−320	−180	−130	−100	−80	−50	−35	−25	−15	−9	0		−5	−10		+2	0
50	65	−340	−190	−140		−100	−60		−30		−10	0		−7	−12		+2	0
65	80	−360	−200	−150		−100	−60		−30		−10	0		−7	−12		+2	0
80	100	−380	−220	−170		−120	−72		−36		−12	0		−9	−15		+3	0
100	120	−410	−240	−180		−120	−72		−36		−12	0		−9	−15		+3	0
120	140	−460	−260	−200		−145	−85		−43		−14	0		−11	−18		+3	0
140	160	−520	−280	−210		−145	−85		−43		−14	0		−11	−18		+3	0
160	180	−580	−310	−230		−145	−85		−43		−14	0		−11	−18		+3	0
180	200	−660	−340	−240		−170	−100		−50		−15	0		−13	−21		+4	0
200	225	−740	−380	−260		−170	−100		−50		−15	0		−13	−21		+4	0
225	250	−820	−420	−280		−170	−100		−50		−15	0		−13	−21		+4	0
250	280	−920	−480	−300		−190	−110		−56		−17	0		−16	−26		+4	0
280	315	−1050	−540	−330		−190	−110		−56		−17	0		−16	−26		+4	0
315	355	−1200	−600	−360		−210	−125		−62		−18	0		−18	−28		+4	0
355	400	−1350	−680	−400		−210	−125		−62		−18	0		−18	−28		+4	0
400	450	−1500	−760	−440		−230	−135		−68		−20	0		−20	−32		+5	0
450	500	−1650	−840	−480		−230	−135		−68		−20	0		−20	−32		+5	0

注：① 公称尺寸小于 1 mm 时，各级 a 和 b 均不采用。

续表

基本偏差		下极限偏差													
代号		m	n	p	r	s	t	u	v	x	y	z	za	zb	zc
公称尺寸/mm		所有的标准公差等级													
大于	至														
—	3	+2	+4	+6	+10	+14		+18		+20		+26	+32	+40	+60
3	6	+4	+8	+12	+15	+19		+23		+28		+35	+42	+50	+80
6	10	+6	+10	+15	+19	+23		+28		+34		+42	+52	+67	+97
10	14	+7	+12	+18	+23	+28		+33		+40		+50	+64	+90	+130
14	18	+7	+12	+18	+23	+28		+33	+39	+45		+60	+77	+108	+150
18	24	+8	+15	+22	+28	+35		+41	+47	+54	+63	+73	+98	+136	+188
24	30	+8	+15	+22	+28	+35	+41	+48	+55	+64	+75	+88	+118	+160	+218
30	40	+9	+17	+26	+34	+43	+48	+60	+68	+80	+94	+112	+148	+200	+274
40	50	+9	+17	+26	+34	+43	+54	+70	+81	+97	+114	+136	+180	+242	+325
50	65	+11	+20	+32	+41	+53	+66	+87	+102	+122	+144	+172	+226	+300	+405
65	80	+11	+20	+32	+43	+59	+75	+102	+120	+146	+174	+210	+274	+360	+480
80	100	+13	+23	+37	+51	+71	+91	+124	+146	+178	+214	+258	+335	+445	+585
100	120	+13	+23	+37	+54	+79	+104	+144	+172	+210	+254	+310	+400	+525	+690
120	140	+15	+27	+43	+63	+92	+122	+170	+202	+248	+300	+365	+470	+620	+800
140	160	+15	+27	+43	+65	+100	+134	+190	+228	+280	+340	+415	+535	+700	+900
160	180	+15	+27	+43	+68	+108	+146	+210	+252	+310	+380	+465	+600	+780	+1000
180	200	+17	+31	+50	+77	+122	+166	+236	+284	+350	+425	+520	+670	+880	+1150
200	225	+17	+31	+50	+80	+130	+180	+258	+310	+385	+470	+575	+740	+960	+1250
225	250	+17	+31	+50	+84	+140	+196	+284	+340	+425	+520	+640	+820	+1050	+1350
250	280	+20	+34	+56	+94	+158	+218	+315	+385	+475	+580	+710	+920	+1200	+1500
280	315	+20	+34	+56	+98	+170	+240	+350	+425	+525	+650	+790	+1000	+1300	+1700
315	355	+21	+37	+62	+108	+190	+268	+390	+475	+590	+730	900	+1150	+1500	+1900
355	400	+21	+37	+62	+114	+208	+294	+435	+530	+660	+820	+1000	+1300	+1650	+2100
400	450	+23	+40	+68	+126	+232	+330	+490	+595	+740	+920	+1100	+1450	+1850	+2400
450	500	+23	+40	+68	+132	+252	+360	+540	+660	+820	+1000	+1250	+1600	+2100	+2600

把孔、轴基本偏差代号和标准公差等级代号中的阿拉伯数字进行组合，就得到它们的公差带代号。例如孔公差带代号 H7、R6、K7，轴公差带代号 f6、k5、r6。

2) 孔的基本偏差的数值

孔的基本偏差可以由同名的轴的基本偏差换算得到，具体数值如表 2-4 所示。换算原则为：同名配合的配合性质不变，即基孔制的配合（如 ϕ50H7/t6）变成同名基轴制的配合（如 ϕ50T7/h6）时，其配合性质（极限间隙或极限过盈）不变。

一般情况下，同一字母表示的孔的基本偏差与轴的基本偏差相对于零线是完全对称的（比如 E 与 e），如图 2-14 所示。因此，同一字母的孔和轴的基本偏差的绝对值相等，而符号相反，即

$$EI = -es \quad 或 \quad ES = -ei \tag{2-15}$$

在某些特殊情况下，即对于公称尺寸>3～500 mm，标准公差等级≤IT8 的 K～N 的孔和标准公差等级≤IT7 的 P～ZC 的孔，由于精度高，较难加工，因此一般常取低一级的孔与轴相配合，因此其基本偏差可以按下式计算：

$$ES = -ei + \Delta$$
$$\Delta = \mathrm{IT}_n - \mathrm{IT}_{n-1} \tag{2-16}$$

式中：IT_n——某一级孔的标准公差；

IT_{n-1}——比某一级孔高一级的轴的标准公差。

孔的基本偏差确定后，孔的另一个极限偏差可以根据下列公式计算：

$$ES = EI + \mathrm{IT_h} \quad 或 \quad EI = ES - \mathrm{IT_h} \tag{2-17}$$

【例 2-3】 试用查表法确定基孔制配合 ϕ20H7/p6、基轴制配合 ϕ20P7/h6 孔和轴的极限偏差，计算极限过盈并画出公差带图。

解　(1)查表确定孔和轴的标准公差。

查表 2-2 得

$$\mathrm{IT7} = 21\ \mu\mathrm{m}, \quad \mathrm{IT6} = 13\ \mu\mathrm{m}$$

(2) 查表确定孔和轴的基本偏差。

查表 2-4 得

孔 H 的基本偏差：　$EI=0\ \mu\mathrm{m}$

孔 P 的基本偏差：　$ES=-22\ \mu\mathrm{m}+\Delta=(-22+8)\ \mu\mathrm{m}=-14\ \mu\mathrm{m}$

查表 2-3 得

轴 h 的基本偏差：　$es=0\ \mu\mathrm{m}$

轴 p 的基本偏差：　$ei=+22\ \mu\mathrm{m}$

(3) 确定孔和轴的另一个极限偏差。

孔 H7 的上极限偏差：　$ES=EI+\mathrm{IT7}=(0+21)\ \mu\mathrm{m}=+21\ \mu\mathrm{m}$

孔 P7 的下极限偏差：　$EI=ES-\mathrm{IT7}=(-14-21)\ \mu\mathrm{m}=-35\ \mu\mathrm{m}$

轴 h6 的下极限偏差：　$ei=es-\mathrm{IT6}=(0-13)\ \mu\mathrm{m}=-13\ \mu\mathrm{m}$

轴 p6 的上极限偏差：　$es=ei+\mathrm{IT6}=(+22+13)\ \mu\mathrm{m}=+35\ \mu\mathrm{m}$

(4) 计算极限过盈。

ϕ20H7/p6 的极限过盈：

$$Y_{\max} = EI - es = (0-35)\ \mu\mathrm{m} = -35\ \mu\mathrm{m}$$
$$Y_{\min} = ES - ei = (+21-22)\ \mu\mathrm{m} = -1\ \mu\mathrm{m}$$

表 2-4　尺寸至 500 mm 孔的基本偏差数值(摘自 GB/T 1800.1—2020)　单位:μm

基本偏差		下极限偏差											JS	上极限偏差								
代号		A[1]	B[1]	C	CD	D	E	EF	F	FG	G	H		J			K[2]		M[2][3]		N	
公称尺寸/mm		所有的标准公差等级												IT6	IT7	IT8	≤IT8	>IT8	≤IT8	>IT8	≤IT8	>IT8
大于	至																					
—	3	+270	+140	+60	+34	+20	+14	+10	+6	+4	+2	0	$\pm IT_n/2$,式中 n 为标准公差等级数	+2	+4	+6	0	0	−2	−2	−4	−4
3	6	+270	+140	+70	+46	+30	+20	+14	+10	+6	+4	0		+5	+6	+10	$-1+\Delta$		$-4+\Delta$	−4	$-8+\Delta$	0
6	10	+280	+150	+80	+56	+40	+25	+18	+13	+8	+5	0		+5	+8	+12	$-1+\Delta$		$-6+\Delta$	−6	$-10+\Delta$	0
10	14	+290	+150	+95	+70	+50	+32	+23	+16	+10	+6	0		+6	+10	+15	$-1+\Delta$		$-7+\Delta$	−7	$-12+\Delta$	0
14	18																					
18	24	+300	+160	+110	+85	+65	+40	+28	+20	+12	+7	0		+8	+12	+20	$-2+\Delta$		$-8+\Delta$	−8	$-15+\Delta$	0
24	30																					
30	40	+310	+170	+120	+100	+80	+50	+35	+25	+15	+9	0		+10	+14	+24	$-2+\Delta$		$-9+\Delta$	−9	$-17+\Delta$	0
40	50	+320	+180	+130																		
50	65	+340	+190	+140		+100	+60		+30		+10	0		+13	+18	+28	$-2+\Delta$		$-11+\Delta$	−11	$-20+\Delta$	0
65	80	+360	+200	+150																		
80	100	+380	+220	+170		+120	+72		+36		+12	0		+16	+22	+34	$-3+\Delta$		$-13+\Delta$	−13	$-23+\Delta$	0
100	120	+410	+240	+180																		
120	140	+460	+260	+200		+145	+85		+43		+14	0		+18	+26	+41	$-3+\Delta$		$-15+\Delta$	−15	$-27+\Delta$	0
140	160	+520	+280	+210																		
160	180	+580	+310	+230																		
180	200	+660	+340	+240		+170	+100		+50		+15	0		+22	+30	+47	$-4+\Delta$		$-17+\Delta$	−17	$-31+\Delta$	0
200	225	+740	+380	+260																		
225	250	+820	+420	+280																		
250	280	+920	+480	+300		+190	+110		+56		+17	0		+25	+36	+55	$-4+\Delta$		$-20+\Delta$	−20	$-34+\Delta$	0
280	315	+1050	+540	+330																		
315	355	+1200	+600	+360		+210	+125		+62		+18	0		+29	+39	+60	$-4+\Delta$		$-21+\Delta$	−21	$-37+\Delta$	0
355	400	+1350	+680	+400																		
400	450	+1500	+760	+440		+230	+135		+68		+20	0		+33	+43	+66	$-5+\Delta$		$-23+\Delta$	−23	$-40+\Delta$	0
450	500	+1650	+840	+480																		

注:① 公称尺寸≤1 mm 时,不适用基本偏差 A 和 B。

② 未确定 K 和 M 的值,参考本标准中的 4.2.3.5 条款。

③ 特例:对于公称尺寸>250~315 mm 的公差带代号 M6,ES=−9 μm(计算结果不是−11 μm)。

续表

基本偏差		上极限偏差													$\Delta=IT_n-IT_{n-1}$					
代号		P～ZC	P	R	S	T	U	V	X	Y	Z	ZA	ZB	ZC						
公称尺寸/mm		≤IT7	>IT7												孔的标准公差等级					
大于	至														IT3	IT4	IT5	IT6	IT7	IT8
—	3	在低于7级的相应数值上增加一个Δ值	−6	−10	−14		−18		−20		−26	−32	−40	−60	Δ=0					
3	6		−12	−15	−19		−23		−28		−35	−42	−50	−80	1	1.5	1	3	4	6
6	10		−15	−19	−23		−28		−34		−42	−52	−67	−97	1	1.5	2	3	6	7
10	14		−18	−23	−28		−33		−40		−50	−64	−90	−130	1	2	3	3	7	9
14	18							−39	−45		−60	−77	−108	−150						
18	24		−22	−28	−35		−41	−47	−54	−63	−73	−98	−136	−188	1.5	2	3	4	8	12
24	30					−41	−48	−55	−64	−75	−88	−118	−160	−218						
30	40		−26	−34	−43	−48	−60	−68	−80	−94	−112	−148	−200	−274	1.5	3	4	5	9	14
40	50					−54	−70	−81	−97	−114	−136	−180	−242	−325						
50	65		−32	−41	−53	−66	−87	−102	−122	−144	−172	−226	−300	−405	2	3	5	6	11	16
65	80			−43	−59	−75	−102	−120	−146	−174	−210	−274	−360	−480						
80	100		−37	−51	−71	−91	−124	−146	−178	−214	−258	−335	−445	−585	2	4	5	7	13	19
100	120			−54	−79	−104	−144	−172	−210	−254	−310	−400	−525	−690						
120	140		−43	−63	−92	−122	−170	−202	−248	−300	−365	−470	−620	−800	3	4	6	7	15	23
140	160			−65	−100	−134	−190	−228	−280	−340	−415	−535	−700	−900						
160	180			−68	−108	−146	−210	−252	−310	−380	−465	−600	−780	−1000						
180	200		−50	−77	−122	−166	−236	−284	−350	−425	−520	−670	−880	−1150	3	4	6	9	17	26
200	225			−80	−130	−180	−258	−310	−385	−470	−575	−740	−960	−1250						
225	250			−84	−140	−196	−284	−340	−425	−520	−640	−820	−1050	−1350						
250	280		−56	−94	−158	−218	−315	−385	−475	−580	−710	−920	−1200	−1550	4	4	7	9	20	29
280	315			−98	−170	−240	−350	−425	−525	−650	−790	−1000	−1300	−1700						
315	355		−62	−108	−190	−268	−390	−475	−590	−730	−900	−1150	−1500	−1900	4	5	7	11	21	32
355	400			−114	−208	−294	−435	−530	−660	−820	−1000	−1300	−1650	−2100						
400	450		−68	−126	−232	−330	−490	−595	−740	−920	−1100	−1450	−1850	−2400	5	5	7	13	23	34
450	500			−132	−252	−360	−540	−660	−820	−1000	−1250	−1600	−2100	−2600						

ϕ20P7/h6 的极限过盈：

$$Y_{max}=EI-es=(-35-0)\ \mu m=-35\ \mu m$$

$$Y_{min}=ES-ei=[-14-(-13)]\ \mu m=-1\ \mu m$$

通过计算可知，ϕ20H7/p6 和 ϕ20P7/h6 的极限过盈相同，因此两者的配合性质相同，二者孔和轴的公差带图如图 2-15 所示。

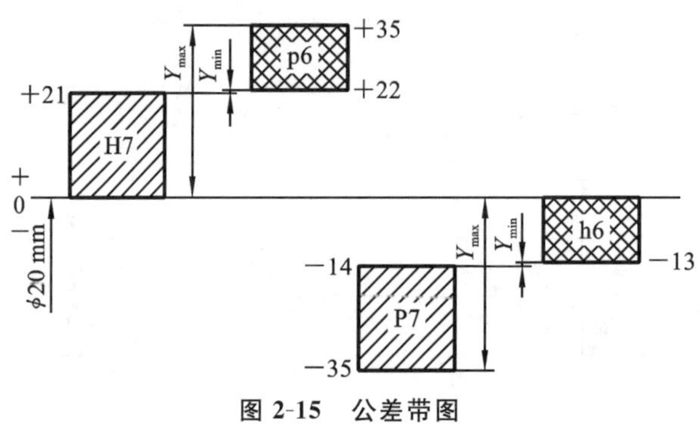

图 2-15　公差带图

2.2.3　极限与配合在图样上的标注

在零件图上孔和轴的尺寸与公差一般有三种标注方法，如图 2-16 所示。

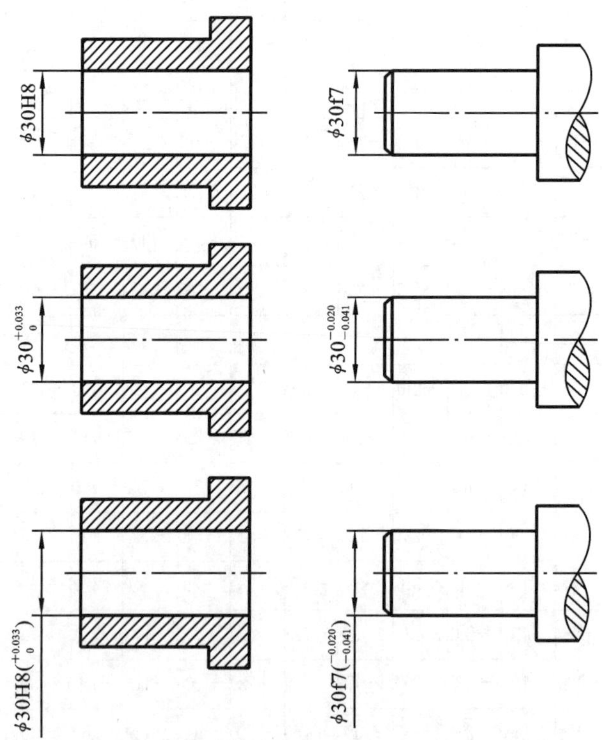

图 2-16　孔、轴公差带在零件图上的标注

(1) 在公称尺寸后面标注孔或轴的公差带代号，如 ϕ30H8、ϕ30f7。

(2) 在公称尺寸后面标注孔或轴的上、下极限偏差数值，如孔 $\phi30^{+0.033}_{0}$、轴 $\phi30^{-0.020}_{-0.041}$。

(3) 在公称尺寸后面同时标注孔或轴的公差带代号与上、下极限偏差数值，如 $\phi30H8(^{+0.033}_{\ \ 0})$、$\phi30f7(^{-0.020}_{-0.041})$。

零件图上的标注通常采用第二种标注方法。

在装配图上，在公称尺寸后面标注配合代号。标准规定，配合代号由相互配合的孔和轴的公差带以分数的形式组成，分子为孔的公差带，分母为轴的公差带，如 $\phi30H8/f7$，如图 2-17 所示。

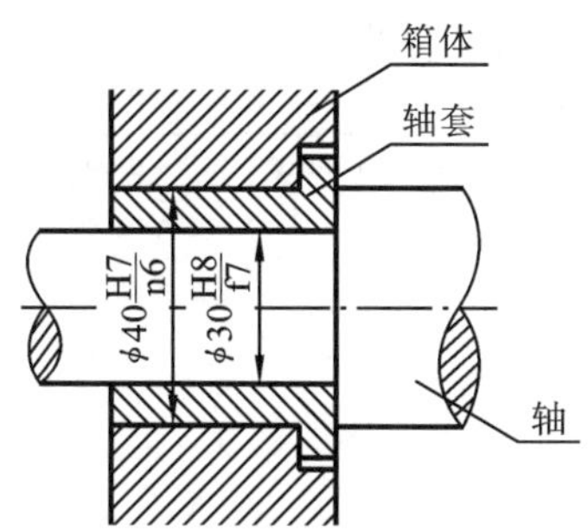

图 2-17　孔、轴公差带在装配图上的标注

2.3　国家标准规定的公差带与配合

公称尺寸小于或等于 500 mm，国家标准规定有 20 个公差等级和 28 个基本偏差。它们可以组合成 543 个孔的公差带和 544 个轴的公差带，这些公差带可以相互组成近 30 万种配合。这样形成的公差带与配合的数目非常庞大，实际上在这些庞大数目的配合中有许多生产上很少用到，还有很多配合在性质上是相同的。

为了简化公差配合的种类，减少定值刀具、量具和工艺装备的品种及规格，国家标准在尺寸小于或等于 500 mm 的范围内，规定了一般、常用和优先公差带，如图 2-18 和图 2-19 所示。

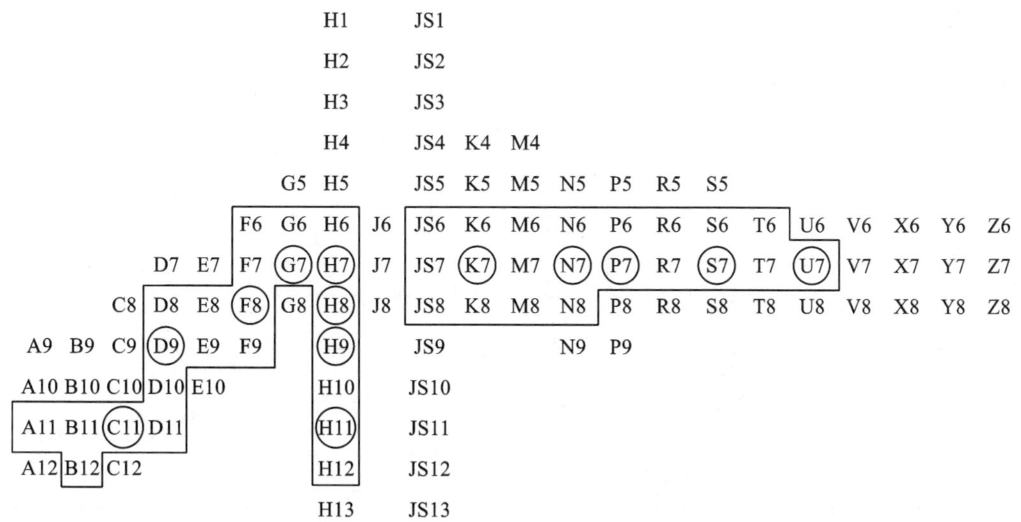

图 2-18　一般、常用和优先孔公差带

图 2-18 列出孔的一般公差带 105 种，其中方框内为常用公差带，共 44 种；圆圈内为优先公差带，共 13 种。选择时，应优先选用优先公差带，其次选用常用公差带，最后选用其他

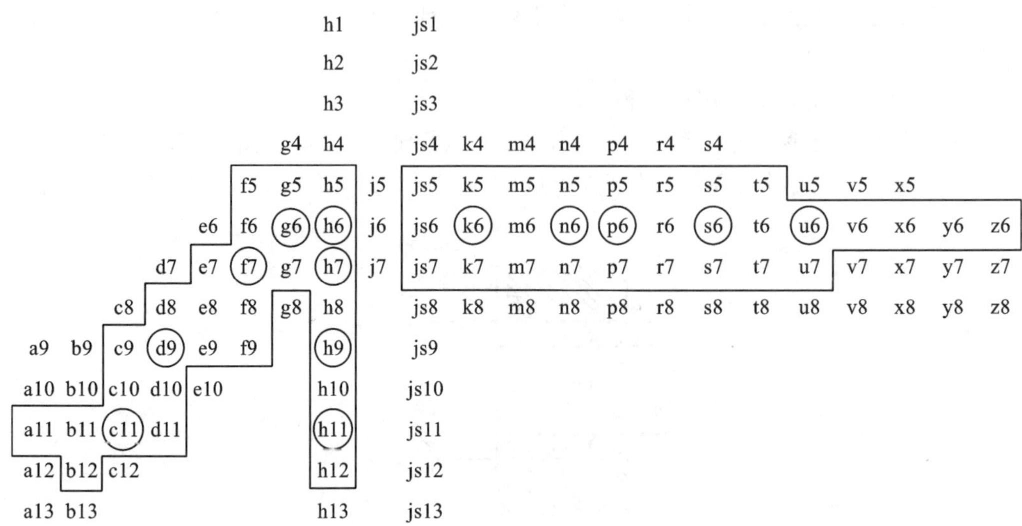

图 2-19 一般、常用和优先轴公差带

的公差带。

图 2-19 列出轴的一般公差带 116 种,其中方框内为常用公差带,共 59 种;圆圈内为优先公差带,共 13 种。

为了使配合的选择比较集中,国家标准还规定了基孔制和基轴制的优先配合(基孔制、基轴制各 13 种)和常用配合(基孔制 59 种,基轴制 47 种),如表 2-5 和表 2-6 所示。

在设计尺寸公差时,对于公称尺寸小于或等于 500 mm 的配合,应按优先、常用和一般公差带和配合的顺序,选用合适的公差带和配合。为满足某些特殊需要,允许选用无基准件配合,如 G8/n7、M8/f7 等。

表 2-5 基孔制优先、常用配合

基准孔	轴																			
	a	b	c	d	e	f	g	h	js	k	m	n	p	r	s	t	u	v	x	y	z
	间隙配合								过渡配合				过盈配合								
H6	—	—	—	—	—	H6/f5	H6/g5	H6/h5	H6/js5	H6/k5	H6/m5	H6/n5	H6/p5	H6/r5	H6/s5	H6/t5	—	—	—	—	—
H7	—	—	—	—	—	H7/f6	▼H7/g6	▼H7/h6	H7/js6	▼H7/k6	H7/m6	▼H7/n6	▼H7/p6	H7/r6	▼H7/s6	H7/t6	▼H7/u6	H7/v6	H7/x6	H7/y6	H7/z6
H8	—	—	—	—	H8/e7	▼H8/f7	H8/g7	▼H8/h7	H8/js7	H8/k7	H8/m7	H8/n7	H8/p7	H8/r7	H8/s7	H8/t7	H8/u7	—	—	—	—
	—	—	—	H8/d8	H8/e8	H8/f8	—	H8/h8	—	—	—	—	—	—	—	—	—	—	—	—	—
H9	—	—	H9/c9	▼H9/d9	H9/e9	H9/f9	—	▼H9/h9	—	—	—	—	—	—	—	—	—	—	—	—	—
H10	—	—	H10/c10	H10/d10	—	—	—	H10/h10	—	—	—	—	—	—	—	—	—	—	—	—	—
H11	H11/a11	H11/b11	▼H11/c11	H11/d11	—	—	—	▼H11/h11	—	—	—	—	—	—	—	—	—	—	—	—	—
H12	—	H12/b12	—	—	—	—	—	H12/h12	—	—	—	—	—	—	—	—	—	—	—	—	—

注:1. $\frac{H6}{n5}$、$\frac{H7}{p6}$在公称尺寸小于或等于 3 mm 和$\frac{H8}{r7}$在小于或等于 100 mm 时,为过渡配合;

2. 标注▼的配合为优先配合。

表 2-6　基轴制优先、常用配合

基准轴	孔																				
	A	B	C	D	E	F	G	H	JS	K	M	N	P	R	S	T	U	V	X	Y	Z
	间隙配合								过渡配合				过盈配合								
h5	—	—	—	—	—	F6/h5	G6/h5	H6/h5	JS6/h5	K6/h5	M6/h5	N6/h5	P6/h5	R6/h5	S6/h5	T6/h5	—	—	—	—	—
h6	—	—	—	—	—	F7/h6	◤G7/h6	◤H7/h6	JS7/h6	◤K7/h6	M7/h6	◤N7/h6	◤P7/h6	R7/h6	◤S7/h6	T7/h6	◤U7/h6	—	—	—	—
h7	—	—	—	—	E8/h7	◤F8/h7	—	◤H8/h7	JS8/h7	K8/h7	M8/h7	N8/h7	—	—	—	—	—	—	—	—	—
h8	—	—	—	D8/h8	E8/h8	F8/h8	—	H8/h8	—	—	—	—	—	—	—	—	—	—	—	—	—
h9	—	—	—	◤D9/h9	E9/h9	F9/h9	—	◤H9/h9	—	—	—	—	—	—	—	—	—	—	—	—	—
h10	—	—	—	D10/h10	—	—	—	H10/h10	—	—	—	—	—	—	—	—	—	—	—	—	—
h11	A11/h11	B11/h11	◤C11/h11	D11/h11	—	—	—	◤H11/h11	—	—	—	—	—	—	—	—	—	—	—	—	—
h12	—	B12/h12	—	—	—	—	—	H12/h12	—	—	—	—	—	—	—	—	—	—	—	—	—

注：标注◤的配合为优先配合。

2.4　常用尺寸公差与配合的选用

孔、轴极限与配合选用得合理与否直接影响着机械产品的使用性能和制造成本。当配合性质一定时，极限与配合的选择主要包括基准制、公差等级和配合种类的选择三个方面。选择的原则是在满足使用要求的前提下，获得最佳的技术经济效益。

2.4.1　基准制的选择

国家标准规定有两种基准制，即基孔制和基轴制。基准制是规定配合系列的基础。基准制的选择应主要从经济方面考虑，同时兼顾产品结构、工艺条件等方面的要求，设计时一般优先选用基孔制。

从加工工艺的角度来看，对应用较广泛的中小直径尺寸的孔，通常采用定值刀具（如钻头、铰刀、拉刀等）加工和定值量具（如塞规、芯轴等）检验。对于孔的加工和检验，一种规格的定值刀具和量具，只能满足一种孔公差带的需要；对于轴的加工和检验，一种尺寸的刀具和量具，能方便地对多种轴的公差带进行加工和检验。当某一公称尺寸的孔和轴要求三种配合时，采用基孔制，三种配合由一种孔公差带和三种轴公差带构成；而采用基轴制，三种配合由一种轴公差带和三种孔公差带构成。由此可见，对于中小直径尺寸的配合，采用基孔制配合可以大大减少定值刀具和量具的规格和数量，降低生产成本，提高加工经济性。

当孔的尺寸增大到一定的程度时，采用定值刀具和量具来制造与检测将变得不方便也不经济。这时孔和轴的制造与检测都采用通用工具，选择哪种基准制区别不大，但是为了统一，依然优先选用基孔制。

但在有些情况下，由于结构和原材料等因素，采用基轴制更为适宜。基轴制一般用于以下情况。

(1) 当配合的公差等级要求不高时，可采用冷拉钢材直接作轴。冷拉圆钢的尺寸公差可达 IT7～IT9，使得某些轴类零件的轴颈精度已能满足性能要求，在这种情况下采用基轴制，可免去轴的加工，只需按照不同的配合性能要求加工孔，就能得到不同性质的配合。

(2) 一轴配多孔，且配合性质要求不同。例如在图 2-20(a)所示的活塞连杆机构中，通常活塞销与活塞的两个销孔的配合要求紧些，用过渡配合；而活塞销与连杆小头孔的配合要求松些，采用最小间隙为零的配合。若采用基孔制，如图 2-20(b)所示，则活塞两个销孔和连杆小头孔的公差带相同(H6)，而为了满足两种不同的配合要求，应该把活塞销按两种公差带(h5、m5)加工成阶梯轴。这种形状的活塞销加工不方便，而且对装配不利，容易将连杆衬套挤坏。但若采用基轴制，如图 2-20(c)所示，活塞销按一种公差带加工，制成光轴，则活塞销的加工和装配都很方便。

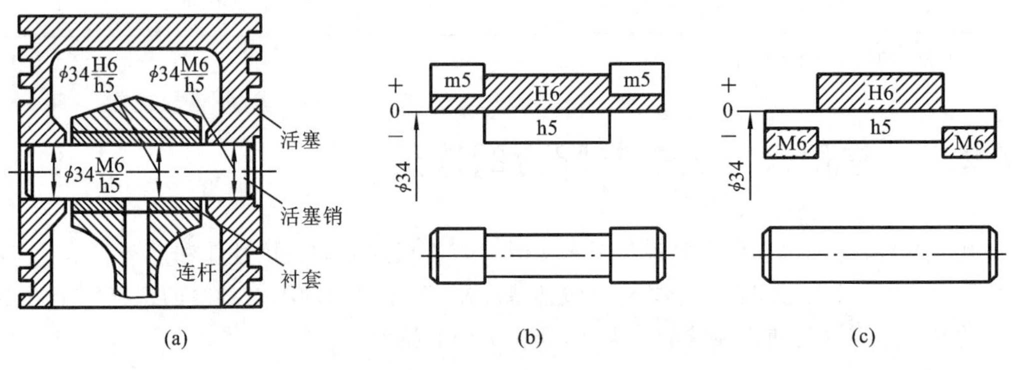

图 2-20 活塞销与连杆和支承孔的配合

(3) 配合中的轴为标准件。采用标准件时，基准制不能随便采用，要按规定选用。例如：滚动轴承为标准件，它的内圈与轴颈配合无疑应采用基孔制，而外圈与轴承座孔的配合应采用基轴制。

此外，为了满足配合的特殊要求，允许采用任意孔、轴公差带组成的非基准制配合。图 2-21 所示为箱体孔与滚动轴承和轴承端盖的配合。由于滚动轴承是标准件，它与箱体孔的配合选用基轴制配合，箱体孔的公差带已确定为 ϕ80J7，而与之装配的端盖只要求装拆方便，并且允许配合的间隙较大，因此端盖定位圆柱面的公差带可采用 f9，那么箱体孔与端盖的配合就组成了较大间隙的间隙配合 J7/f9，这样不仅便于拆卸，而且能保证轴承的轴向定位，还有利于降低成本。

2.4.2 公差等级的确定

选择公差等级的基本原则是在满足使用要求的前提下，尽量选用精度较低的公差等级。选择公差等级时，要正确处理使用要求、制造工艺和成本之间的关系。公差等级与生产成本之间的关系如图 2-22 所示：在低精度区，精度提高，成本增加不多；而在高精度区，精度的小

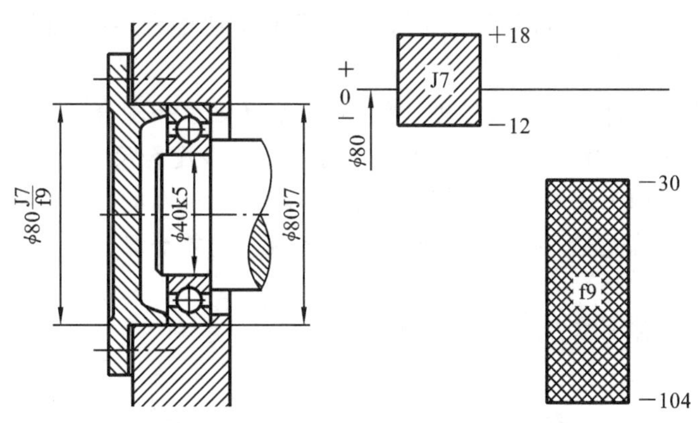

图 2-21　箱体孔与滚动轴承和轴承端盖的配合

幅度提高，往往伴随着成本的急剧增加。

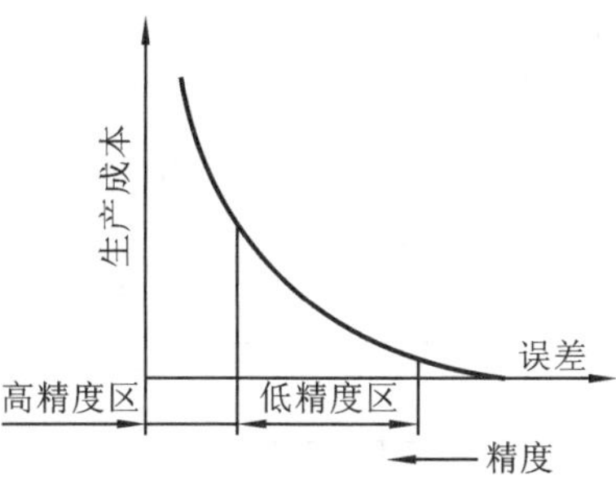

图 2-22　公差等级与生产成本的关系

生产中，经常选用类比法来选择公差等级。类比法就是参考从生产实践中总结出来的经验资料进行对比来选择公差等级。使用类比法选择公差等级时，首先应熟悉各个公差等级的应用范围。表 2-7 列出了各个标准公差等级的应用范围。

表 2-7　标准公差等级的应用范围

应用	公差等级(IT)																			
	01	0	1	2	3	4	5	6	7	8	9	10	11	12	13	14	15	16	17	18
量块	—	—	—																	
量规			—	—	—	—	—	—	—											
特精密零件				—	—	—	—													
配合尺寸							—	—	—	—	—	—	—	—						
非配合尺寸														—	—	—	—	—	—	—
原材料										—	—	—	—	—	—	—				

用类比法选择公差等级时，还应该考虑以下几个方面的问题。

(1) 工艺等价性。组成配合的孔和轴的加工难易程度应基本相同。对于公称尺寸小于或等于 500 mm 的配合，较高精度(公差等级高于或等于 IT8)的孔与轴组成配合时，孔的公差等级比轴的公差等级低一级，如 H7/m6，H8/f7；标准也推荐了少量 8 级公差的孔与 8 级公差的轴组成孔、轴同级的配合，如 H8/f8；当公差等级低于 IT8(>IT8)时，孔、轴采用同级配合。

当公称尺寸大于 500 mm 时,标准推荐孔、轴采用同级配合,并尽量保证孔、轴加工难易程度相同。

(2) 相关件或相配件的结构或精度。例如,与滚动轴承相配合的轴颈和轴承座孔的公差等级取决于与之相配的滚动轴承的类型和公差等级以及配合尺寸的大小。

(3) 配合性质及加工成本。对于间隙配合,小间隙应选高的公差等级,反之,选低的公差等级;对于过渡、过盈配合,公差等级不应低于 8 级。公差等级与生产成本之间的关系如图 2-22 所示。

表 2-8 列出了各种加工方法所能达到的公差等级,表 2-9 列出了各种常用公差等级的应用场合。

表 2-8 各种加工方法可达到的公差等级

加工方法	公差等级(IT)																			
	01	0	1	2	3	4	5	6	7	8	9	10	11	12	13	14	15	16	17	18
研磨	—	—	—	—	—	—	—													
珩磨						—	—	—	—											
磨内外圆							—	—	—	—										
平面磨							—	—	—	—										
金刚石车							—	—	—											
金刚镗							—	—	—											
拉削							—	—	—	—										
铰孔								—	—	—	—									
车削									—	—	—	—	—							
镗削									—	—	—	—	—							
铣削										—	—	—	—							
刨削、插削												—	—							
钻削												—	—	—	—					
滚压、挤压												—	—							
冲压												—	—	—	—	—				
压铸													—	—	—	—				
粉末冶金成形								—	—	—										
粉末冶金烧结									—	—	—	—								

续表

加工方法	公差等级(IT)																			
	01	0	1	2	3	4	5	6	7	8	9	10	11	12	13	14	15	16	17	18
砂型铸造、气割																		—	—	—
锻造																	—	—	—	—

表 2-9　常用配合尺寸 IT5 至 IT13 级的应用(尺寸≤500 mm)

公差等级	适用范围	应用举例
IT5	用于仪表、发动机和机床中特别重要的配合,加工要求较高,一般机械制造中较少用,特点是能保证配合性质的稳定性	航空及航海仪器中特别精密的零件;与特别精密的滚动轴承相配的机床主轴和轴承座孔;高精度齿轮的基准孔和基准轴
IT6	用于机械制造中精度要求很高的重要配合,特点是能得到均匀的配合性质,使用可靠	与 IT6 级滚动轴承相配合的孔、轴颈;机床丝杠轴颈;矩形花键的定心直径;摇臂钻床的立柱等
IT7	广泛用于机械制造中精度要求较高、较重要的配合	联轴器、带轮、凸轮等孔径;机床卡盘座孔;发动机中的连杆孔、活塞孔等
IT8	在机械制造中属于中等精度,用于对配合性质要求不太高的次要配合	轴承座衬套沿宽度方向尺寸;IT9 至 IT12 级齿轮基准孔;IT11 至 IT12 级齿轮基准轴
IT9～IT10	属于较低精度,只适用于配合性质要求不太高的次要配合	机械制造中轴套外径与孔,操作件与轴,空轴带轮与轴,单键与花键
IT11～IT13	属于低精度,只适用于基本上没有什么配合要求的场合	非配合尺寸及工序间尺寸,滑块与滑移齿轮,冲压加工的配合件,塑料成型尺寸公差

2.4.3　配合种类的选择

选择配合的目的是解决配合零件(孔和轴)在工作时的相互关系,保证机器工作时各个零件之间的协调,以实现预定的工作性质。在孔、轴公差等级确定的情况下,选择配合的主要任务:对于基孔制配合,是确定轴的基本偏差代号;而对于基轴制配合,是确定孔的基本偏差代号。

1. 配合代号的选用方法

(1) 计算法:根据配合部位使用性能的要求,在理论分析指导下,通过一定的公式计算出极限间隙量或极限过盈量,然后从标准中选定合适的孔和轴的公差带。重要的配合部位才采用计算法。

(2) 类比法:将经过实践考验认为选择得恰当的某种类似配合相比较,然后选定其配合种类。一般的配合部位采用此法。

(3) 试验法:在新产品设计过程中,对于某些特别重要部位的配合,为了防止计算或类比不准确而影响产品的使用性能,可通过几种配合的实际试验结果,从中找出最佳的配合方案。此法用于特别重要的关键性配合。

2. 配合种类的选择

(1) 间隙配合:a～h(或 A～H)11 种基本偏差与基准孔(或基准轴)形成间隙配合。间隙由大到小。

应用场合:有相对运动、有活动结合的部位,要求经常拆卸,某些需要方便装卸的静止连接中(要加紧固件),也可采用间隙配合。

(2) 过渡配合:js、j、k、m、n(或 JS、J、K、M、N)5 种基本偏差与基准孔(或基准轴)形成过渡配合。形成的配合松紧程度由大到小。

应用场合:相配件对中性要求高,而又需要经常拆卸的静止结合部位。

(3) 过盈配合:p～zc(或 P～ZC)12 种基本偏差与基准孔(或基准轴)形成过盈配合。过盈由小到大。

应用场合:无相对运动、无辅助连接件(如螺钉、键等)、靠过盈传递扭矩,或是虽有辅助连接件,但扭矩大或有冲击负载时采用过盈配合。

表 2-10 和表 2-11 所列分别为各种基本偏差的应用实例和各种优先配合的选用说明,可供设计时参考。

表 2-10 各种基本偏差的应用实例

配合	基本偏差	各种基本偏差的特点及应用实例
间隙配合	a(A) b(B)	可得到特别大的间隙,很少应用。主要用于工作时温度高、热变形大的零件的配合,如发动机中活塞与缸套的配合为 H9/a9
	c(C)	可得到很大的间隙。一般用于工作条件较差(如农业机械)、工作时受力变形大及装配工艺性不好的零件的配合,也适用于高温工作的间隙配合,如内燃机排气阀杆与导管的配合为 H9/c7
	d(D)	与 IT7～IT11 对应,适用于较轻松的间隙配合(如滑轮、空转的带轮与轴的配合),以及大尺寸滑动轴承与轴颈的配合(如涡轮机、球磨机等的滑动轴承)。活塞环与活塞槽的配合可用 H9/d9
	e(E)	与 IT6～IT9 对应,具有明显的间隙,用于大跨距及多支点的转轴与轴承的配合,以及高速、重载的大尺寸轴颈与轴承的配合,如大型电机、内燃机的主要轴承处的配合为 H8/e7
	f(F)	多与 IT6～IT8 对应,用于一般的转动配合,受温度影响不大、采用普通润滑油的轴颈与滑动轴承的配合,如齿轮箱、小电机、泵等的转轴轴颈与滑动轴承的配合为 H7/f6
	g(G)	多与 IT5～IT7 对应,形成配合的间隙较小,用于轻载精密装置中的转动配合,用于插销的定位配合,滑阀、连杆销等处的配合,钻套导向孔多用 G6
	h(H)	多与 IT4～IT11 对应,广泛用于无相对转动的配合和一般的定位配合。若没有温度、变形的影响,也可用于精密滑动轴承,如车床尾座导向孔与滑动套筒的配合为 H6/h5

续表

配合	基本偏差	各种基本偏差的特点及应用实例
过渡配合	js(JS)	偏差完全对称(+IT/2),多用于 IT4～IT7 级、平均间隙较小的配合,要求间隙比 h 小,并允许略有过盈的定位配合。如联轴器、齿圈与钢制轮毂可用锤装配
	k(K)	平均间隙接近于零的配合,适用于 IT4～IT7 级,推荐用于稍有过盈的定位配合。例如为了消除振动用的定位配合,一般可用锤装配
	m(M)	平均过盈较小的配合,适用于 IT4～IT7 级,一般可用锤装配,但在最大过盈时,要求有相当的压入力
	n(N)	平均过盈比 m 轴稍大,很少得到间隙,适用于 IT4～IT7 级,用锤或压入机装配
过盈配合	p(P)	与 H6 和 H7 配合时是过盈配合,与 H8 配合时则为过渡配合。对于非铁类零件,为较轻的压入配合,需要时易于拆卸。对于钢、铸铁或铜组件形成的配合,为标准压入配合
	r(R)	对于铁类零件,为中等打入配合;对于非铁类零件,为轻打入的配合,需要时可以拆卸。与 H8 孔配合,直径在 100 m 以上时为过盈配合,直径小时为过渡配合
	s(S)	用于钢和铁制零件的永久性和半永久性装配,可产生相当大的结合力。当用弹性材料,如轻合金时,配合性质与铁类零件的 p 轴相当。例如套环压装在轴上、阀座等的配合。尺寸较大时,为了避免损伤配合表面,需用热胀法或冷缩法装配
	t(T)	过盈较大的配合。对钢和铸铁零件适于作永久性结合,不用键可传递力矩,需要热胀法或冷缩法装配。例如联轴器与轴的配合
	u(U)	这种配合过盈大,一般应验算在最大过盈时工件材料是否损坏,要用热胀法或冷缩法装配。例如火车轮毂和轴的配合
	v(V)x(X) y(Y)z(Z)	这些基本偏差组成的配合过盈量更大,目前使用的经验和资料还很少,须经试验后才应用,一般不推荐

表 2-11　各种优先配合的选用说明

优先配合		说明
基孔制	基轴制	
$\frac{H11}{c11}$	$\frac{C11}{h11}$	间隙非常大,用于很松、转动很慢的动配合,以及装配方便的松配合
$\frac{H9}{d9}$	$\frac{D9}{h9}$	间隙很大的自由配合,用于精度非主要要求时,或有大的温度变化,高转速或大的轴颈压力时
$\frac{H8}{f7}$	$\frac{F8}{h7}$	间隙不大的转动配合,用于中等转速与中等轴颈压力的精确转动,也用于装配较容易的中等定位配合

续表

优先配合		说明
基孔制	基轴制	
$\frac{H7}{g6}$	$\frac{G7}{h6}$	间隙很小的滑动配合,用于不希望自由转动,但可自由移动和滑动并精密定位时,也可用于要求明确的定位配合
$\frac{H7}{h6}$ $\frac{H8}{h7}$ $\frac{H9}{h9}$ $\frac{H11}{h11}$		间隙定位配合,零件可自由装拆,而工作时,一般相对静止不动,在最大实体条件下的间隙为零,在最小实体条件下的间隙由公差等级决定
$\frac{H7}{k6}$	$\frac{K7}{h6}$	过渡配合,用于精密定位
$\frac{H7}{n6}$	$\frac{N7}{h6}$	过渡配合,用于允许有较大过盈的更精密定位
$\frac{H7}{p6}$	$\frac{P7}{h6}$	小过盈配合,用于定位精度特别重要时,能以最好的定位精度达到部件的刚性及对中性要求
$\frac{H7}{s6}$	$\frac{S7}{h6}$	中等压入配合,适用于一般钢件和薄壁件的冷缩配合,用于铸铁件可得到最紧的配合
$\frac{H7}{u6}$	$\frac{U7}{h6}$	压入配合,适用于可以承受高压入力的零件,或不宜承受大压入力的冷缩配合

3. 影响配合种类的因素

1) 孔、轴间是否有相对运动

相互配合的孔、轴间有相对运动时,必须选用间隙配合;无相对运动且传递载荷(转矩、轴向力)时,则用过盈配合,也可选用过渡配合,但必须加键、销等紧固件。

2) 过盈配合中的受载情况

用过盈配合中的过盈来传递转矩时,需传递的转矩越大,所选的配合的过盈量应越大。

3) 孔和轴的定心精度要求

孔和轴配合,如果定心精度要求高,则不宜采用间隙配合,通常采用的是过渡配合或过盈量较小的过盈配合。

4) 带孔零件和轴的拆装情况

对于需要经常拆装的零件的孔与轴,为了便于拆装,其配合要比不拆装零件的配合松一些。有些零件虽不经常拆装,但一旦要拆装却很困难,也要采用较松的配合。

5) 孔和轴工作时的温度

如果相互配合的孔和轴工作时与装配时的温度差别较大,那么选择配合时要考虑热变形的影响。

6）装配变形

机械结构中，有时会遇到薄壁套筒装配后变形的问题，如图 2-23 所示的结构，套筒外表面与机座孔的配合为过盈配合 $\phi80\mathrm{H7/u6}$，套筒内孔与轴的配合为间隙配合 $\phi60\mathrm{H7/f6}$。由于套筒外表面与机座孔装配会产生过盈，在套筒压入机座后，套筒内孔会收缩，产生变形使得套筒孔径减小，因此，在选择套筒内孔与轴的配合时应该考虑此变形量的影响。有两种办法：一种是将内孔做大些，比 $\phi60\mathrm{H7}$ 稍大点，以补偿装配变形；另一种是用工艺措施来保证，将套筒压入机座后再按 $\phi60\mathrm{H7}$ 加工套筒内孔。

7）生产类型

选择配合种类时还应该考虑生产类型(批量)的影响。在大批量生产时，多用调整法加工，加工后尺寸的分布通常遵循正态分布；而单件小批量生产时，多用试切法加工，孔加工后尺寸多偏向下极限尺寸，轴加工后尺寸多偏向上极限尺寸。如图 2-24 所示，设计时给定孔与轴的配合为 $\phi50\mathrm{H7/js6}$，大批量生产时，孔、轴装配后形成的平均间隙为 $X_{av}=+12.5\ \mu\mathrm{m}$。而单件生产时，孔和轴的尺寸中心分别趋向孔的下极限尺寸和轴的上极限尺寸，孔、轴装配后形成的平均间隙 X'_{av} 小，比 $+12.5\ \mu\mathrm{m}$ 小得多。也就是说，大批量生产时，孔与轴装配后形成的配合要比单件小批量生产时的配合松一些。因此，为了满足相同的使用要求，在单件小批量生产时，应该采用比大批量生产时稍松的配合。

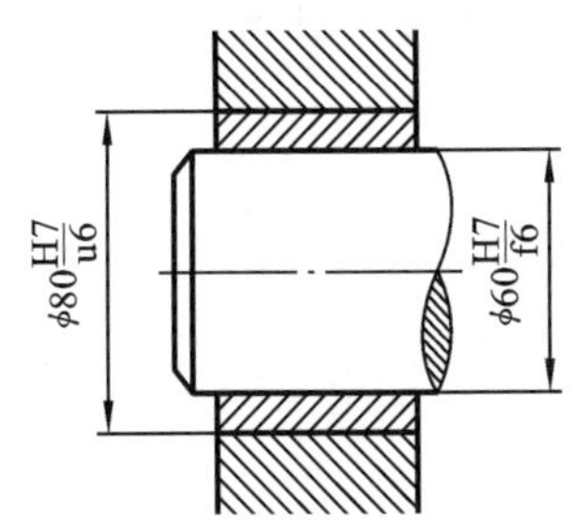

图 2-23　会产生装配变形结构示例

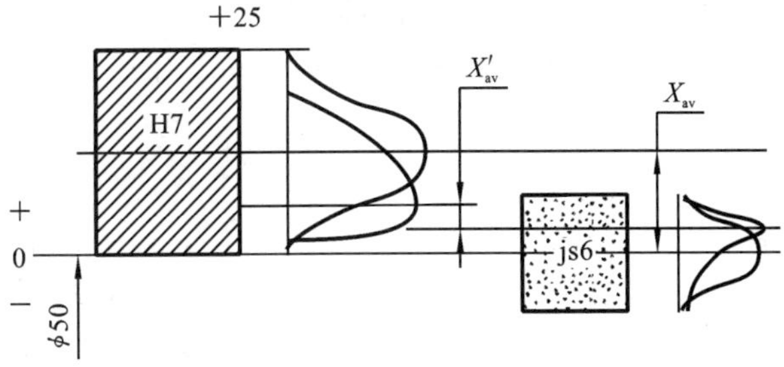

图 2-24　生产类型对配合选择的影响

总之，在选择配合时，应根据零件的工作情况综合考虑以上几方面因素的影响。表2-12 所示为配合件的生产情况对过盈和间隙的影响，在实际选择时可以参考此表。

表 2-12　配合件的生产情况对过盈和间隙的影响

具体情况	过盈量	间隙量	具体情况	过盈量	间隙量
材料许用应力小	减	—	装配时可能歪斜	减	增
要常拆卸	减	—	旋转速度较高	增	增
有冲击载荷	增	减	有轴向运动	—	增
工作时，孔的温度高于轴的温度	增	减	润滑油的黏度大	—	增
工作时，轴的温度高于孔的温度	减	增	表面粗糙度数值大	增	减
配合长度较长	减	增	装配精度较高	减	减
形位误差大	减	增	装配精度较低	增	增

【例 2-4】　有一孔、轴配合的公称尺寸为 $\phi30$ mm，要求配合间隙在 $+0.020\sim$

+0.055 mm之间,试确定孔和轴的精度等级和配合种类。

解 (1)选择基准制。

因为没有特殊要求,所以选用基孔制配合。孔的基本偏差代号为 H,$EI=0$ mm。

(2) 选择孔、轴公差等级。

根据使用要求,其配合公差为

$$[T_f]=[X_{max}]-[X_{min}]=+0.055\ \text{mm}-(+0.020\ \text{mm})=0.035\ \text{mm}$$

$$T_f=T_h+T_s\leqslant[T_f]$$

假设孔、轴同级配合,则

$$T_h=T_s=T_f/2=17.5\ \mu\text{m}$$

查表 2-2 得,孔和轴的公差等级介于 IT6 和 IT7 之间。根据工艺等价原则,在 IT6 和 IT7 的公差等级范围内,孔比轴低一个公差等级,故选孔为 IT7,$T_h=21\ \mu\text{m}$;轴为 IT6,$T_s=13\ \mu\text{m}$。

故配合公差为

$$T_f=T_h+T_s=\text{IT7}+\text{IT6}=0.021\ \text{mm}+0.013\ \text{mm}=0.034\ \text{mm}<0.035\ \text{mm}$$

满足使用要求。

(3) 选择配合种类。

根据使用要求,本例为间隙配合。采用基孔制配合,孔的公差带代号为 H7,孔为 ϕ30H7,$ES=EI+\text{IT7}=+0.021$ mm。有

$$X_{min}\geqslant[X_{min}]$$

$$X_{max}\leqslant[X_{max}]$$

即

$$EI-es\geqslant[X_{min}]$$

$$ES-ei\leqslant[X_{max}]$$

$$es-\text{IT6}=ei$$

代入数值,即

$$0-es\geqslant0.020$$

$$0.021-(es-0.013)\leqslant0.055$$

$$-0.021\leqslant es\leqslant-0.020$$

查表 2-3 得轴的基本偏差代号为 f,$es=-0.020$ mm,即轴公差带代号为 f6。

$$ei=es-\text{IT6}=-0.020\ \text{mm}-0.013\ \text{mm}=-0.033\ \text{mm}$$

所以轴为 $\phi30\text{f6}(^{-0.020}_{-0.033})$,配合代号为 ϕ30H7/f6。

(4) 验算设计结果。

$$X_{max}=ES-ei=+0.021\ \text{mm}-(-0.033\ \text{mm})=+0.054\ \text{mm}$$

$$X_{min}=EI-es=0\ \text{mm}-(-0.020\ \text{mm})=+0.020\ \text{mm}$$

ϕ30H7/f6 的 $X_{max}=+54\ \mu\text{m}$,$X_{min}=+20\ \mu\text{m}$,它们分别小于要求的最大间隙(+55 μm)、等于要求的最小间隙(+20 μm),因此设计结果满足使用要求。

如果验算结果不符合设计要求,可采用更换基本偏差代号或变动孔、轴公差等级的方法来改变极限间隙或极限过盈的大小,直到所选用的配合符合设计要求为止。

【例 2-5】 图 2-25 所示为一种通过一对锥齿轮传动达到减速目的的圆锥齿轮减速器。

已知它所传递的功率为 100 kW，输入轴的转速为 750 r/min，稍有冲击，在中小型企业小批量生产。试选择以下几处配合的公差等级和配合代号：

(1) 联轴器 1 和输入端轴颈 2；

(2) 带轮 8 和输出端轴颈；

(3) 小圆锥齿轮 10 内孔和轴颈；

(4) 套杯 4 外径和箱体 6 座孔。

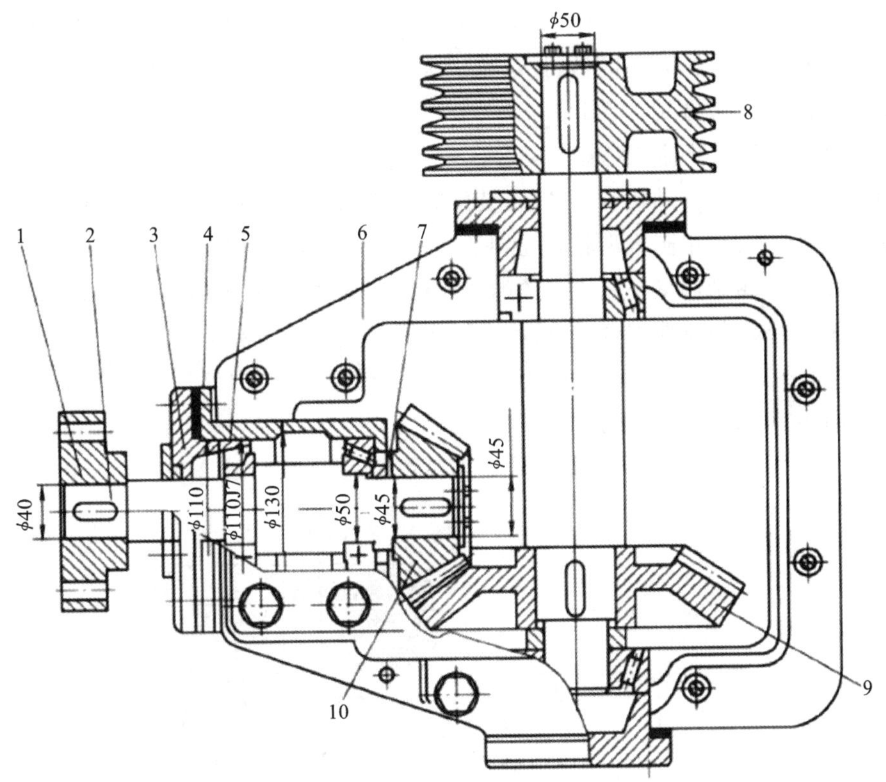

图 2-25　锥齿轮减速器

1—联轴器；2—输入端轴颈；3—端盖；4—套杯；5—轴承座；6—箱体；7—调整垫片；8—带轮；9—大圆锥齿轮；10—小圆锥齿轮

解　由于上述配合均无特殊要求，因此优先选用基孔制。

(1) 联轴器 1 和输入端轴颈 2 的配合。

联轴器总体分刚性和挠性两类。对于刚性联轴器，要求被连接的两侧轴同轴度和回转精度高，而且轴向不能发生抵触干涉。对于挠性联轴器，允许有较大的误差(包括轴偏心、角度、轴向位置)，但是必须确保在所选定联轴器补偿能力范围内。

联轴器 1 为螺栓连接的固定式刚性联轴器，为了防止偏斜引起附加载荷，要求对中性好。联轴器为轴上重要配合件，无轴向附加定位装置，结构上要采用紧固件，故选用过渡配合 ϕ40H7/m6 或 ϕ40H7/n6。此配合最终选用 ϕ40H7/m6。

(2) 带轮 8 和输出端轴颈的配合。

此项安装中传动带为挠性件，定心精度要求不高，且轴向有定位件，为方便拆卸，可选用间隙较小的过渡配合,如 H7/js6 或者小过盈的 H7/k6。此配合最终选用 H7/js6。

(3) 小锥齿轮 10 内孔与轴颈的配合。

小圆锥齿轮 10 内孔和轴颈的配合是影响齿轮传动的重要配合,内孔公差等级由齿轮精度决定。一般减速器齿轮精度为 7 级,查齿坯尺寸公差表得到基准孔选用 7 级。对于传递载荷的齿轮和轴的配合,为了保证齿轮的工作精度和啮合性能,要求准确对中,一般选用过渡配合加紧固件。可供选用的配合有 ϕ45H7/js6、ϕ45H7/k6、ϕ45H7/m6、ϕ45H7/n6,甚至也可选用过盈配合 ϕ45H7/p6、ϕ45H7/r6。至于具体采用哪种配合,主要应结合装拆要求、载荷大小、有无冲击振动、转速高低、批量生产等因素综合考虑。此处要求为中速、中载、稍有冲击、小批量生产,故选用 ϕ45H7/k6。

(4) 套杯 4 外径和箱体 6 座孔的配合。

为了保证圆锥齿轮传动的啮合精度,装配时需要调整小圆锥齿轮的轴向位置,使两圆锥齿轮的锥顶重合,因此,小圆锥齿轮轴与轴承通常放在套杯内,用套杯凸缘内端面与轴承座外端面之间的垫片组来调整小圆锥齿轮的轴向位置。图中套杯 4 外径和箱体 6 座孔的配合是锥齿轮减速器传动的重要配合,该处配合要求有一定的定心精度,但是可调整,可做相对轴向运动,可装拆,因此选用最小间隙为零的间隙定位配合 ϕ130H7/h6。

配合选用结果如图 2-26 所示。

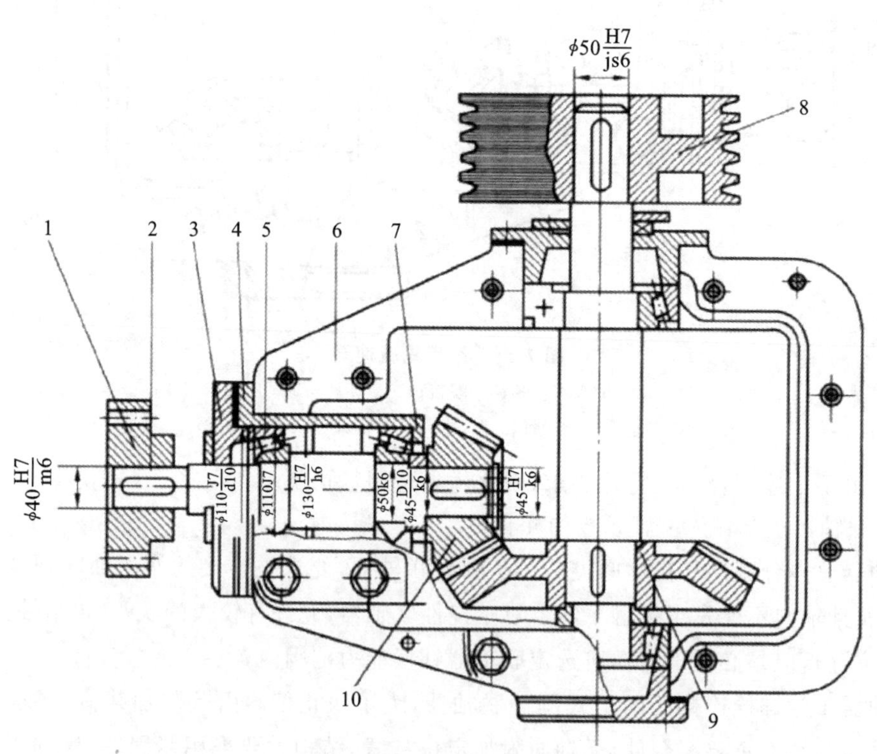

图 2-26　配合选用结果图例

1—联轴器;2—输入端轴颈;3—端盖;4—套杯;5—轴承座;6—箱体;

7—调整垫片;8—带轮;9—大圆锥齿轮;10—小圆锥齿轮

2.5　一般公差、线性尺寸的未注公差

在零件图上，可以不标注车间一般加工条件下可以保证的非配合线性尺寸和倒圆半径、倒角高度尺寸的公差和极限偏差，而采用《一般公差　未注公差的线性和角度尺寸的公差》(GB/T 1804—2000)所规定的线性尺寸一般公差。采用一般公差标注的尺寸，在该尺寸后不注出极限偏差，并且在正常条件下可不进行检验。这样将有利于简化制图，使图面清晰，突出重要的、有公差要求的尺寸，以便在加工和检验时引起对重要尺寸的重视。

GB/T 1804—2000 对线性尺寸的公差规定了四个等级，即 f(精密级)、m(中等级)、c(粗糙级)、v(最粗级)。每个公差等级都规定了相应的极限偏差，极限偏差全部采用对称偏差值。表 2-13 和表 2-14 分别给出了线性尺寸和倒圆半径与倒角高度尺寸的一般公差等级及其极限偏差数值。在规定图样上线性尺寸的未注公差时，应考虑车间的一般加工精度，选取本标准规定的公差等级，在图样上、技术文件或相应的标准(如企业标准、行业标准等)中用标准编号和公差等级符号表示。例如，选用中等级时，表示为“未注公差按 GB/T 1804—m”。

表 2-13　线性尺寸一般公差等级及其极限偏差数值(摘自 GB/T 1804—2000)　　单位：mm

公差等级	尺寸分段							
	0.5～3	>3～6	>6～30	>30～120	>120～400	>400～1000	>1000～2000	>2000～4000
f(精密级)	±0.05	±0.05	±0.1	±0.15	±0.2	±0.3	±0.5	—
m(中等级)	±0.1	±0.1	±0.2	±0.3	±0.5	±0.8	±1.2	±2
c(粗糙级)	±0.2	±0.3	±0.5	±0.8	±1.2	±2	±3	±4
v(最粗级)	—	±0.5	±1	±1.5	±2.5	±4	±6	±8

表 2-14　倒圆半径与倒角高度尺寸一般公差等级及其极限偏差数值(摘自 GB/T 1804—2000)

单位：mm

公差等级	尺寸分段			
	0.5～3	>3～6	>6～30	>30～120
f(精密级)	±0.2	±0.5	±1	±2
m(中等级)				
c(粗糙级)	±0.4	±1	±2	±4
v(最粗级)				

思考题与练习题

一、思考题

1. 标准公差、基本偏差、误差、公差这些概念之间有何区别与联系？

2. 如何区分间隙配合、过渡配合和过盈配合？这三种不同性质的配合各用于什么场合？

3. 什么是基孔制与基轴制？为什么要规定基准制？广泛应用基孔制的原因是什么？在什么情况下采用基轴制？

4. 选用标准公差等级的原则是什么？是否公差等级越高越好？

二、练习题

5. 判断下列说法是否正确：

(1) 孔的基本偏差即下极限偏差，轴的基本偏差即上极限偏差。

(2) 某孔要求尺寸为 $\phi 20^{-0.046}_{-0.067}$，今测得其实际尺寸为 ϕ19.962 mm，可以判断该孔合格。

(3) 基本偏差决定公差带的位置。

(4) 零件的实际尺寸越接近公称尺寸越好。

(5) 孔、轴配合为 ϕ40H9/n9，可以判断是过渡配合。

(6) 公称尺寸相同的配合 H7/g6 比 H7/s6 紧。

6. 试用标准公差、基本偏差数值表查出下列公差带的上、下极限偏差数值。

(1) 轴：①ϕ30f7　②ϕ18h6　③ϕ60 r6　④ϕ85js7

(2) 孔：①ϕ90D9　②ϕ240M6　③ϕ20K7　④ϕ40R7

7. 根据表 2-15 中的已知数据，计算空格内容。

表 2-15　题 7 表

单位：mm

序号	公称尺寸	极限尺寸		极限偏差		公差
		上极限尺寸	下极限尺寸	上极限偏差	下极限偏差	
1		50.016	50			
2	ϕ80		ϕ79.964			0.035
3	ϕ35				−0.012	0.063
4	20	20			−0.006	0.006
5	60			−0.053		0.030
6		45.039			0	0.039

8. 根据表 2-16 给出的数据求空格中应有的数据，并填入空格内。

表 2-16　题 8 表

单位：mm

公称尺寸	孔			轴			X_{max} 或 Y_{min}	X_{min} 或 Y_{max}	X_{av} 或 Y_{av}	T_f
	ES	EI	T_h	es	ei	T_s				
ϕ25		0				0.021	+0.074		+0.057	
ϕ14		0				0.010		−0.012	+0.0025	
ϕ45			0.025	0				−0.050	−0.0295	

9. 试查表确定 ϕ80H7/u6 和 ϕ80U7/h6 的孔、轴极限偏差，画出公差带图，说明其配合类型及两个配合之间的关系。

10. 已知某基轴制配合的公称尺寸为 ϕ30，最大间隙为 +6 μm，最大过盈为 −28 μm，孔的尺寸公差为 21 μm，求孔、轴的极限偏差并画出公差带图。

11. 某孔、轴配合，已知轴的尺寸为 ϕ10h8，X_{max} = +0.007 mm，Y_{max} = −0.037 mm，试计算孔的尺寸，并说明该配合是什么基准制、什么配合类别。

12. 有一配合，公称尺寸为 ϕ25 mm，按设计要求：配合的间隙应为 0～+66 μm；应用基轴制。试设计孔、轴的公差等级，按标准选定适当的配合(写出代号)并绘制公差带图。

第3章 长度测量基础

3.1 测量与检验的概念

检测是测量与检验的总称。测量是指将被测量与作为测量单位的标准量进行比较，从而确定被测量的实验过程；而检验则是判断零件是否合格而不需要测出具体数值。

由测量的定义可知，任何一个测量过程都必须有明确的被测对象和确定的测量单位，还要有与被测对象相适应的测量方法，而且测量结果还要达到所要求的测量精度。因此，一个完整的测量过程应包括以下四个要素。

1. 被测对象

我们研究的被测对象是几何量，即长度、角度、形状、位置、表面粗糙度，以及螺纹、齿轮等零件的几何参数。

2. 测量单位

在采用国际单位制的基础上，规定我国计量单位一律采用《中华人民共和国法定计量单位》。在几何量测量中，长度的计量单位为米(m)；在机械零件制造中，常用的长度计量单位是毫米(mm)；在几何量精密测量中，常用的长度计量单位是微米(μm)；在超精密测量中，常用的长度计量单位是纳米(nm)。常用的角度计量单位是弧度(rad)、微弧度(μrad)和度(°)、分(′)、秒(″)，其中 1 μrad $=10^{-6}$ rad，1° $=0.017\,453\,3$ rad。

3. 测量方法

测量方法是测量时所采用的测量原理、测量器具和测量条件的总和。根据被测对象的特点，如精度、大小、轻重、材质、数量等来确定所用的计量器具，分析研究被测对象的特点和它与其他参数的关系，确定最合适的测量方法以及测量的主客观条件。

4. 测量精度

测量精度是测量结果与被测量真值的一致程度。精密测量要将误差控制在允许的范围内，以保证测量精度。为此，除了合理地选择测量器具和测量方法外，还应正确估计测量误差的性质和大小，以便保证测量结果具有较高的置信度。

3.2 量值传递系统

3.2.1 长度基准与量值传递

目前,世界各国所使用的长度单位有米制(公制)和英制两种。我国是公制国家,长度基本计量单位是米。1983 年第十七届国际计量大会的决议规定米的定义为:米是光在真空中,在 1/299 792 458 s 时间间隔内行程的长度。国际计量大会推荐用激光辐射来复现它,其不确定度可达 10^{-9}。我国用碘吸收稳定的 0.633 μm 氦氖激光辐射波长来复现长度基准。

在实际生产和科学研究中,不可能按照上述米的定义来测量零件尺寸,而是用各种计量器具进行测量。为了保证零件在国内、国际上具有互换性,必须保证量值的统一,必须把长度基准的量值准确地传递到生产中应用的计量器具和被测工件上。长度基准的量值传递系统如图 3-1 所示。

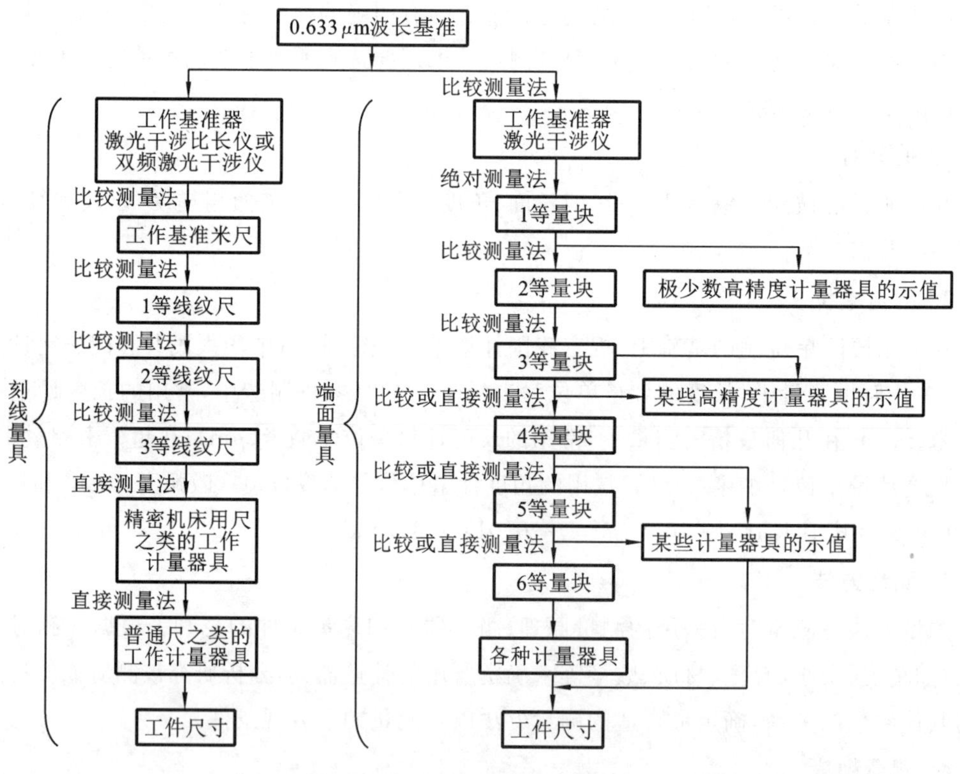

图 3-1 长度基准的量值传递系统

3.2.2 角度基准与量值传递

角度是重要的几何量之一,一个圆周角定义为 360°,角度不需要像长度一样建立自然

基准。但在计量部门,为了方便,仍采用多面棱体(棱形块)作为角度量值的基准。机械制造中的角度标准一般是角度量块、测角仪或分度头等。

多面棱体有 4 面、6 面、8 面、12 面、24 面、36 面及 72 面等。以多面棱体作角度基准的量值传递系统,如图 3-2 所示。

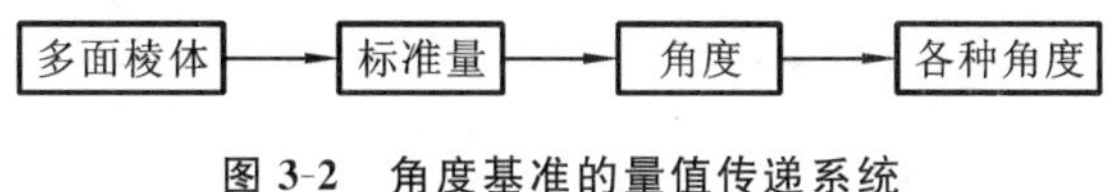

图 3-2　角度基准的量值传递系统

3.2.3　量块

1. 量块的作用

量块又称块规,用途很广,除了作为长度基准的传递媒介外,还有以下作用:

(1) 生产中被用来检定和校准测量工具或量仪;

(2) 相对测量时用来调整量具或量仪的零位;

(3) 有时还可以直接用于精密测量、精密划线和精密机床的调整。

2. 量块的构成

量块用铬锰钢等特殊合金钢或线膨胀系数小、性质稳定、耐磨以及不易变形的其他材料制成。

量块的形状有长方体和圆柱体两种。常用的是长方体,它有两个平行的测量面和四个非测量面。测量面极为光滑、平整,其表面粗糙度为 $Ra=0.008\sim0.012\ \mu m$。两测量面之间的距离即为量块的工作长度,称为标称长度(公称尺寸)。标称长度不大于 5.5 mm 的量块,其标称长度值刻印在上测量面上;标称长度大于 5.5 mm 的量块,其标称长度值刻印在上测量面的左侧平面上。标称长度不到 10 mm 的量块,其截面尺寸为 30 mm×9 mm;标称长度大于 10 mm 且小于或等于 1000 mm 的量块,其截面尺寸为 35 mm×9 mm,如图 3-3 所示。

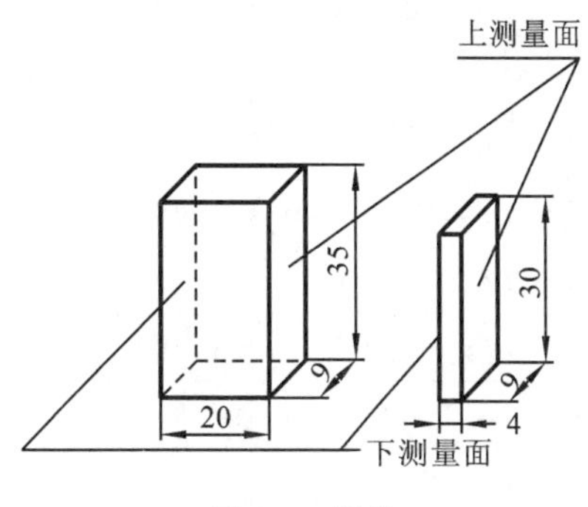

图 3-3　量块

3. 量块的精度

按国家标准 GB/T 6093—2001 的规定,量块按制造精度分为 6 级,即 00 级、0 级、1 级、2 级、3 级和 K 级。其中 00 级精度最高,3 级精度最低,K 级为校准级。级主要是根据量块长度极限偏差、量块长度变动量允许值、量块测量面的平面度、量块测量面的表面粗糙度及量块的研合性等指标来划分的。

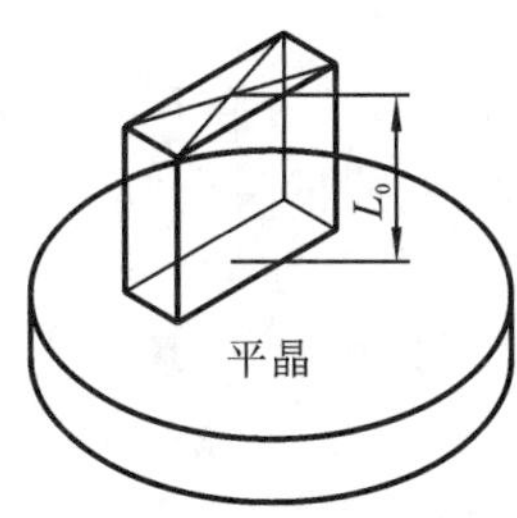

图 3-4　量块的长度定义

量块长度是指量块上测量面上任意一点到与此量块下测量面相研合的辅助体(如平晶)表面之间的垂直距离。量块的中心长度是指量块测量面上中心点的量块长度,如图 3-4 中的 L_0。

量块长度的极限偏差是指量块中心长度与标称长度之间允许的最大误差;量块长度变动量是指量块的最大量块长度与最小量块长度之差。

各级量块长度的极限偏差和量块长度变动量允许值如表 3-1 所示。

表 3-1　各级量块的精度指标(摘自 GB/T 6093—2001)

标称长度 ln/mm	K 级		0 级		1 级		2 级		3 级	
	量块测量面上任意点长度相对于标称长度的极限偏差	量块长度变动量最大允许值	量块测量面上任意点长度相对于标称长度的极限偏差	量块长度变动量最大允许值	量块测量面上任意点长度相对于标称长度的极限偏差	量块长度变动量最大允许值	量块测量面上任意点长度相对于标称长度的极限偏差	量块长度变动量最大允许值	量块测量面上任意点长度相对于标称长度的极限偏差	量块长度变动量最大允许值
	pm									
$ln\leqslant10$	0.20	0.05	0.12	0.10	0.20	0.16	0.45	0.30	1.00	0.50
$10<ln\leqslant25$	0.30	0.05	0.14	0.10	0.30	0.16	0.60	0.30	1.20	0.50
$25<ln\leqslant50$	0.40	0.06	0.20	0.10	0.40	0.18	0.80	0.30	1.60	0.55
$50<ln\leqslant75$	0.50	0.06	0.25	0.12	0.50	0.18	1.00	0.35	2.00	0.55
$75<ln\leqslant100$	0.60	0.07	0.30	0.12	0.60	0.20	1.20	0.35	2.50	0.60
$100<ln\leqslant150$	0.80	0.08	0.40	0.14	0.80	0.20	1.60	0.40	3.00	0.65
$150<ln\leqslant200$	1.00	0.09	0.50	0.16	1.00	0.25	2.00	0.40	4.00	0.70
$200<ln\leqslant250$	1.20	0.10	0.60	0.16	1.20	0.25	2.40	0.45	5.00	0.75
$250<ln\leqslant300$	1.40	0.10	0.70	0.18	1.40	0.25	2.80	0.50	6.00	0.80
$300<ln\leqslant400$	1.80	0.12	0.90	0.20	1.80	0.30	3.60	0.50	7.00	0.90
$400<ln\leqslant500$	2.20	0.14	1.10	0.25	2.20	0.35	4.40	0.60	9.00	1.00
$500<ln\leqslant600$	2.60	0.16	1.30	0.25	2.60	0.40	5.00	0.70	11.00	1.10
$600<ln\leqslant700$	3.00	0.18	1.50	0.30	3.00	0.45	6.00	0.70	12.00	1.20
$700<ln\leqslant800$	3.40	0.20	1.70	0.30	3.40	0.50	6.50	0.80	14.00	1.30
$800<ln\leqslant900$	3.80	0.20	1.90	0.35	3.80	0.50	7.50	0.90	15.00	1.40
$900<ln\leqslant1\,000$	4.20	0.25	2.00	0.40	4.20	0.60	8.00	1.00	17.00	1.50

注:距离测量面边缘 0.8 mm 范围内不计。

制造高精度量块的工艺要求高,成本也高,而且即使制造成高精度量块,在使用一段时间后,也会因磨损而引起尺寸减小,所以按“级”使用量块(即以标称长度为准),必然要引入量块本身的制造误差和由磨损引起的误差。因此,需要定期检定出全套量块的实际尺寸,再按检定的实际尺寸来使用量块,这样比按标称长度使用量块的准确度高。按照《量块检定规程》(JJG 146—2011)的规定,量块按其检定精度分为五等,即 1 等、2 等、3 等、4 等、5 等,其中 1 等精度最高,5 等精度最低。“等”主要是根据量块测量的不确定度、量块长度变动量和量块测量面的平面度最大允许值来划分的,如表 3-2、表 3-3 所示。

表 3-2　各等量块长度测量不确定度和长度变动量最大允许值　　单位：μm

标称长度 ln/mm	1 等		2 等		3 等		4 等		5 等	
	测量不确定度	长度变动量	测量不确定度	长度变动量	测量不确定度	长度变动量	测量不确定度	长度变动量	测量不确定度	长度变动量
$ln\leqslant 10$	0.022	0.05	0.06	0.10	0.11	0.16	0.22	0.30	0.6	0.50
$10<ln\leqslant 25$	0.025	0.05	0.07	0.10	0.12	0.16	0.25	0.30	0.6	0.50
$25<ln\leqslant 50$	0.030	0.06	0.08	0.10	0.15	0.18	0.30	0.30	0.8	0.55
$50<ln\leqslant 75$	0.035	0.06	0.09	0.12	0.18	0.18	0.35	0.35	0.9	0.55
$75<ln\leqslant 100$	0.040	0.07	0.10	0.12	0.20	0.20	0.40	0.35	1.0	0.60
$100<ln\leqslant 150$	0.05	0.08	0.12	0.14	0.25	0.20	0.5	0.40	1.2	0.65
$150<ln\leqslant 200$	0.06	0.09	0.15	0.16	0.30	0.25	0.6	0.40	1.5	0.70
$200<ln\leqslant 250$	0.07	0.10	0.18	0.16	0.35	0.25	0.7	0.45	1.8	0.75
$250<ln\leqslant 300$	0.08	0.10	0.20	0.18	0.40	0.25	0.8	0.50	2.0	0.80
$300<ln\leqslant 400$	0.10	0.12	0.25	0.20	0.50	0.30	1.0	0.50	2.5	0.90
$400<ln\leqslant 500$	0.12	0.14	0.30	0.25	0.60	0.35	1.2	0.60	3.0	1.00
$500<ln\leqslant 600$	0.14	0.16	0.35	0.25	0.7	0.40	1.4	0.70	3.5	1.10
$600<ln\leqslant 700$	0.16	0.18	0.40	0.30	0.8	0.45	1.6	0.70	4.0	1.20
$700<ln\leqslant 800$	0.18	0.20	0.45	0.30	0.9	0.50	1.8	0.80	4.5	1.30
$800<ln\leqslant 900$	0.20	0.20	0.50	0.35	1.0	0.50	2.0	0.90	5.0	1.40
$900<ln\leqslant 1\ 000$	0.22	0.25	0.55	0.40	1.1	0.60	2.2	1.00	5.5	1.50

注：1. 距离测量面边缘 0.8 mm 范围内不计；

2. 表内测量不确定度置信概率为 0.99。

表 3-3　量块测量面的平面度最大允许值　　单位：μm

标称长度 ln/mm	等	级	等	级	等	级	等	级
	1	K	2	0	3,4	1	5	2,3
$0.5\leqslant ln\leqslant 150$	0.05		0.10		0.15		0.25	
$150<ln\leqslant 500$	0.10		0.15		0.18		0.25	
$500<ln\leqslant 1\ 000$	0.15		0.18		0.20		0.25	

注：1. 距离测量面边缘 0.8 mm 范围内不计；

2. 距离测量面边缘 0.8 mm 范围内，表面不得高于测量面的平面。

量块按“级”使用时，以标记在量块上的标称长度作为工作尺寸，该尺寸包含量块实际制造误差；按“等”使用时，以量块检定后给出的实测中心长度作为工作尺寸，该尺寸不包含制造误差，但包含量块检定时的测量误差。一般来说，检定时的测量误差要比制造误差小得多。所以量块按“等”使用时精度比按“级”使用时要高。

量块的“级”和“等”是表达精度的两种方式。我国进行长度尺寸传递时用“等”，许多工厂在精密测量中也常按“等”使用量块，因为除可提高精度外，还能延长量块的使用寿命（磨损超过极限的量块经修复和检定后仍可作同“等”使用)。

4. 量块的选用

量块不仅尺寸准确、稳定、耐磨,而且测量面的表面粗糙度值和平面度误差均很小。当测量面表面留有一层极薄的油膜(约 0.02 μm)时,在切向推合力的作用下,由于分子之间的吸引力,两量块能研合在一起,即具有研合性。

量块是定尺寸量具,一个量块只有一个尺寸。为了满足一定尺寸范围的不同要求,量块可以利用研合性组合使用。根据国家标准 GB/T 6093—2001 的规定,我国成套生产的量块共有 17 种套别,每套的块数为 91、83、46、12、10、8、6、5 等。表 3-4 所示为常用的成套量块尺寸。

表 3-4 常用的成套量块尺寸

套别	总块数	级别	尺寸系列/mm	间隔/mm	块数
1	91	0,1	0.5	—	1
			1	—	1
			1.001,1.002,…,1.009	0.001	9
			1.01,1.02,…,1.49	0.01	49
			1.5,1.6,…,1.9	0.1	5
			2.0,2.5,…,9.5	0.5	16
			10,20,…,100	10	10
2	83	0,1,2	0.5	—	1
			1	—	1
			1.005	—	1
			1.01,1.02,…,1.49	0.01	49
			1.5,1.6,…,1.9	0.1	5
			2.0,2.5,…,9.5	0.5	16
			10,20,…,100	10	10
3	46	0,1,2	1	—	1
			1.001,1.002,…,1.009	0.001	9
			1.01,1.02,…,1.09	0.01	9
			1.1,1.2,…,1.9	0.1	9
			2,3,…,9	1	8
			10,20,…,100	10	10
4	38	0,1,2(3)	1	—	1
			1.005	—	1
			1.01,1.02,…,1.09	0.01	9
			1.1,1.2,…,1.9	0.1	9
			2,3,…,9	1	8
			10,20,…,100	10	10

量块的组合原则：

(1) 使用量块时，为了减少量块的组合误差，应尽量减少量块的组合块数，一般不超过 4～5 块；

(2) 从所给尺寸的最后一位数字入手，每选一块，至少使尺寸的位数减少一位。

【例 3-1】 从 91 块一套的量块中组合尺寸为 58.763 mm 的量块组，所组量块的竖式和横式如下：

58.763	需要组合出的量块尺寸
−1.003	选用第一块量块尺寸 1.003 mm
57.76	剩余尺寸
−1.26	选用第二块量块尺寸 1.26 mm
56.50	剩余尺寸
−6.5	选用第三块量块尺寸 6.5 mm
50	剩余尺寸
−50	选用第四块量块尺寸 50 mm
0	

$$(1.003+1.26+6.5+50)\ \text{mm}=58.763\ \text{mm}$$

3.3　计量器具和测量方法

3.3.1　计量器具的分类

计量器具是测量仪器和测量工具的总称。通常把没有传动放大系统的计量器具称为量具，如游标卡尺、90°角尺和量规等；把具有传动放大系统的计量器具称为量仪，如机械比较仪、测长仪和投影仪等。

计量器具可按其测量原理、结构特点及用途等分为以下四类。

1. 标准量具

以固定形式复现量值的计量器具称为标准量具。标准量具通常用来校对和调整其他计量器具，或者作为标准量与被测工件进行比较。标准量具有单值量具，如量块、角度量块；有多值量具，如基准米尺、线纹尺、90°角尺。成套的量块又称为成套量具。

2. 通用计量器具

通用计量器具通用性强，可测量某一范围内的任一尺寸（或其他几何量），并能获得具体读数值。通用计量器具按其结构又可分为以下几种。

(1) 固定刻线量具：具有一定刻线，在一定范围内能直接读出被测量数值的量具，如钢直尺、卷尺等。

(2) 游标量具：直接移动测头实现几何量测量的量具。这类量具有游标卡尺、深度游标卡尺、高度游标卡尺及游标量角器等。

(3) 微动螺旋副式量仪：以螺旋方式移动测头来实现几何量测量的量仪，如外径千分

尺、内径千分尺、深度千分尺等。

(4) 机械式量仪:用机械方法实现被测量的变换和放大,以实现几何量测量的量仪,如百分表、杠杆百分表、杠杆齿轮比较仪、扭簧比较仪等。

(5) 光学式量仪:用光学原理实现被测量的变换和放大,以实现几何量测量的量仪,如光学计、测长仪、投影仪、干涉仪等。

(6) 气动式量仪:以压缩气体为介质,将被测量转换为气动系统状态(流量或压力)的变化,以实现几何量测量的量仪,如水柱式气动量仪、浮标式气动量仪等。

(7) 电动式量仪:将被测量变换为电量,然后通过对电量的测量来实现几何量测量的量仪,如电感式量仪、电容式量仪、电接触式量仪、电动轮廓仪等。

(8) 光电式量仪:利用光学方法放大或瞄准,通过光电元件再转换为电量进行检测,以实现几何量测量的量仪,如光电显微镜、光栅测长机、光纤传感器、激光准直仪、激光干涉仪等。

3. 专用计量器具

专用计量器具是指专门用来测量某种特定参数的计量器具,如圆度仪、渐开线检查仪、丝杠检查仪、极限量规等。

极限量规是一种没有刻度的专用检验工具,用以检验零件尺寸、形状或相互位置。它只能判断零件是否合格,而不能得出具体尺寸。

4. 检验夹具

检验夹具是指由量具、量仪和定位元件等组合而成的一种专用的检验工具。当配合各种比较仪时,能用来检验更多和更复杂的参数。

3.3.2 计量器具的基本度量指标

度量指标是选择和使用计量器具、研究和判断测量方法的正确性的依据,是表征计量器具的性能和功能的指标。基本度量指标主要有以下几项。

(1) 刻线间距 c:计量器具标尺或刻度盘上两相邻刻线间的距离。计量器具标尺或刻度盘上的刻线通常是等距刻线。为了适于人眼观察和读数,刻线间距一般为 0.75～2.5 mm。

(2) 分度值(刻度值)i:计量器具标尺上每一刻线间距所代表的量值即分度值。一般长度量仪的分度值有 0.1 mm、0.01 mm、0.001 mm、0.000 5 mm 等。图 3-5 所示的计量器具 $i=1\ \mu\text{m}$。有一些计量器具(如数字式量仪)没有刻度尺,就不称分度值而称分辨率。分辨率是指量仪显示的最末一位数所代表的量值。例如,F604 坐标测量机的分辨率为 1 μm,奥普通(OPTON)光栅测长仪的分辨率为 0.2 μm。

(3) 测量范围:计量器具所能测量的被测量最小值到最大值的范围。图 3-5 所示计量器具的测量范围为 0～180 mm。测量范围的最大值、最小值称为测量范围的上限值、下限值。

(4) 示值范围:由计量器具所显示或指示的最小值到最大值的范围。图 3-5 所示计量器具的示值范围为±100 μm。

(5) 灵敏度 S:计量器具反映被测几何量微小变化的能力。如果被测参数的变化量为

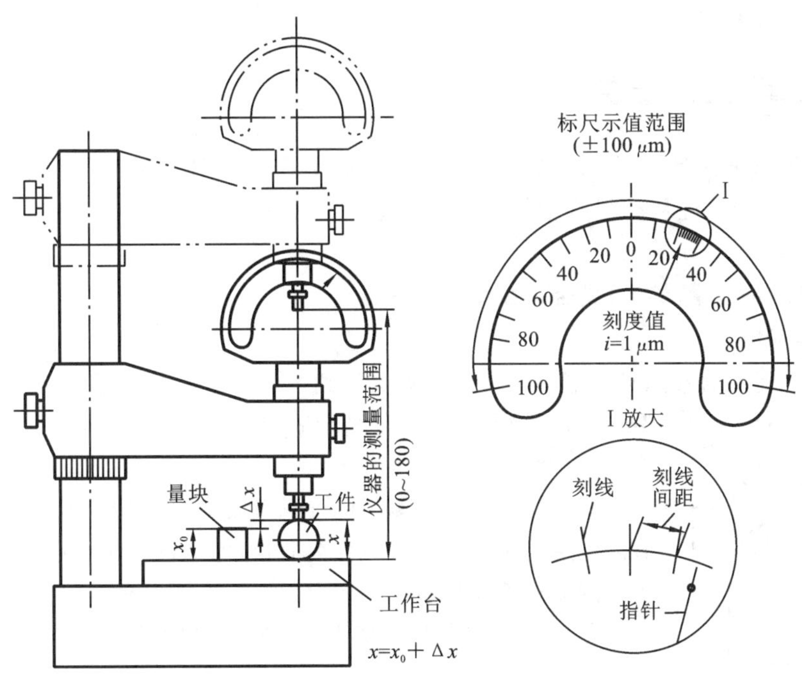

图 3-5　计量器具的基本度量指标

ΔL，引起计量器具的示值变化量为 Δx，则灵敏度 $S=\Delta x/\Delta L$。当分子与分母是同一类量时，灵敏度又称放大比 K。对于均匀刻度的量仪，放大比 $K=c/i$。此式说明，当刻度间距 c 一定时，放大比 K 越大，分度值 i 越小，可以获得更精确的读数。

(6) 示值误差：计量器具显示的数值与被测量的真值之差。它主要由仪器误差和仪器调整误差引起。一般可用量块作为真值来检定计量器具的示值误差。

(7) 校正值(修正值)：为消除计量器具系统测量误差，用代数法加到测量结果上的值称为校正值。它与计量器具的系统测量误差的绝对值相等而符号相反。

(8) 回程误差：在相同的测量条件下，当被测量不变时，计量器具沿正、反行程在同一点上测量结果之差的绝对值称为回程误差。回程误差是由计量器具中测量系统的间隙、变形和摩擦等原因引起的。测量时，为了减少回程误差的影响，应按一个方向进行测量。

(9) 重复精度：在相同的测量条件下，对同一被测参数进行多次重复测量时，其结果的最大差异称为重复精度。差异值越小，重复性就越好，计量器具精度也就越高。

(10) 测量力：在接触式测量过程中，计量器具测头与被测工件之间的接触压力。测量力太小影响接触的可靠性；测量力太大则会引起弹性变形，从而影响测量精度。

(11) 灵敏阀(灵敏限)：引起计量器具示值可觉察变化的被测量值的最小变化量，或者不致引起量仪示值可觉察变化的被测量值的最大变动量。它表示量仪对被测量值微小变动的不敏感程度。灵敏阀可能与噪声、摩擦、阻尼、惯性、量子化等有关。

(12) 允许误差：技术规范、规程等对给定计量器具所允许的误差的极限值。

(13) 稳定度：在规定工作条件下，计量器具保持其计量特性恒定不变的程度。

(14) 分辨力：计量器具指示装置可以有效辨别所指示的紧密相邻量值的能力的定量表示。一般认为，模拟式指示装置的分辨力为标尺间距的一半，数字式指示装置的分辨力为最后一位数的一个数码。

3.3.3 测量方法的分类

广义的测量方法是指测量时所采用的测量原理、计量器具和测量条件的总和。但是在实际工作中，往往单纯从获得测量结果的方式这一角度来理解测量方法，它可按不同特征分类。

1. 按所测得的量(参数)是否为欲测之量分类

1）直接测量

直接测量是指直接从计量器具的读数装置上得到欲测之量的数值或对标准值的偏差。例如用游标卡尺、千分尺测量外圆直径，用比较仪测量欲测尺寸。

2）间接测量

间接测量是指欲测量的几何量的量值由几个实测几何量的量值按一定的函数关系式运算后获得，例如图 3-6 所示的用弓高弦长法间接测量圆弧样板的半径 R。为了得到 R 的量值，只要测得弓高 h 和弦长 b 的量值，然后按下式进行计算即可。

$$R=\frac{b^2}{8h}+\frac{h}{2} \tag{3-1}$$

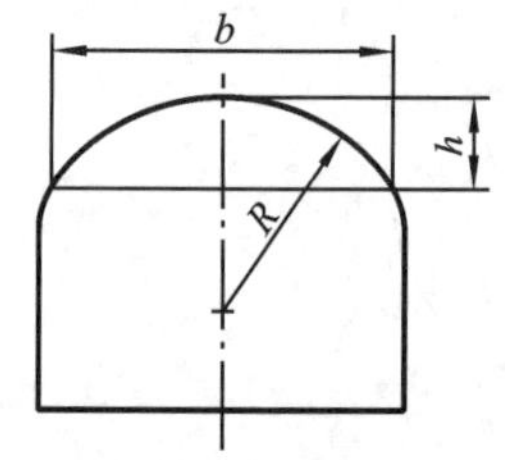

图 3-6　弓高弦长法测量圆弧半径

直接测量的测量过程简单，其测量精度只与这一测量过程有关；而间接测量的测量精度不仅取决于有关量的测量精度，还与计算的精度有关。因此，间接测量通常用于直接测量不易测准，或受被测工件结构、计量器具的限制而无法直接测量的场合。例如对于某些圆弧样板的曲率半径，只能用间接测量。

2. 按测量结果的读数值不同分类

1）绝对测量

测量时从计量器具上直接得到被测参数的整个量值。例如用游标卡尺测量小工件尺寸。

2）相对测量

在计量器具的读数装置上读得的是被测之量相对于标准量的偏差值。例如在比较仪上测量轴径 x(见图 3-5)。先用量块(标准量)x_0 调整零位，实测后获得的示值 Δx 就是轴径相对于量块(标准量)的偏差值，实际轴径 $x=x_0+\Delta x$。

相对测量时，仪器的零位或起始读数常用已知的标准量(量块、调整棒等的尺寸)来调整，仪器读数装置仅指示出被测量对标准量的偏差值，因而仪器的示值范围大大缩小，有利于简化仪器结构，提高仪器示值的放大比和测量精度。在绝对测量中，温度偏离标准温度(20 ℃)以及测量力不稳定可能会引起较大的测量误差。而在相对测量中，由于是在相同条件下将被测量与标准量进行比较，因此可大大减小温度、测量力的变化造成的误差。一般而言，相对测量易于获得较高的测量精度，尤其是量块出现后，为相对测量提供了有利条件，所以相对测量在生产中得到广泛应用。

3. 按被测工件表面与计量器具测头是否有机械接触分类

1）接触测量

计量器具测头与被测工件表面直接接触，并有机械作用的测量力，如用千分尺、游标卡

尺测量工件。为了保证接触的可靠性，测量力是必要的，但它可能使计量器具或工件产生变形，从而造成测量误差。尤其是在绝对测量时，对于软金属或薄结构易变形工件，接触测量可能因变形造成较大的测量误差或划伤工件表面。

2）非接触测量

计量器具测头与被测工件表面不直接接触，没有机械作用的测量力。此时可利用光、气、电、磁等物理量关系使测量装置的敏感元件与被测工件表面相联系。例如用于涉显微镜、磁力测厚仪、气动式量仪等的测量。

非接触测量没有测量力引起的测量误差，因此特别适用于薄结构易变形工件的测量。但这种测量方法对工件形状有一定的要求，同时要求工件定位可靠，没有颤动，并且表面清洁。

4. 按测量在工艺过程中所起的作用分类

1）主动测量

主动测量即在零件加工过程中进行的测量。其测量结果直接用来控制零件的加工过程，决定是否需要继续加工或判断工艺过程是否正常、是否需要进行调整，故主动测量能及时防止废品的产生，所以又称为积极测量。一般自动化程度高的机床具有主动测量的功能，如数控机床、加工中心等先进设备。

2）被动测量

被动测量即在零件加工完成后进行的测量。其测量结果仅用于发现并剔除废品，所以被动测量又称为消极测量。

5. 按零件上同时被测参数的多少分类

1）单项测量

单项测量即单独地彼此没有联系地测量零件的单项参数。例如分别测量齿轮的齿厚、齿形、齿距，螺纹的中径、螺距等。这种方法一般用于量规的检定、工序间的测量，或者实现工艺分析、调整机床等目的。

2）综合测量

测量零件几个相关参数的综合效应或综合参数，从而综合判断零件的合格性。例如测量螺纹作用中径、齿轮的运动误差等。综合测量一般用于终结检验（验收检验），测量效率高，能有效保证互换性，特别适合用于成批或大量生产中。

6. 按被测工件在测量时所处的状态分类

1）静态测量

静态测量是指被测工件表面与计量器具的测头处于相对静止状态的测量。例如用齿距仪测量齿轮齿距，用工具显微镜测量丝杠螺距等。

2）动态测量

测量时被测工件表面与计量器具的测头处于相对运动状态，或测量过程是模拟零件在工作或加工时的运动状态，它能反映生产过程中被测参数的变化过程。例如用激光比长仪测量精密线纹尺，用电动轮廓仪测量表面粗糙度等。

在动态测量中，往往有振动等现象，故动态测量对测量仪器有其特殊要求。例如，要消除振动对测量结果的影响，测头与被测工件表面的接触要安全、可靠、耐磨，对测量信号的反应要灵敏等。因此,在静态测量中使用情况良好的仪器,在动态测量中不一定能得到满意结果,有时往往不能应用。

7. 按测量中测量因素是否变化分类

1) 等精度测量

等精度测量即在测量过程中,决定测量精度的全部因素或条件不变。例如,由同一个人,用同一台仪器,在同样条件下,以同样方法,同样仔细地测量同一个量,求测量结果平均值时所依据的测量次数也相同,因而可以认为,每一测量结果的可靠性和精确程度都是相同的。在一般情况下,为了简化测量结果的处理,大都采用等精度测量。实际上,绝对的等精度测量是做不到的。

2) 不等精度测量

不等精度测量即在测量过程中,决定测量精度的全部因素或条件可能完全改变或部分改变。例如,用不同的测量方法、不同的计量器具,在不同的条件下,由不同的人员,对同一被测量进行不同次数的测量。显然,其测量结果的可靠性与精确程度各不相同。由于不等精度测量的数据处理比较麻烦,因此不等精度测量一般用于重要的科研实验中的高精度测量。另外,当测量的过程和时间很长,测量条件变化较大时,也应按不等精度测量对待。

以上测量方法的分类是从不同角度考虑的。对于一个具体的测量过程,可能兼有几种测量方法的特征。例如,在内圆磨床上用两点式测头进行检测,属于主动测量、直接测量、接触测量和相对测量等。测量方法的选择应考虑零件的结构特点、精度要求、生产批量、技术条件及经济效果等。

3.4 测量误差及数据处理

3.4.1 测量误差的基本概念

在测量中,不管使用多么精确的计量器具,采用多么可靠的测量方法,进行多么仔细的测量,都不可避免地产生误差。如果被测量的真值为 L,被测量的测得值为 l,则测量误差 δ 为

$$\delta = l - L \tag{3-2}$$

式(3-2)表达的测量误差也称为绝对误差。

在实际测量中,虽然真值不能得到,但往往要求分析或估算测量误差的范围,即求出真值 L 必落在测得值 l 附近的最小范围,称之为测量极限误差 δ_{lim},它应满足

$$l - |\delta_{\text{lim}}| \leqslant L \leqslant l + |\delta_{\text{lim}}| \tag{3-3}$$

由于 l 可大于或小于 L,因此 δ 可能是正值或负值,即

$$L = l \pm |\delta| \tag{3-4}$$

绝对误差 δ 的大小反映了测得值 l 与真值 L 的偏离程度,决定了测量的精确度。$|\delta|$ 愈小,l 偏离 L 愈小,测量精度愈高;反之,测量精度愈低。因此,要权衡测量的精确度,只有从各个方面寻找有效措施来减小测量误差。

对同一尺寸的测量,我们可以通过绝对误差 δ 的大小来判断测量精度的高低。但对不

同尺寸的测量，就要用测量误差的另一种表示方法，即相对误差的大小来判断测量精度。

相对误差 δ_r 是指测量的绝对误差 δ 与被测量真值 L 之比，通常用百分数表示，即

$$\delta_r = \frac{l-L}{L} \times 100\% = \frac{\delta}{L} \times 100\% \approx \frac{\delta}{l} \times 100\% \tag{3-5}$$

从式(3-5)可以看出，δ_r 是无量纲的量。

绝对误差和相对误差都可用来判断计量器具的精确度。因此，测量误差是评定计量器具和测量方法在测量精确度方面的定量指标，每一种计量器具都有这种指标。

在实际生产中，为了提高测量精度，就应该减小测量误差。要减小测量误差，就必须了解误差的产生原因、变化规律及处理方法。

3.4.2　测量误差的来源

测量误差产生的原因主要有以下几个方面。

1. 计量器具误差

计量器具误差是指计量器具本身在设计、制造和使用过程中造成的各项误差。这些误差的综合反映可用计量器具的示值精度或不确定度来表示。

2. 标准件误差

标准件误差是指作为标准的标准件本身的制造误差和检定误差。例如，用量块作为标准件调整计量器具的零位时，量块的误差会直接影响测得值。因此，为了保证一定的测量精度，必须选择一定精度的量块。

3. 测量方法误差

测量方法误差是指由于测量方法不完善所引起的误差。例如，接触测量中测量力引起的计量器具和零件表面变形误差，间接测量中计算公式不精确引起的误差，在测量过程中工件安装定位不合理引起的误差等。

4. 测量环境误差

测量环境误差是指测量时的环境条件不符合标准条件所引起的误差。测量的环境条件包括温度、湿度、气压、振动及灰尘等。其中温度对测量结果的影响最大。图样上标注的各种尺寸、公差和极限偏差都是以标准温度 20 ℃为依据的。在测量时，当实际温度偏离标准温度 20 ℃时，温度变化引起的测量误差为

$$\delta = L[\alpha_1(t_1 - 20) - \alpha_2(t_2 - 20)] \tag{3-6}$$

式中：δ——温度引起的测量误差；

L——被测尺寸(常用公称尺寸代替)；

α_1, α_2——计量器具和被测工件的线膨胀系数；

t_1, t_2——计量器具和被测工件的温度，单位为℃。

5. 人员误差

人员误差是指由测量人员的主观因素引起的误差。例如，测量人员技术不熟练、视觉偏差、估读判断错误等引起的误差。

总之，产生误差的因素很多，有些误差是不可避免的，但有些是可以避免的。因此，测量人员应对一些可能产生测量误差的原因进行分析，掌握其影响规律，设法消除或减小其对测

量结果的影响,以保证测量精度。

3.4.3 测量误差的分类

测量误差根据其性质、出现规律和特点,可分为三大类,即系统误差、随机误差和粗大误差。

1. 系统误差

在同一条件下,多次测量同一量值时,误差的绝对值和符号保持恒定,或者当条件改变时,其值按某一确定的规律变化的误差称为系统误差。所谓规律,是指这种误差可以归结为某一个因素或某几个因素的函数,这种函数一般可用解析公式、曲线或数表来表示。系统误差按其出现的规律又可分为常值系统误差和变值系统误差。

(1) 常值系统误差(定值系统误差):在相同测量条件下,多次测量同一量值时,其大小和方向均不变的误差,如基准件误差、仪器的原理误差和制造误差等。

(2) 变值系统误差(变动系统误差):在相同测量条件下,多次测量同一量值时,其大小和方向按一定规律变化的误差,例如温度均匀变化引起的测量误差(按线性变化),刻度盘偏心引起的角度测量误差(按正弦规律变化)等。

当测量条件一定时,系统误差就获得一个客观上的定值,采用多次测量的平均值是不能减弱它的影响的。

从理论上讲,系统误差是可以消除的,特别是常值系统误差,易于发现并能够消除或减小。但在实际测量中,系统误差不一定能完全消除,且消除系统误差也没有统一的方法,特别是变值系统误差,只能针对具体情况采用不同的处理方法。对于那些未能消除的系统误差,在规定允许的测量误差时应予以考虑。有关系统误差的处理将在后面介绍。

2. 随机误差

在相同的测量条件下,多次测量同一量值时,绝对值大小和符号均以不可预知的方式变化着的误差,称为随机误差(偶然误差)。所谓随机,是指它的存在以及它的大小和方向不受人的支配与控制,即单次测量之间无确定的规律,不能用前一次的误差来推断后一次的误差。但是对于多次重复测量的随机误差,按概率与统计方法进行统计分析发现,它们是有一定规律的。随机误差主要是由一些随机因素,如计量器具的变形、测量力的不稳定、温度的波动、仪器中油膜的变化以及读数不正确等引起的。

3. 粗大误差

粗大误差是指由测量不正确等原因引起的明显歪曲测量结果的误差或大大超出规定条件下预期的误差。粗大误差主要是由测量操作方法不正确和测量人员的主观因素造成的。例如工作上的疏忽(读错数值、记录错误等)、经验不足、过度疲劳、外界条件的大幅度突变(如冲击振动、电压突降、计量器具测头残缺)等引起的误差。一个正确的测量,不应包含粗大误差,所以在进行误差分析时,主要分析系统误差和随机误差,并应剔除粗大误差。

系统误差和随机误差也不是绝对的,它们在一定条件下可以互相转化。例如线纹尺的刻度误差,对于线纹尺制造厂来说是随机误差,但如果以某一根线纹尺为基准去成批地测量别的工件,则该线纹尺的刻度误差成为被测工件的系统误差。

3.4.4 测量精度

精度和误差是相对的概念。误差是不准确、不精确的意思，是指测量结果偏离真值的程度。由于误差分系统误差和随机误差，因此笼统的精度概念已不能反映上述误差的差异，需要引出下述概念。

1. 精密度

精密度表示测量结果中随机误差大小的程度，表明测量结果随机分散的特性，是指在多次测量中所得到的数值重复一致的程度，是用于评定随机误差的精度指标。它说明在一个测量过程中，在同一测量条件下进行多次重复测量时，所得结果彼此之间相符合的程度。随机误差愈小，则精密度愈高。

2. 正确度

正确度表示测量结果中系统误差大小的程度，理论上可用修正值来消除。它是用于评定系统误差的精度指标。系统误差愈小，则正确度愈高。

3. 精确度

精确度（准确度）表示测量结果中随机误差和系统误差综合影响的程度，说明测量结果与真值的一致程度。

一般来说，精密度高而正确度不一定高；反之，亦然。但精确度高，精密度和正确度都高。以射击打靶为例，图 3-7(a)表示随机误差小而系统误差大，即精密度高而正确度低；图 3-7(b)表示系统误差小而随机误差大，即正确度高而精密度低；图 3-7(c)表示随机误差和系统误差都小，即精确度高。

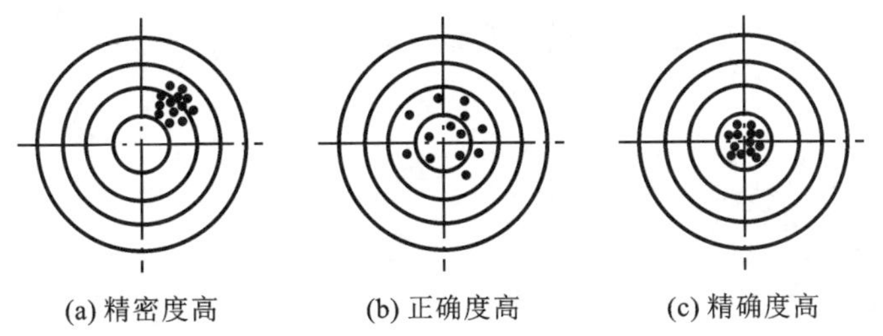

图 3-7　精密度、正确度和精确度

3.4.5 随机误差的特征及其评定

1. 随机误差的分布及其特征

前面提到，随机误差就其整体来说是有其内在规律的。例如，在相同测量条件下对一个工件的某一部位用同一方法进行 150 次重复测量，测得 150 个不同的读数（这一系列的测得值，常称为测量列），然后找出其中的最大测得值和最小测得值，用最大测得值减去最小测得值得到测得值的分散范围为 7.131 5～7.141 5 mm，以每隔 0.001 mm 为一组分成 11 组，统计出每一组出现的次数 n_i，计算每一组的频率（次数 n_i 与测量总次数 N 之比），如表 3-5 所示。

表 3-5　随机误差的分布及其特征

组　别	测量值范围/mm	测量中值 x_i/mm	出现次数 n_i	频率 n_i/N
1	7.130 5～7.131 5	$x_1=7.131$	$n_1=1$	0.007
2	7.131 5～7.132 5	$x_2=7.132$	$n_2=3$	0.020
3	7.132 5～7.133 5	$x_3=7.133$	$n_3=8$	0.053
4	7.133 5～7.134 5	$x_4=7.134$	$n_4=18$	0.120
5	7.134 5～7.135 5	$x_5=7.135$	$n_5=28$	0.187
6	7.135 5～7.136 5	$x_6=7.136$	$n_6=34$	0.227
7	7.136 5～7.137 5	$x_7=7.137$	$n_7=29$	0.193
8	7.137 5～7.138 5	$x_8=7.138$	$n_8=17$	0.113
9	7.138 5～7.139 5	$x_9=7.139$	$n_9=9$	0.060
10	7.139 5～7.140 5	$x_{10}=7.140$	$n_{10}=2$	0.013
11	7.140 5～7.141 5	$x_{11}=7.141$	$n_{11}=1$	0.007

以测得值 x_i 为横坐标，以频率 n_i/N 为纵坐标，将表 3-5 中的数据以每组的区间与相应的频率为边长画成直方图，即频率直方图，如图 3-8(a)所示。连接每个小方图的上部中点(每组区间的中值)得到一折线，该折线称为实际分布曲线。由作图步骤可知，此图形的高矮受分组间隔 Δx 的影响，当间隔 Δx 大时，图形变高；而 Δx 小时，图形变矮。为了使图形不受 Δx 的影响，可用 $n_i/(N\Delta x)$ 代替纵坐标 n_i/N，此时图形的高矮不再受 Δx 取值的影响，$n_i/(N\Delta x)$ 即为概率论中所称的概率密度。如果将测量次数 N 无限增大($N\to\infty$)，而间隔 Δx 取得很小($\Delta x\to 0$)，且用误差 δ 来代替尺寸 x_i，则得图 3-8(b)所示光滑曲线，即随机误差的正态分布曲线。根据概率论原理，正态分布曲线方程为

$$y=\frac{1}{\sigma\sqrt{2\pi}}e^{-\frac{(l-L)^2}{2\sigma^2}}=\frac{1}{\sigma\sqrt{2\pi}}e^{-\frac{\delta^2}{2\sigma^2}} \tag{3-7}$$

式中：y——随机误差的概率分布密度；

δ——随机误差；

σ——标准偏差(后面介绍)；

e——自然对数的底(e=2.718 28)。

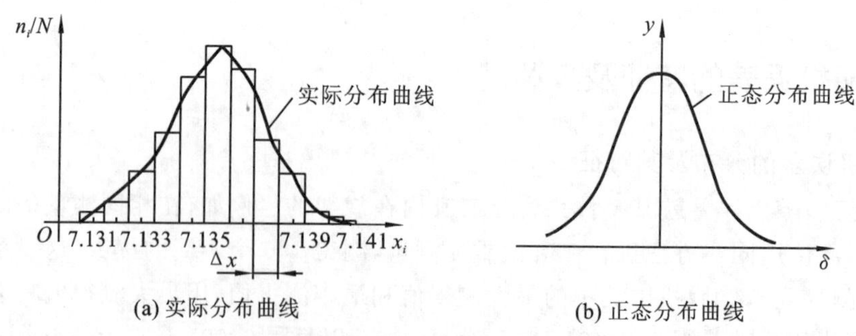

(a) 实际分布曲线　　(b) 正态分布曲线

图 3-8　随机误差的分布曲线

从式(3-7)、图 3-8 可以看出，随机误差通常服从正态分布规律，具有以下四个基本

特性。

(1) 单峰性:绝对值小的误差比绝对值大的误差出现的次数多。

(2) 对称性:绝对值相等、符号相反的误差出现的次数大致相等。

(3) 有界性:在一定的测量条件下,随机误差的绝对值不会超过一定的界限。

(4) 抵偿性:对同一量在同一条件下进行重复测量,其随机误差的算术平均值随测量次数的增加而趋于零。

2. 随机误差的评定指标

评定随机误差时,通常以正态分布曲线的两个参数,即算术平均值 $\overline{L}$ 和标准偏差 σ 作为评定指标。

1) 算术平均值 $\overline{L}$

对同一尺寸进行一系列等精度测量,得到 $l_1, l_2, \cdots, l_N$ 一系列不同的测量值,则

$$\overline{L} = \frac{l_1 + l_2 + \cdots + l_N}{N} = \frac{\sum_{i=1}^{N} l_i}{N} \tag{3-8}$$

由式(3-2)可知,

$$\begin{aligned} \delta_1 &= l_1 - L \\ \delta_2 &= l_2 - L \\ &\vdots \\ \delta_N &= l_N - L \end{aligned}$$

各式相加得

$$\sum_{i=1}^{N} \delta_i = \sum_{i=1}^{N} l_i - NL$$

将等式两边同除以 N 得

$$\frac{\sum_{i=1}^{N} \delta_i}{N} = \frac{\sum_{i=1}^{N} l_i}{N} - L = \overline{L} - L$$

即

$$L = \overline{L} - \frac{\sum_{i=1}^{N} \delta_i}{N} \tag{3-9}$$

由随机误差特性(抵偿性)可知,当 $N \to \infty$ 时,$\dfrac{\sum_{i=1}^{N} \delta_i}{N} \to 0$,所以 $L = \overline{L}$。由此可知,当测量次数 N 增大时,算术平均值 $\overline{L}$ 趋近于真值,因此将算术平均值 $\overline{L}$ 作为最后测量结果是可靠的、合理的。

将算术平均值 $\overline{L}$ 作为测量的最后结果时,测量中各测得值与算术平均值的代数差称为残余误差 ν_i,即 $\nu_i = l_i - \overline{L}$。残余误差是由随机误差引申出来的。当测量次数 $N \to \infty$ 时,有

$$\lim_{N \to \infty} \sum_{i=1}^{N} \nu_i = 0$$

2) 标准偏差 σ

用算术平均值表示测量结果是可靠的,但它不能反映测得值的精度。例如有两组测

得值：

第一组 12.005,11.996,12.003,11.994,12.002

第二组 11.90,12.10,11.95,12.05,12.00

可以算出$\overline{L_1}=\overline{L_2}=12$。但从两组数据来看，第一组测得值比较集中，第二组比较分散，即说明第一组每一测得值比第二组更接近算术平均值$\overline{L}$(即真值)，也就是第一组测得值的精密度比第二组高。通常用标准偏差σ反映测量精度的高低。

(1) 测量列中任一测得值的标准偏差σ。根据误差理论，等精度测量列中单次测量(任一测量值)的标准偏差σ可用下式计算：

$$\sigma=\sqrt{\frac{\delta_1^2+\delta_2^2+\cdots+\delta_N^2}{N}}=\sqrt{\frac{\sum_{i=1}^{N}\delta_i^2}{N}} \tag{3-10}$$

式中：N——测量次数；

δ_i——随机误差，即各次测得值与真值之差。

由式(3-7)可知，概率分布密度y与随机误差δ及标准偏差σ有关，当$\delta=0$时，y最大，即$y_{\max}=\dfrac{1}{\sigma\sqrt{2\pi}}$。不同的$\sigma$对应不同形状的正态分布曲线：$\sigma$愈小，$y_{\max}$愈大，曲线愈陡，随机误差分布愈集中，即测得值分布愈集中，测量的精密度愈高；σ愈大，$y_{\max}$愈小，曲线愈平坦，随机误差分布愈分散，即测得值分布愈分散，测量的精密度愈低。如图3-9所示，$\sigma_1<\sigma_2<\sigma_3$，而$y_{1\max}>y_{2\max}>y_{3\max}$。因此，$\sigma$可作为随机误差评定指标来评定测得值的精密度。

由概率论可知，随机误差正态分布曲线下所包含的面积等于其相应区间确定的概率。如果误差落在区间$(-\infty,+\infty)$之内，其概率为

$$P=\int_{-\infty}^{+\infty}y\mathrm{d}\delta=\int_{-\infty}^{+\infty}\frac{1}{\sigma\sqrt{2\pi}}\mathrm{e}^{-\frac{\delta^2}{2\sigma^2}}\mathrm{d}\delta=1$$

理论上，随机误差的分布范围应在正、负无穷大之间，但这在生产实践中是不切实际的。一般随机误差主要分布在$\delta=\pm3\sigma$范围之内，因为$P=\int_{-3\sigma}^{+3\sigma}y\mathrm{d}\delta=0.9973=99.73\%$，所以$\delta$在$\pm3\sigma$范围内出现的概率为99.73%，超出$\pm3\sigma$之外的概率仅为$1-0.9973=0.0027=0.27\%$，属于小概率事件，也就是说随机误差分布在$\pm3\sigma$之外的可能性很小，几乎不可能出现。所以可以把$\delta=\pm3\sigma$看成随机误差的极限值，记作$\delta_{\lim}=\pm3\sigma$。很显然，$\delta_{\lim}$也是测量列中任一测得值的测量极限误差，所以极限误差是单次测量标准偏差的±3倍，或称为概率为99.73%的随机不确定度。随机误差绝对值不会超出的限度如图3-10所示。

(2) 标准偏差的估计值σ'。由式(3-10)计算σ值必须具备三个条件：真值L必须已知；测量次数要无限次($N\to\infty$)；无系统误差。但在实际测量中要达到这三个条件是不可能的。因为真值L无法得知，所以$\delta_i=l_i-L$也就无法得知；测量次数也是有限次。所以在实际测量中常采用残余误差ν_i代替δ_i来估算标准偏差。标准偏差的估计值σ'为

$$\sigma'=\sqrt{\frac{\sum_{i=1}^{N}\nu_i^2}{N-1}} \tag{3-11}$$

(3) 测量列算术平均值的标准偏差$\sigma_{\overline{L}}$。标准偏差代表一组测量值中任一测得值的精

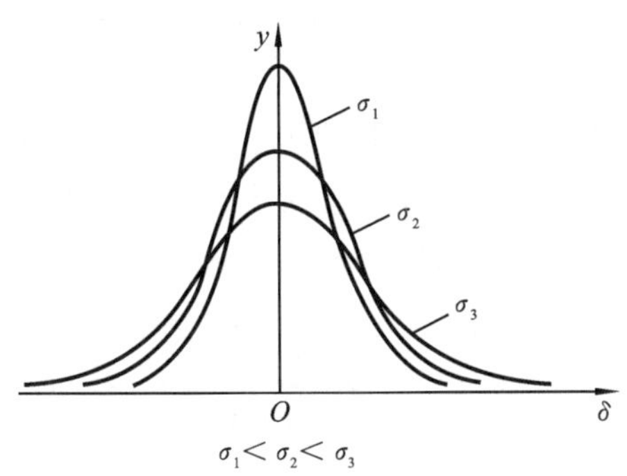

图 3-9　用随机误差来评定精密度

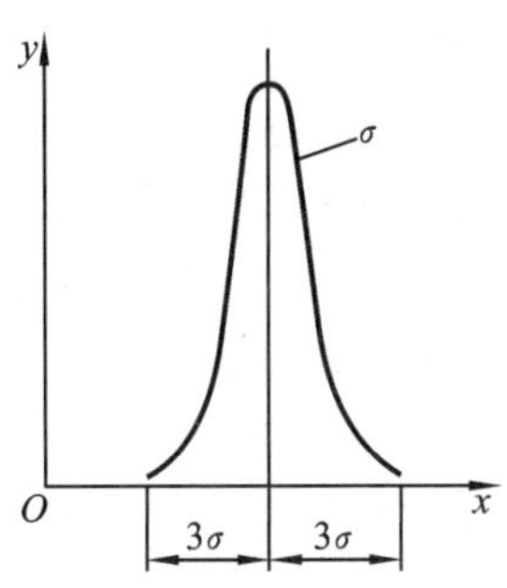

图 3-10　随机误差的极限值

密度。但在系列测量中，是以测得值的算术平均值作为测量结果的。因此，更重要的是要知道算术平均值的精密度，即算术平均值的标准偏差。

根据误差理论，测量列算术平均值的标准偏差 $\sigma_{\bar{L}}$ 与测量列中任一测得值的标准偏差 σ 存在如下关系：

$$\sigma_{\bar{L}}=\frac{\sigma}{\sqrt{N}} \tag{3-12}$$

其估计值 $\sigma'_{\bar{L}}$ 为

$$\sigma'_{\bar{L}}=\frac{\sigma'}{\sqrt{N}}=\sqrt{\frac{\sum_{i=1}^{N}\nu_i^2}{N(N-1)}} \tag{3-13}$$

式中：N——总的测量次数。

3.4.6　各类测量误差的处理

由于测量误差的存在，测量结果不可能绝对精确地等于真值，因此，应根据要求对测量结果进行处理和评定。

1. 系统误差的处理

在实际测量中，系统误差对测量结果的影响往往是不容忽视的，而这种影响并非无规律可循，因此揭示系统误差出现的规律性，并且消除其对测量结果的影响，是提高测量精度的有效措施。

1）发现系统误差的方法

在测量过程中产生系统误差的因素是复杂的，人们很难查明所有的系统误差，也不可能全部消除系统误差的影响。发现系统误差必须对具体测量过程和计量器具进行全面而仔细的分析，但这是一项困难而又复杂的工作。目前还没有能够发现各种系统误差的普遍方法，下面只介绍发现某些系统误差常用的两种方法。

（1）实验对比法。

实验对比法是指改变产生系统误差的测量条件而进行不同测量条件下的测量，以发现系统误差。这种方法适用于发现定值系统误差。例如量块按标称长度使用时，在被测几何量的测量结果中就存在由于量块的尺寸偏差而产生的大小和符号均不变的定值系统误差，重复测量也不能发现这一误差,只有用另一块等级更高的量块进行测量对比,才能发现它。

(2) 残差观察法。

残差观察法是指根据测量列的各个残差大小和符号的变化规律,直接由残差数据或残差曲线图形来判断有无系统误差。这种方法主要适用于发现大小和符号按一定规律变化的变值系统误差。根据测量先后次序,以测量列的残差作图,观察残差的变化规律,如图 3-11 所示。若各残差大体上正、负相间,又没有显著变化(见图 3-11(a)),则不存在变值系统误差;若各残差按近似的线性规律递减或递增(见图 3-11(b)),则可判断存在线性系统误差;若各残差的大小和符号有规律地周期变化(见图 3-11(c)),则可判断存在周期性系统误差。

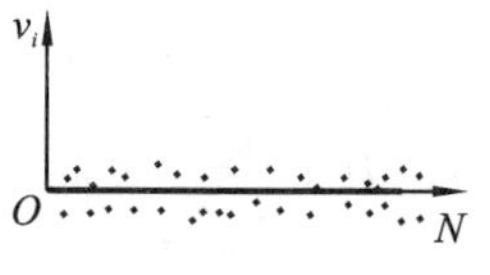

(a) 不存在变值系统误差

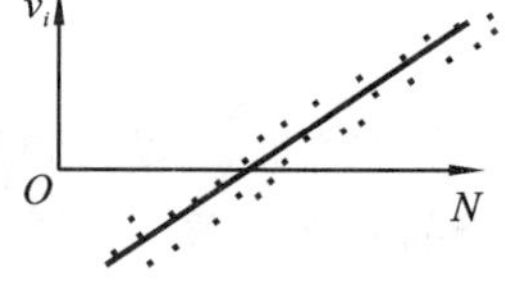

(b) 存在线性系统误差

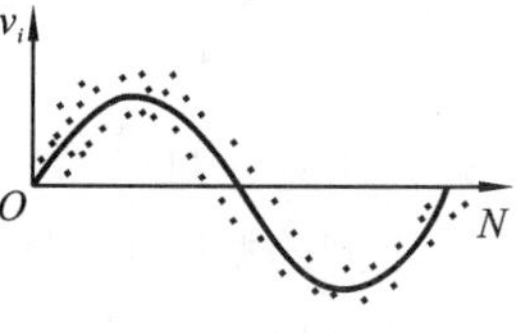

(c) 存在周期性系统误差

图 3-11　系统误差的发现

2) 消除系统误差的方法

(1) 从产生误差根源上消除系统误差。

这要求测量人员对测量过程中可能产生系统误差的各个环节做仔细的分析,并在测量前就将系统误差从产生根源上加以消除。例如,为了防止测量过程中仪器示值零位的变动,测量开始和结束时都需检查示值零位。

(2) 用修正法消除系统误差。

这种方法是预先将计量器具的系统误差检定或计算出来,作出误差表或误差曲线,然后取与系统误差数值相同而符号相反的值作为修正值,将测得值加上相应的修正值,即可得到不包含系统误差的测量结果。

(3) 用抵消法消除定值系统误差。

这种方法要求在对称位置上分别测量一次,以使这两次测量测得的数据出现的系统误差大小相等、符号相反,取这两次测量中数据的平均值作为测得值,即可消除定值系统误差。例如,在工具显微镜上测量螺纹螺距时,为了消除螺纹轴线与量仪工作台移动方向倾斜而引起的系统误差,可分别测取螺纹左、右牙侧的螺距,然后取它们的平均值作为螺距测得值。

(4) 用半周期法消除周期性系统误差。

对于周期性系统误差,可以每相隔半个周期进行一次测量,以相邻两次测量的数据的平均值作为一个测得值,即可有效消除周期性系统误差。

消除和减小系统误差的关键是找出误差产生的根源和规律。实际上,系统误差不可能完全消除,但一般来说,系统误差若能减小到使其影响相当于随机误差的影响程度,则可认为已被消除。

2. 随机误差的处理

随机误差不可能被消除,可应用概率与数理统计方法,通过对测量列的数据处理,评定其对测量结果的影响。

在具有随机误差的测量列中,常以算术平均值 $\overline{L}$ 表征最可靠的测量结果,以标准偏差

表征随机误差。随机误差的处理方法如下：

(1) 计算测量列算术平均值 $\overline{L}$；

(2) 计算测量列中任一测得值的标准偏差的估计值 σ'；

(3) 计算测量列算术平均值的标准偏差的估计值 $\sigma'_{\overline{L}}$；

(4) 确定测量结果。

多次测量结果可表示为

$$L = \overline{L} \pm 3\sigma'_{\overline{L}} \tag{3-14}$$

3. 粗大误差的处理

粗大误差的数值(绝对值)相当大,在测量中应尽可能避免。如果粗大误差已经产生,则应根据判断粗大误差的准则予以剔除,通常用拉依达准则来判断。

拉依达准则又称 3σ 准则。该准则认为,当测量列服从正态分布时,残差落在 $\pm 3\sigma$ 外的概率仅有 0.27%,即在连续 370 次测量中只有一次测量的残差超出 $\pm 3\sigma$,而实际上连续测量的次数绝不会超过 370 次,测量列中就不应该有超出 $\pm 3\sigma$ 的残差。因此,当测量列中出现绝对值大于 3σ 的残差,即

$$|\nu_i| > 3\sigma \tag{3-15}$$

时,认为该残差对应的测得值含有粗大误差,应予以剔除。

测量次数少于或等于 10 次时,不能使用拉依达准则。

3.4.7　等精度测量列的数据处理

等精度测量是指在测量条件(包括量仪、测量人员、测量方法及环境条件等)不变的情况下,对某一被测几何量进行的连续多次测量。在一般情况下,为了简化对测量数据的处理,大多采用等精度测量。

1. 直接测量列的数据处理

为了从直接测量列中得到正确的测量结果,应按以下步骤进行数据处理。

首先判断测量列中是否存在系统误差。如果存在系统误差,则应采取措施(如在测得值中加入修正值)加以消除,然后计算测量列的算术平均值、残差和单次测量值的标准偏差。然后判断是否存在粗大误差。若存在粗大误差,则应剔除含有粗大误差的测得值,并重新组成测量列,重复上述计算,直到将所有含有粗大误差的测得值剔除为止。之后,计算消除系统误差和剔除粗大误差后的测量列的算术平均值、标准偏差和测量极限误差。最后,在此基础上确定测量结果。

【例 3-2】 对某一轴径 d 等精度测量 15 次,按测量顺序将各测得值依次列于表 3-6 中,试求测量结果。

解　(1) 判断定值系统误差。

假设计量器具已经检定、测量环境得到有效控制,可认为测量列中不存在定值系统误差。

(2) 求测量列算术平均值 $\overline{L}$。

$$\overline{L} = \frac{\sum_{i=1}^{N} l_i}{N} = 24.957\ \text{mm}$$

(3) 计算残差 ν_i。

各残差的数值经计算后列于表 3-6 中。

$$\nu_i = l_i - \overline{L}$$

根据残差观察法,这些残差的符号大体上正、负相间,没有周期性变化,因此可以认为测量列中不存在变值系统误差。

表 3-6 数据处理计算表

测量序号	测得值 l_i/mm	残差 ν_i/μm	残差的平方 ν_i^2/μm^2
1	24.959	+2	4
2	24.955	−2	4
3	24.958	+1	1
4	24.957	0	0
5	24.958	+1	1
6	24.956	−1	1
7	24.957	0	0
8	24.958	+1	1
9	24.955	−2	4
10	24.957	0	0
11	24.959	+2	4
12	24.955	−2	4
13	24.956	−1	1
14	24.957	0	0
15	24.958	+1	1
	算术平均值 $\overline{L}$ =24.957 mm	$\sum_{i=1}^{N}\nu_i=0$ (无系统误差)	$\sum_{i=1}^{N}\nu_i^2=26\ \mu m^2$

(4) 计算测量列单次测量值的标准偏差估计值 σ'。

$$\sigma' = \sqrt{\frac{\sum_{i=1}^{N}\nu_i^2}{N-1}} = \sqrt{\frac{26}{15-1}}\ \mu m \approx 1.36\ \mu m$$

(5) 判断粗大误差。

按照拉依达准则,测量列中没有出现绝对值大于 3σ($3\times1.36\ \mu m=4.08\ \mu m$)的残差,因此判断测量列中不存在粗大误差。

(6) 计算测量列算术平均值的标准偏差的估计值 $\sigma'_{\overline{L}}$。

$$\sigma'_{\overline{L}} = \frac{\sigma'}{\sqrt{N}} = \frac{1.36}{\sqrt{15}}\ \mu m \approx 0.35\ \mu m$$

(7) 计算测量列算术平均值的测量极限误差。

$$\delta_{\lim\overline{L}} = \pm 3\sigma'_{\overline{L}} = \pm 3\times 0.35\ \mu m = \pm 1.05\ \mu m$$

(8) 确定测量结果。

$$L=\overline{L}\pm 3\sigma'_{\overline{L}}=(24.957\pm 0.001)\ \text{mm}$$

即该轴径的测量结果为 24.957 mm，其误差在±0.001 mm 范围的可能性达 99.73%。

2. 间接测量列的数据处理

在有些情况下，由于某些被测对象的特点，不能进行直接测量，这时需要采用间接测量。间接测量是指通过测量与被测几何量有一定关系的其他几何量，按照已知的函数关系式计算出被测几何量的量值。因此，间接测量的被测几何量是测量所得到的各个实测几何量的函数，间接测量的测量误差是各个实测几何量测量误差的函数，故称这种误差为函数误差。

1) 函数误差的基本计算公式

间接测量中，被测几何量通常是实测几何量的多元函数，它表示为

$$y=f(x_1,x_2,\cdots,x_N) \tag{3-16}$$

式中：y——间接测量求出的量值；

x_i——各个直接测量值。

该函数的增量可近似地用函数的全微分来表示，即

$$\mathrm{d}y=\sum_{i=1}^{N}\frac{\partial f}{\partial x_i}\mathrm{d}x_i \tag{3-17}$$

式中：$\mathrm{d}y$——间接测量的被测几何量的测量误差；

$\mathrm{d}x_i$——各个直接测量的实测几何量的测量误差；

$\frac{\partial f}{\partial x_i}$——函数对各独立量值的偏导数，即各个实测几何量的测量误差的传递系数。

式(3-17)即为函数误差的基本计算公式。

2) 函数系统误差的计算

如果各个实测几何量 x_i 的测得值中存在着系统误差 Δx_i，那么被测几何量 y 也存在着系统误差 Δy。以 Δx_i 代替式(3-17)中的 $\mathrm{d}x_i$，则可近似得到函数系统误差的计算公式：

$$\Delta y=\sum_{i=1}^{N}\frac{\partial f}{\partial x_i}\Delta x_i \tag{3-18}$$

式(3-18)即为间接测量中系统误差的计算公式。

3) 函数随机误差的计算

由于各个实测几何量 x_i 的测得值中存在着随机误差，因此被测几何量 y 存在着随机误差。根据误差理论，函数的标准偏差 σ_y 与各个实测几何量的标准偏差 σ_{x_i} 的关系为

$$\sigma_y=\sqrt{\sum_{i=1}^{N}\left(\frac{\partial f}{\partial x_i}\right)^2\sigma_{x_i}^2} \tag{3-19}$$

如果各个实测几何量的随机误差均服从正态分布，则由式(3-19)可推导出函数的测量极限误差的计算公式：

$$\delta_{\lim(y)}=\pm\sqrt{\sum_{i=1}^{N}\left(\frac{\partial f}{\partial x_i}\right)^2\delta_{\lim(x_i)}^2} \tag{3-20}$$

式中：$\delta_{\lim(y)}$——被测几何量的测量极限误差；

$\delta_{\lim(x_i)}$——各个直接测量的实测几何量的测量极限误差。

4）间接测量列的数据处理步骤

首先，确定间接测量的被测几何量与各个实测几何量的函数关系及其表达式；然后，把各个实测几何量的测得值代入该表达式，求出被测几何量量值；之后，按式(3-18)和式(3-20)分别计算被测几何量的系统误差 Δy 和测量极限误差 $\delta_{\lim(y)}$；最后，在此基础上确定测量结果 y_e：

$$y_e = (y - \Delta y) \pm \delta_{\lim(y)} \tag{3-21}$$

【例 3-3】 参看图 3-6，在万能工具显微镜上用弓高弦长法间接测量圆弧样板的半径。测得弓高 $h=4$ mm，弦长 $b=40$ mm，它们的系统误差和测量极限误差分别为 $\Delta h=+0.001\,2$ mm，$\delta_{\lim(h)}=\pm 0.0015$ mm；$\Delta b=-0.002$ mm，$\delta_{\lim(b)}=\pm 0.002$ mm。试确定圆弧半径 R 的测量结果。

解 (1) 由式(3-1)计算圆弧半径 R。

$$R=\frac{b^2}{8h}+\frac{h}{2}=\left(\frac{40^2}{8\times 4}+\frac{4}{2}\right)\text{ mm}=52\text{ mm}$$

(2) 按式(3-18)计算圆弧半径值的系统误差 ΔR。

$$\begin{aligned}\Delta R&=\frac{\partial f}{\partial b}\Delta b+\frac{\partial f}{\partial h}\Delta h=\frac{b}{4h}\Delta b-\left(\frac{b^2}{8h^2}-\frac{1}{2}\right)\Delta h\\&=\left[\frac{40\times(-0.002)}{4\times 4}-\left(\frac{40^2}{8\times 4^2}-\frac{1}{2}\right)\times 0.001\,2\right]\text{ mm}\\&=-0.019\,4\text{ mm}\end{aligned}$$

(3) 按式(3-20)计算圆弧半径值的测量极限误差 $\delta_{\lim(R)}$。

$$\begin{aligned}\delta_{\lim(R)}&=\pm\sqrt{\left(\frac{b}{4h}\right)^2\delta_{\lim(b)}^2+\left(\frac{b^2}{8h^2}-\frac{1}{2}\right)^2\delta_{\lim(h)}^2}\\&=\left[\pm\sqrt{\left(\frac{40}{4\times 4}\right)^2\times 0.002^2+\left(\frac{40^2}{8\times 4^2}-\frac{1}{2}\right)^2\times 0.001\,5^2}\right]\text{mm}\\&=\pm 0.018\,7\text{ mm}\end{aligned}$$

(4) 按式(3-21)确定测量结果 R_e。

$$R_e=(R-\Delta R)\pm\delta_{\lim(R)}=[(52+0.019\,4)\pm 0.018\,7]\text{ mm}=(52.019\,4\pm 0.018\,7)\text{ mm}$$

即该圆弧半径 R 的测量结果为 52.019 4 mm，其误差在 ±0.018 7 mm 范围的可能性达99.73%。

思考题与练习题

一、思考题

1. 一个完整的测量过程包括哪四个要素？
2. 为什么要建立尺寸的传递系统？
3. 量块主要有哪些用途？它的“级”和“等”是根据什么划分的？按“级”和按“等”使用量块有何不同？
4. 计量器具的基本度量指标有哪些？试以比较仪为例加以说明。
5. 测量方法有哪些分类？各有何特点？
6. 什么叫测量误差？其主要来源有哪些？

7. 发现和消除测量列中的系统误差常用哪些方法?

二、练习题

8. 试从 83 块一套的量块中,同时组合下列尺寸:46.53 mm、25.385 mm、40.79 mm。

9. 用标称长度为 10 mm 的量块对百分表调零,用此百分表测量工件,读数为+15 μm。若量块的实际尺寸为 10.000 5 mm,试求被测工件的实际尺寸。

10. 用两种方法分别测量两个尺寸,它们的真值分别为 $L_1=30.002$ mm,$L_2=69.997$ mm,若测得值分别为 30.004 mm 和 70.002 mm,试评定哪一种测量方法精度较高。

11. 对某几何量进行了 15 次等精度测量,测得值(单位为 mm)如下:30.742,30.743,30.740,30.741,30.739,30.740,30.739,30.741,30.742,30.743,30.739,30.740,30.743,30.742,30.741。求单次测量的标准偏差和极限误差。

12. 用某一测量方法在等精度测量情况下对某一试件测量了 4 次,其测得值(单位为 mm)如下:20.001,20.002,20.000,19.999。若已知单次测量的标准偏差为 1 μm,求测量结果及测量极限误差。

13. 三个量块的实际尺寸和检定时的极限误差分别为(20±0.000 3) mm、(1.005±0.000 3) mm、(1.48±0.000 3) mm,试计算这三个量块组合后的尺寸和极限误差。

第4章 几何公差与误差检测

4.1 概述

在零件加工过程中由于受各种因素的影响，零件的几何要素不可避免地会产生形状误差和位置误差，它们对产品的寿命和使用性能有很大的影响。例如有形状误差（如圆度误差）的轴和孔的配合，会因间隙不均匀而影响配合性能，并造成局部磨损，使使用寿命缩短。几何误差（包括形状误差、方向误差、位置误差和跳动误差）越大，零件的几何参数的精度越差，质量也越差。为了保证零件的互换性和使用要求，有必要对零件规定几何公差（即形位公差），用以限制几何误差。

为适应经济发展和国际交流的需要，1970 年我国开始着手组织制定几何公差国家标准。我国于 1974 年、1975 年发布试行标准 GB 1182—74 和 GB 1183—75，并于 1980 年形成正式标准 GB 1182—80、GB 1183—80、GB 1958—80，后又将 GB 1182—80、GB 1183—80 合为一个标准。我国加入 WTO 之后，国家标准与国际标准进行对接，在 20 世纪 90 年代制定了形状和位置公差的国家标准，分别为 GB/T 1182、GB/T 1184、GB/T 4249、GB/T 16671、GB 13319 等。进入 21 世纪以后，随着现代制造业的快速发展和计算机辅助设计与制造在制造业的广泛应用，同时与国际市场对接，国家标准从国际 ISO 标准中引入了"产品几何技术规范（GPS）"的概念，制定了产品几何技术规范（GPS）的系列标准。目前与几何公差相关的技术规范标准包括：

GB/T 1182—2018，即《产品几何技术规范（GPS） 几何公差 形状、方向、位置和跳动公差标注》（代替 GB/T 1182—2008）；

GB/T 1184—1996，即《形状和位置公差 未注公差值》（代替 GB 1184—80）；

GB/T 16671—2018，即《产品几何技术规范（GPS） 几何公差 最大实体要求（MMR）、最小实体要求（LMR）和可逆要求（RPR）》（代替 GB/T 16671—2009）；

GB/T 1958—2017，即《产品几何技术规范（GPS） 几何公差 检测与验证》（代替 GB/T 1958—2004。

4.1.1 几何公差的研究对象

几何公差的研究对象是构成零件几何特征的点、线、面。这些点、线、面统称要素，一般

在研究形状公差时，涉及的对象有线和面两类要素，在研究位置公差时，涉及的对象有点、线和面三类要素。几何公差就是研究这些要素在形状及其相互间方向或位置方面的精度问题。

几何要素可从不同角度来分类：

1. 按结构特征分类

（1）组成要素。

组成要素（即轮廓要素）是指零件上为人们所直接感觉到的表面、表面上的点或线。例如，图 4-1 中的球面、圆锥面、平面、圆柱面、素线等都属于组成要素。

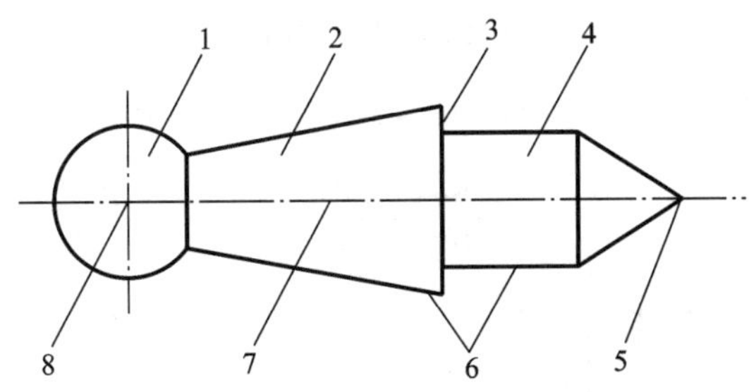

图 4-1　零件的几何要素

1—球面；2—圆锥面；3—平面；4—圆柱面；5—顶点；6—素线；7—轴线；8—球心

组成要素又可分为：

①公称组成要素：由技术制图或其他方法确定的理论正确组成要素，如图 4-2(a)所示。

②实际(组成)要素：由接近实际(组成)要素所限定的工件实际表面(实际存在并将整个工件与周围介质分隔的一组要素)的组成要素部分，如图 4-2(b)所示。

③提取组成要素：按规定的方法，由实际(组成)要素提取有限数目的点所形成的实际(组成)要素的近似替代，如图 4-2(c)所示。

④拟合组成要素：按规定的方法，由一个或几个提取组成要素形成的并具有理想形状的组成要素，如图 4-2(d)所示。

（2）导出要素。

导出要素（即中心要素）是指由一个或几个尺寸要素的对称中心得到的中心点、中心线或中心平面。例如，图 4-1 中的球心、轴线均为导出要素。导出要素又可分为公称导出要素、提取导出要素和拟合导出要素，如图 4-2 所示。

2. 按存在状态分类

（1）实际要素。实际要素是指零件上实际存在的要素，可用通过测量反映出来的要素代替。

（2）公称要素。它是具有几何意义的要素，是按设计要求，由图样给定的点、线、面的理想形态。它不存在任何误差，是绝对正确的几何要素。公称要素是评定实际要素的依据，在生产中是不可能得到的。

3. 按所处地位分类

（1）被测要素。图样中给出了几何公差要求的要素，是测量的对象，如图 4-3(a)中 ϕ16H7 的轴线、图 4-3(b)中的上平面。

（2）基准要素：用来确定被测要素方向和位置的要素。基准要素在图样上都标有基准

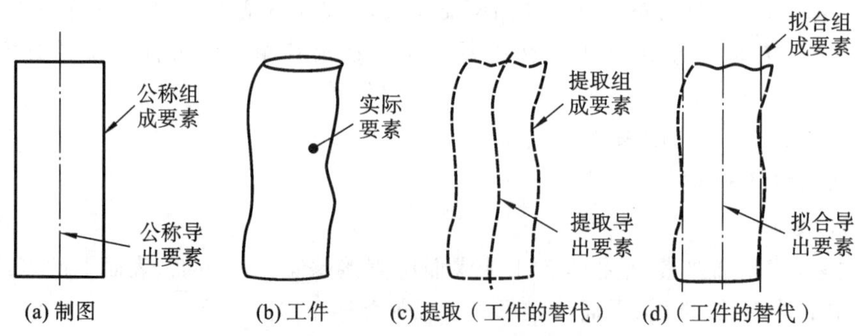

图 4-2　几何要素定义间的相互关系

符号或基准代号,例如图 4-3(a)中 ϕ30h6 的轴线、图 4-3(b)中的下平面。

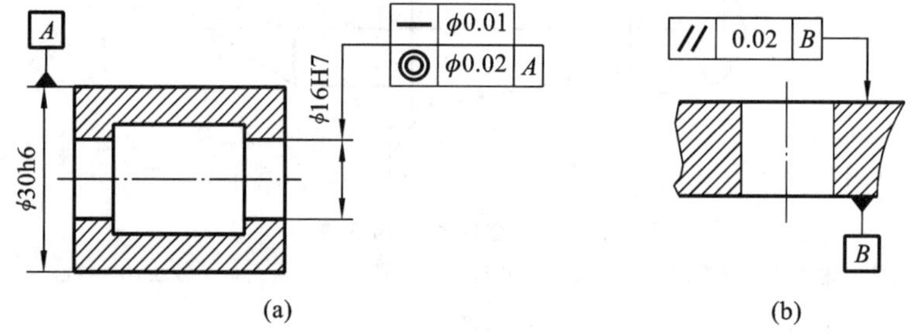

图 4-3　被测要素和基准要素

4. 按功能关系分类

(1) 单一要素:仅对被测要素本身给出形状公差的要素。

(2) 关联要素:与零件基准要素有功能要求的要素。例如,图 4-3(a)中 ϕ16H7 孔的轴线相对于 ϕ30h6 圆柱面的轴线有同轴度公差要求,此时 ϕ16H7 的轴线属关联要素。同理,图 4-3(b)中的上平面相对于下平面有平行度要求,故上平面属关联要素。

4.1.2　几何公差特征项目和符号

根据国家标准 GB/T 1182—2018 的规定,几何公差的特征项目分为形状公差、方向公差、位置公差和跳动公差四大类,它们的名称和符号见表 4-1。其中形状公差有 6 个项目,方向公差有 5 个项目,位置公差有 6 个项目,跳动公差有 2 个项目,形状公差没有基准,方向公差、位置公差和跳动公差都有基准。

表 4-1　几何特征符号

公差类型	几何特征	符号	有无基准
形状公差	直线度	—	无
	平面度	⏥	无
	圆度	○	无
	圆柱度	⌭	无

续表

公差类型	几何特征	符号	有无基准
形状公差、方向公差或位置公差	线轮廓度	⌒	有或无
	面轮廓度	⌓	有或无
方向公差	平行度	//	有
	垂直度	⊥	有
	倾斜度	∠	有
位置公差	位置度	⌖	有或无
	同心度（用于中心点）	◎	有
	同轴度（用于轴线）	◎	有
	对称度	⌯	有
跳动公差	圆跳动	↗	有
	全跳动	⌰	有

几何公差是指被测提取要素的允许变动全量。所以，形状公差是指单一提取要素的形状所允许的变动量，位置公差是指关联提取要素的位置对基准所允许的变动量。

几何公差的公差带是空间线或面之间的区域，比尺寸公差带即数轴上两点之间的区域要复杂。

4.2　几何公差的标注

在技术图样(2D)和立体图(3D)中，几何公差规范均采用符号标注。在标注几何公差规范时，应绘制指引线和公差框格，注明几何公差数值及其辅助要求，并使用表 4-1 中的有关符号。当采用符号标注有困难时，允许在技术要求中用文字说明或列表注明公差项目、被测要素、基准要素和公差值。

4.2.1　几何公差规范标注

几何公差规范标注的组成包括公差框格、可选的辅助平面和要素标注以及可选的相邻标注（补充标注），如图 4-4 所示。在图 4-4 中，a 为公差框格，b 为辅助平面和要素标注，c 为相邻标注。

如图 4-5 所示，公差框格在图样上一般应水平放置，若有必要，也允许竖直放置。对于水平放置的公差框格，应由左往右依次填写公差特征符号、公差值及有关符号、基准字母及

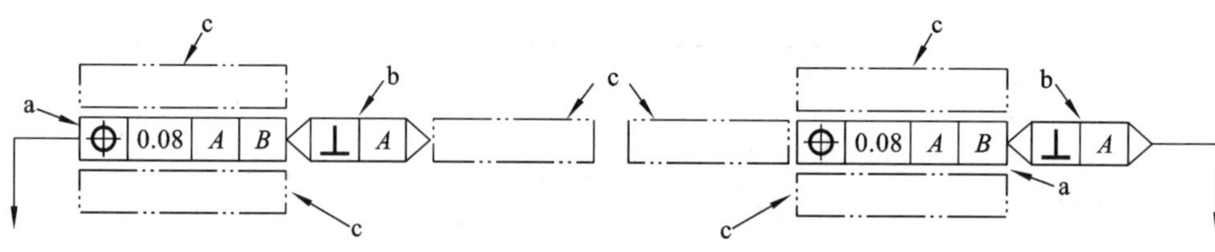

图 4-4 几何公差规范标注

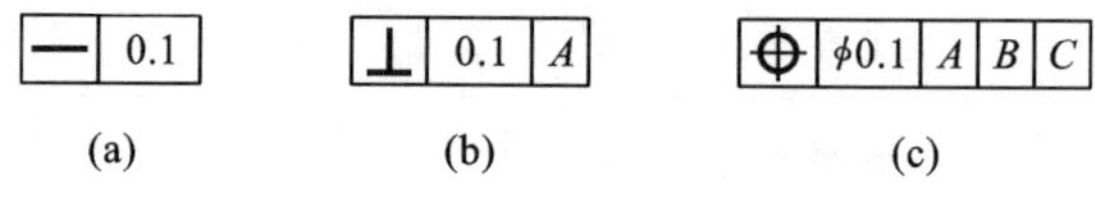

图 4-5 公差框格

有关符号。基准可多至三个,但先后有别,基准字母代号前后排列不同将有不同的含义。对于竖直放置的公差框格,应该由下往上填写有关内容。当几何公差项目为形状公差时,公差框格只有前面两部分。当几何公差项目为方向、位置或跳动公差时,公差框格包括三部分,第三部分是可选的基准部分,可包含一至三格。公差框格用指引线与被测要素联系起来,指引线由细实线和箭头构成,它从公差框格的一侧引出,并保持与公差框格端线垂直,如图 4-6 所示,引向被测要素时允许弯折,但不得多于两次。

与被测要素相关的基准用一个大写字母表示。字母标注在基准方格内,与一个涂黑的或空白的三角形相连以表示基准(见图 4-7);表示基准的字母还应标注在公差框格内。涂黑的基准三角形和空白的基准三角形含义相同。

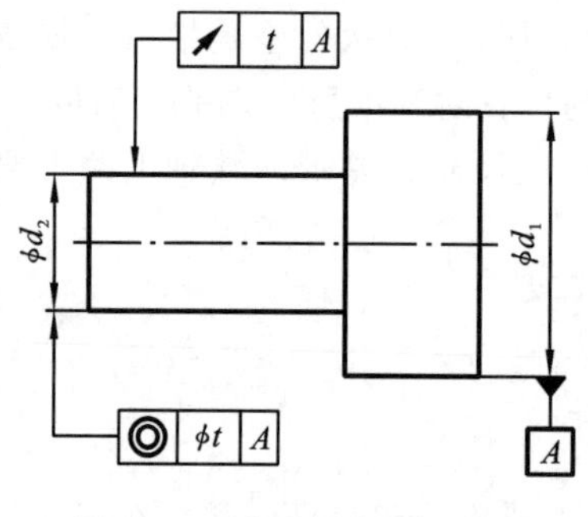

图 4-6 几何公差标准示例

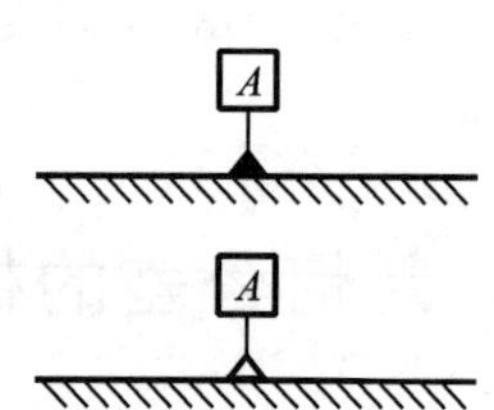

图 4-7 基准符号及代号

单一基准要素的名称用大写拉丁字母 $A,B,C,\cdots$ 表示,如图 4-8(a)所示。为不致引起误解,字母 E、F、I、J、M、O、P、R 不得采用。公共基准名称由组成公共基准的两基准名称字母,在中间加一横线组成(见图 4-8(b))。在位置度公差中常采用三基面体系来确定要素间的相对位置(见图 4-8(c)),应将三个基准按第一基准、第二基准和第三基准的顺序从左至右分别标注在各小格中,而不一定是按 $A,B,C,\cdots$ 字母的顺序排列。三个基准面的先后顺序是根据零件的实际使用情况,按一定的工艺要求确定的。通常第一基准选取最重要的表面,加工或安装时由三点定位,其余依次为第二基准(两点定位)和第三基准(一点定位),基准的多少取决于对被测要素的功能要求。

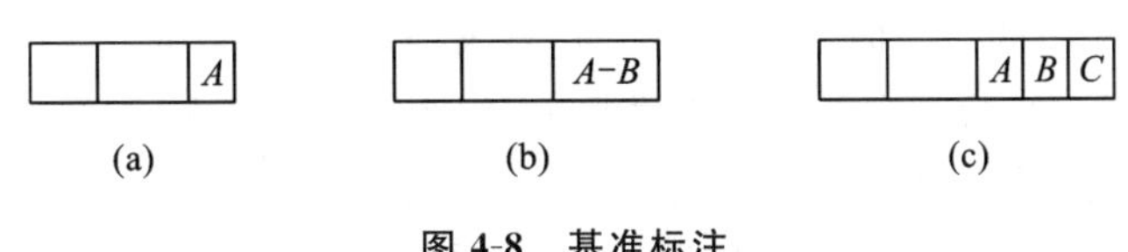

图 4-8　基准标注

4.2.2　几何公差的标注方法

1. 被测要素的标注

标注被测要素时，要特别注意公差框格的指引线箭头所指的位置和方向，箭头的位置和方向的不同将有不同的公差要求解释，因此，要严格按国家标准的规定进行标注。

（1）当被测要素为组成要素（轮廓线或轮廓面）时，该几何公差规范应通过指引线与被测要素连接，并以箭头或圆点终止，如图 4-9 所示。

在二维标注中，指引线以箭头终止在被测表面的可见轮廓线上，也可指在轮廓线的延长线上，且必须与尺寸线明显地错开，如图 4-9(a)、(c)所示。在三维标注中，指引线以箭头终止在延长线上（与尺寸线明显地错开）或以箭头终止在指引横线上，如图 4-9(b)、(f)所示，或者指引线以圆点终止在组成要素上，如图 4-9(b)、(d)所示。

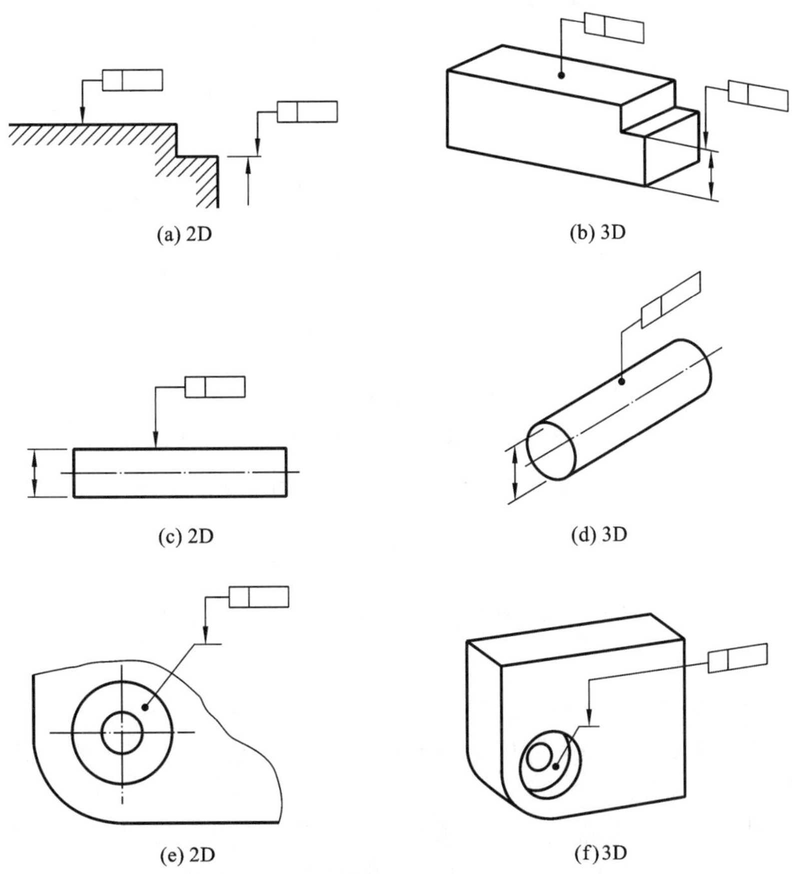

图 4-9　组成要素在 2D 和 3D 图样上的标注

(2) 如果对视图中的一个面提出几何公差要求,有时可在该面上用一小黑点引出指引横线,公差框格的指引线箭头则指在指引横线上,如图 4-9(e)所示。

(3) 当被测要素为导出要素如中心点、圆心、轴线、中心线、中心平面等时,指引线的箭头应对准尺寸线,即与尺寸线的延长线相重合。指引线的箭头与尺寸线的箭头方向一致时,可合并为一个,如图 4-10 所示。

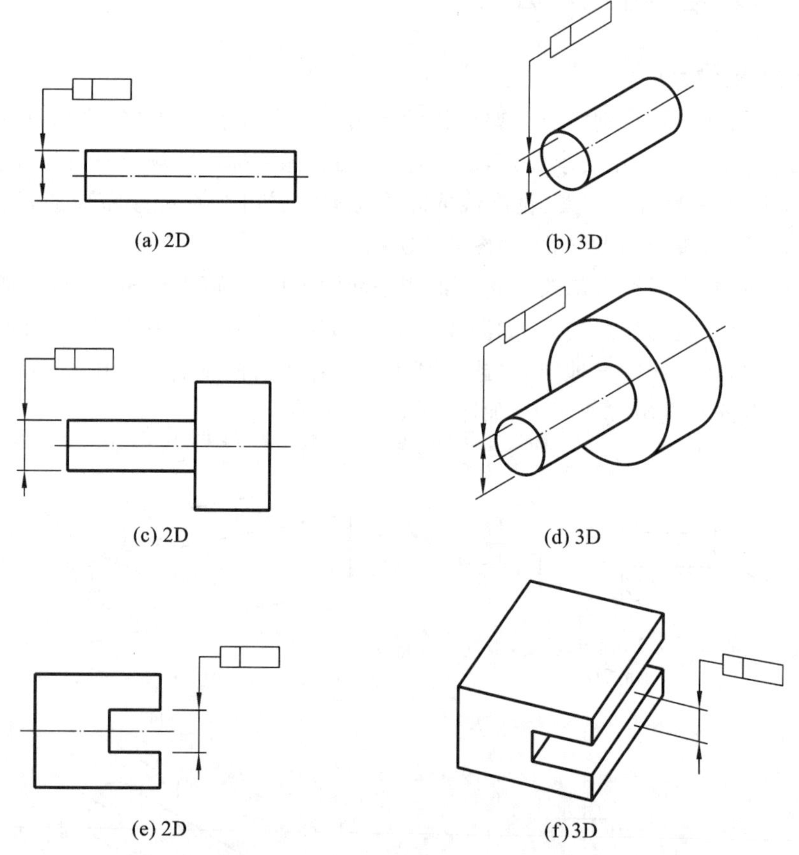

图 4-10 导出要素在 2D 和 3D 图样上的标注

(4) 当被测要素是圆锥体轴线时,指引线箭头应与圆锥体的大端或小端的尺寸线对齐。必要时也可在圆锥体上任一部位增加一个空白尺寸线与指引线箭头对齐,如图 4-11(a)所示。

(5) 当要限定局部部位作为被测要素时,必须用粗点画线示出其部位并加注大小和位置尺寸,如图 4-11(b)所示。

2. 基准要素的标注

(1) 当基准要素是轮廓线或轮廓面时,基准三角形放置在要素的轮廓线或其延长线上(与尺寸线明显错开,见图 4-12(a))。

(2) 当受到图形限制、基准三角形必须注在某个面上时,可在面上画出小黑点,由黑点引出轮廓面引出线,基准三角形置于该轮廓面引出线的水平线上,如图 4-12(b)所示的环形表面。

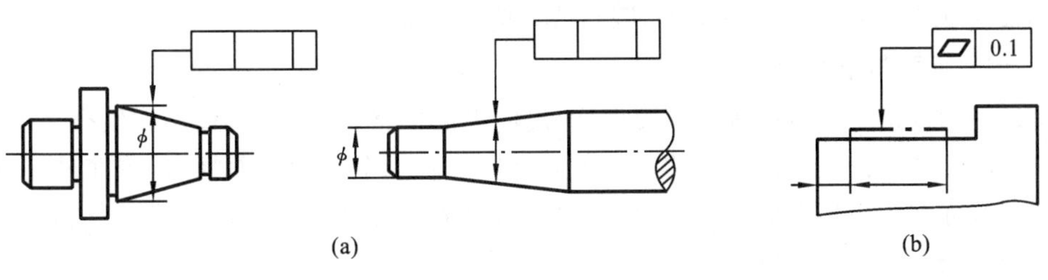

图 4-11　锥体和局部要素标注方法

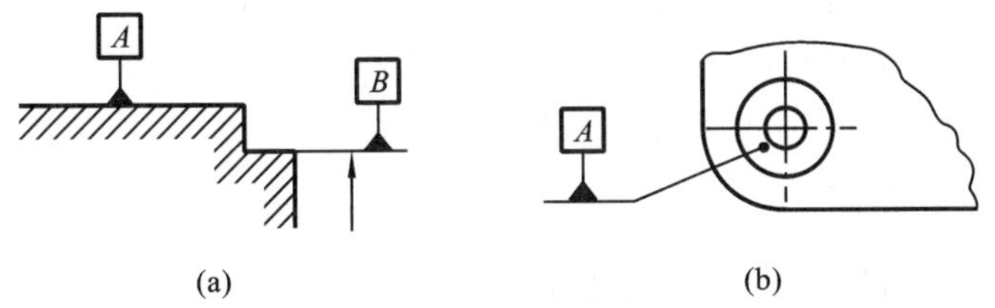

图 4-12　轮廓基准要素的标注

(3) 当基准是尺寸要素确定的轴线、中心平面或中心点时，基准三角形应放置在该尺寸线的延长线上(见图 4-13)。如果没有足够的位置标注基准要素尺寸的两个尺寸箭头，则其中一个箭头可用基准三角形代替(见图 4-13(b)和图 4-13(c))。

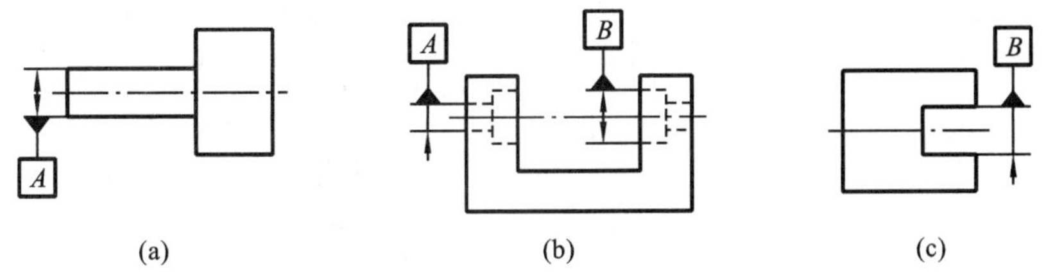

图 4-13　基准中心要素的标注

(4) 当以要素的局部范围作为基准时，必须用粗点画线示出其部位，并标注相应的范围和位置尺寸，如图 4-14 所示。

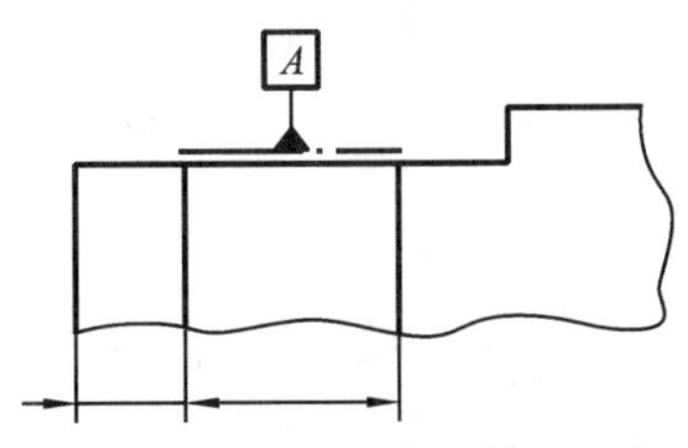

图 4-14　局部范围作基准的标注

3. 公差值的标注

(1) 公差值表示公差带的宽度或直径，是控制误差量的指标。公差值的大小是几何公差精度高低的直接体现。

(2) 公差值标注在公差框格的第 2 格中。如果是公差带宽度，则只标注公差值 t。如果是公差带直径，则应视要素特征和设计要求而定：若公差带是圆形的或圆柱形的，则在公差

值前面加注 ϕ;若公差带是圆球形的,则在公差值前面加注 $S\phi$。

4. 辅助平面与要素框格

辅助平面框格主要包括相交平面框格、定向平面框格、方向要素框格和组合平面框格。这些框格均标注在公差框格的右侧。如果需要标注若干个辅助平面框格,应在最接近公差框格的位置标注相交平面框格,其次是定向平面框格或方向要素框格(这两项框格不应一同标注),最后是组合平面框格。

(1) 相交平面框格。

相交平面的作用是标识线要素要求的方向,主要适用于在平面上标识线要素的直线度、线轮廓度、要素的线素的方向,以及在面要素上的线要素的"全周"规范。

相交平面在图样上应使用相交平面框格规定,如图 4-15 所示,并且作为公差框格的延伸部分标注在其右侧。

图 4-15 相交平面框格

相交平面框格的第一格用于构建相交平面相对于基准的要求,适用的项目要求有平行度、垂直度、倾斜度和对称度,第二格填写基准字母。使用相交平面框格规范如图 4-16 所示。它表示被测要素是位于平行于 C 基准的相交平面内的线要素,要求这个线要素与基准 D 的平行度公差为 0.2 mm。其他相交平面在三维图样中的标注示例见图 4-17。

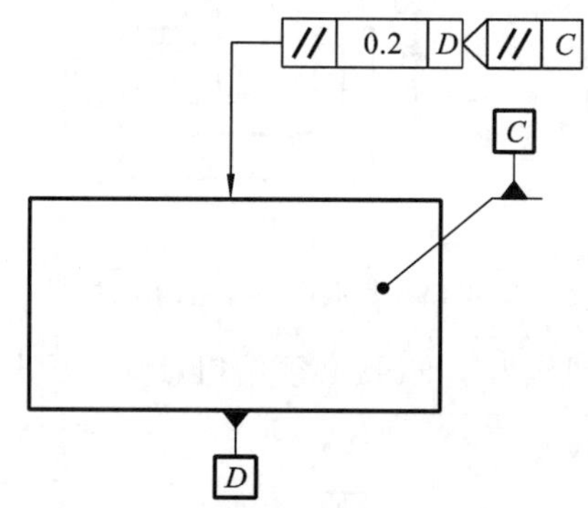

图 4-16 使用相交平面框格规范

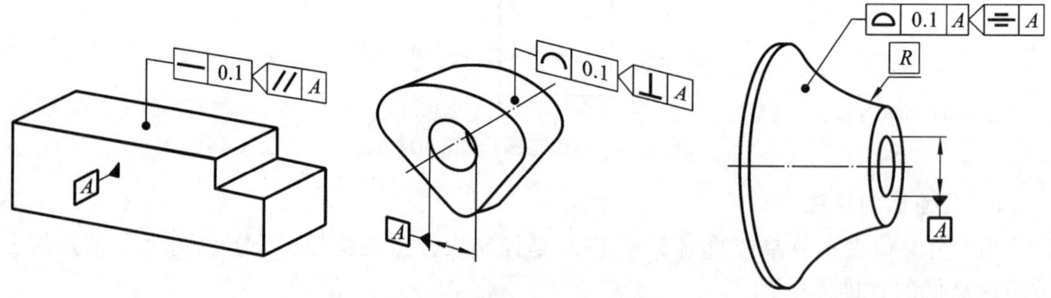

图 4-17 使用相交平面框格标注示例

(2) 定向平面框格。

定向平面的作用是控制公差带构成平面的方向，控制公差带宽度的方向（间接地与这些平面垂直），控制圆柱形公差带的轴线方向。它主要适用于被测要素是中心线或中心点，且公差带是由两平行平面限定的，或者被测要素是中心点，公差带由一个圆柱限定，且公差带相对于其他要素定向，即能够标识公差带的方向。

定向平面在图样上应使用定向平面框格规定，如图 4-18 所示，并且作为公差框格的延伸部分标注在其右侧。

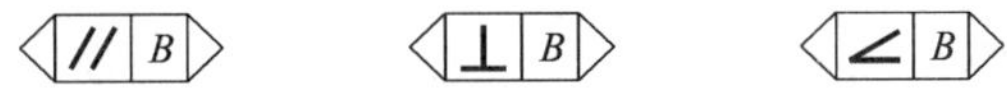

图 4-18　定向平面框格

定向平面框格的第一格用于构建定向平面相对于基准的要求，适用的项目要求包括平行度、垂直度、倾斜度，因此第一格填写项目符号；第二格填写基准字母。使用定向平面框格规范如图 4-19 所示。它表示被测要素是位于与基准 B 保持理论正确角度 α 的定向平面内的孔轴线，要求这个孔轴线与基准 A 的平行度公差为 0.1 mm。

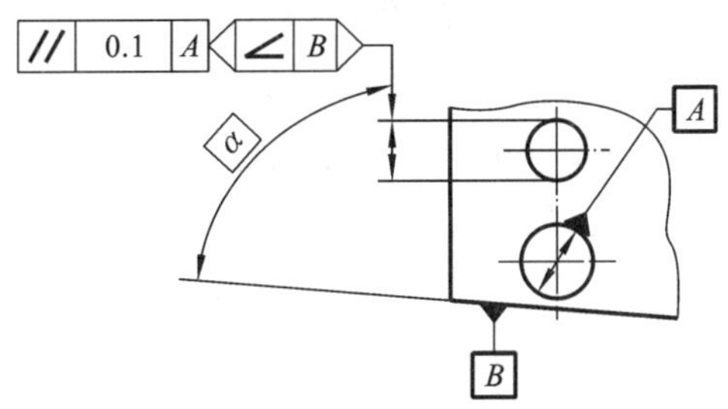

图 4-19　使用定向平面框格规范

（3）方向要素框格。

当被测要素是组成要素且公差带宽度的方向与面要素不垂直时，应使用方向要素确定公差带宽度的方向。另外，应使用方向要素标注非圆柱体或球体表面圆度的公差带宽度方向。

方向要素在图样上应使用方向要素框格规定，如果 4-20 所示，并且作为公差框格的延伸部分标注在其右侧。

图 4-20　方向要素框格

方向要素框格的第一格用于构建方向要素相对于基准的要求，适用的项目要求有平行度、垂直度、倾斜度和圆跳动，因此第一格填写这些要求符号；第二格填写基准字母。图 4-21(a)所示为图样使用方向要素框格标注，它表示公差带的方向与被测要素的面要素垂直的圆度公差。当图样上标注跳动测量的理论正确夹角 α 时，可以省略方向要素，如图 4-21(b)所示。

（4）组合平面框格。

在标注“全周”符号时，应使用组合平面。组合平面可标识一个平行平面族，可用来标识“全周”标注所包含的要素。使用组合平面框格（见图 4-22）时，组合平面框格作为公差框格

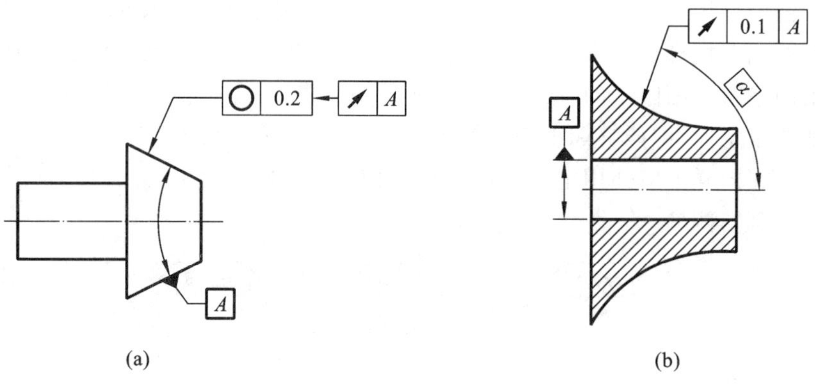

图 4-21　使用方向要素框格规范

图 4-22　组合平面框格

的延伸部分标注在公差框格的右侧。注意,公差框格第一格中的符号可使用与相交平面框格第一格相同的符号,其含义相同。图 4-23 所示为图样使用组合平面框格标注,它表示被测要素是一族与基准 A 平行的轮廓曲线。

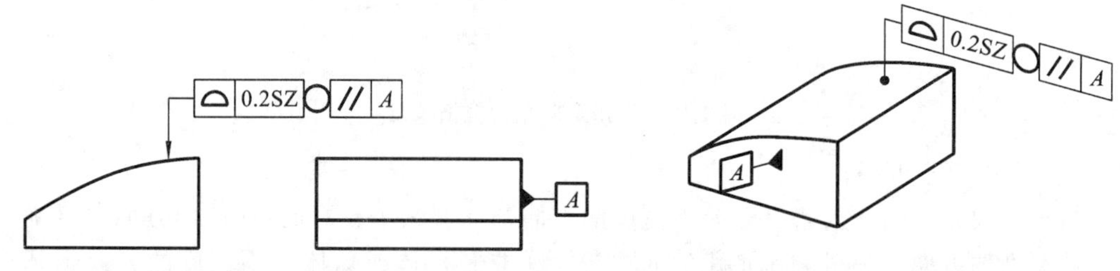

图 4-23　使用组合平面框格示例

5. 附加符号的标注

在几何公差标注中,为了进一步表达其他一些设计要求,可以使用标准规定的附加符号,在标注框格中做出相应的表示。

1) 包容要求符号Ⓔ的标注

对于极少数要素需严格保证其配合性质,并要求由尺寸公差控制其形状公差时,应标注包容要求符号。包容要求符号应加注在该要素尺寸极限偏差或公差带代号的后面,如图4-24所示。

2) 最大实体要求符号Ⓜ、最小实体要求符号Ⓛ的标注

当被测要素采用最大实体要求时,符号Ⓜ应置于公差框格内公差值的后面,如图 4-25(a)所示;当基准要素采用最大实体要求时,符号Ⓜ应置于公差框格内基准名称字母的后面,如图 4-25(b)所示;当被测要素和基准要素都采用最大实体要求时,符号Ⓜ应同时置于公差值和基准名称字母的后面,如图 4-25(c)所示。

最小实体要求符号的标注方法与最大实体要求符号相同,如图 4-26 所示。

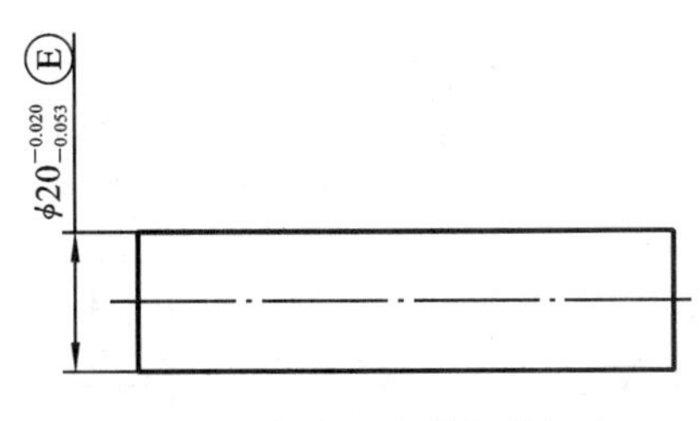

图 4-24　包容要求符号的标注

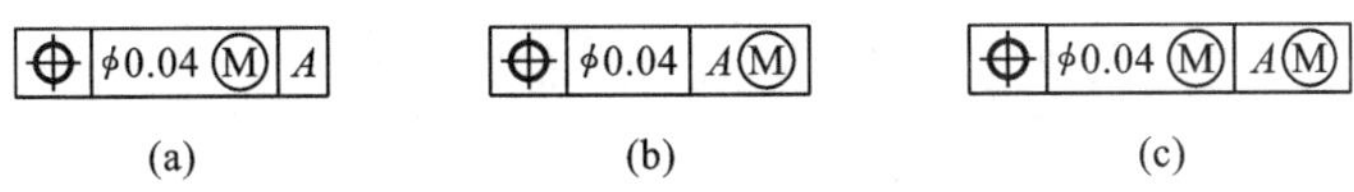

图 4-25　最大实体要求符号的标注

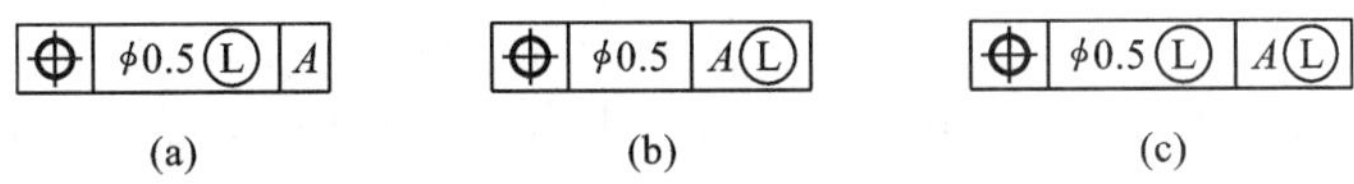

图 4-26　最小实体要求符号的标注

3）可逆要求符号Ⓡ 的标注

可逆要求应与最大实体要求或最小实体要求同时使用，其符号Ⓡ标注在Ⓜ或Ⓛ的后面。可逆要求用于最大实体要求时的标注方法如图 4-27(a)所示，用于最小实体要求时的标注方法如图 4-27(b)所示。

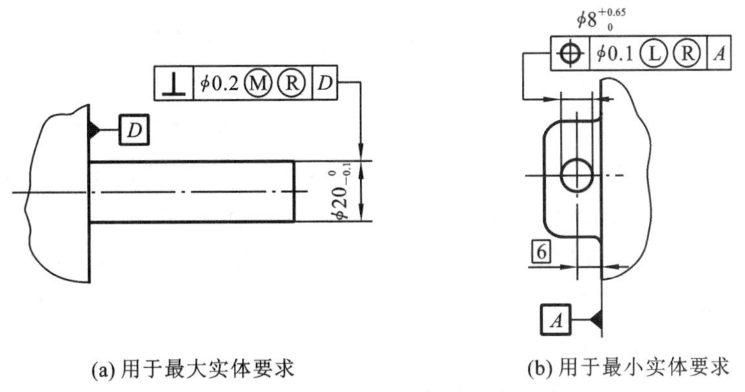

(a) 用于最大实体要求　　(b) 用于最小实体要求

图 4-27　可逆要求符号的标注

4）延伸公差带符号Ⓟ的标注

延伸公差带的含义是将被测要素的公差带延伸到工件实体以外，控制工件外部的公差带，以保证相配零件与该零件配合时能顺利装入。延伸公差带用符号Ⓟ表示，并注出其延伸范围。延伸公差带符号Ⓟ标注在公差框格内公差值的后面，同时也应加注在图样中延伸公差带长度数值(理论正确尺寸)的前面，如图 4-28 所示。

5）自由状态条件符号Ⓕ的标注

当非刚性被测要素处于自由状态时，若允许超出图样上给定的公差值，可在公差框格内标注出允许的几何公差值，并在公差值后面加注符号Ⓕ表示被测要素的几何公差是在自由

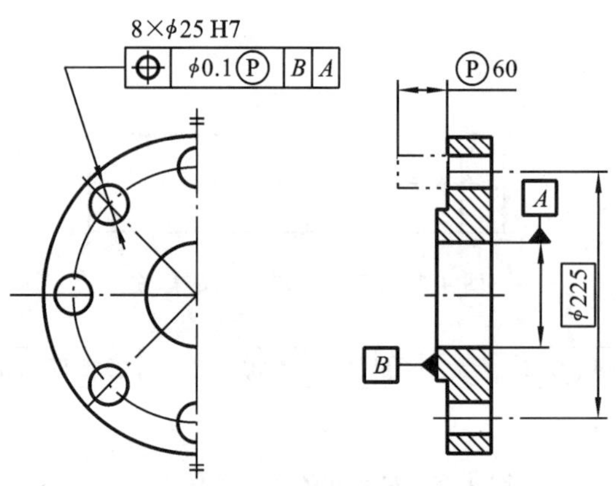

图 4-28　延伸公差带符号的标注

状态条件下的公差值，未加注Ⓕ表示的是在受约束力情况下的公差值，如图 4-29 所示。

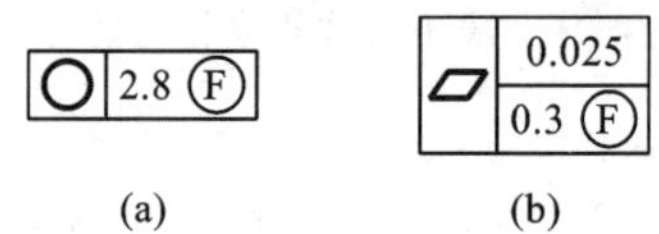

图 4-29　自由状态条件符号的标注

6. 特殊规定

除了上述规定外，GB/T 1182—2018 对下述方面做了专门的规定。

1）部分长度上的公差值标注

出于功能要求，有时不仅需要限制被测要素在整个范围内的几何公差，还需要限制特定长度或特定面积上的几何公差。对部分长度内要求几何公差时的标注方法如图 4-30 所示。图 4-30 表示每 200 mm 的长度上，直线度公差值为 0.05 mm，即要求在被测要素的整个范围内的任一个 200 mm 长度均应满足此要求，属于局部限制。在部分长度内控制几何公差的同时，还需要控制整个范围内的几何公差值时，表示方法如图 4-31 的上一格标注所示。此时，两个要求应同时满足，属于进一步限制。

也就是说，需要对整个被测要素上任意限定范围标注同样几何特征的公差时，可在公差值的后面加注限定范围的线性尺寸值，并在两者间用斜线隔开(见图 4-30)。如果标注的是两项或两项以上同样几何特征的公差，可直接在整个要素公差框格的下方放置另一个公差框格(见图 4-31)。

图 4-30　局部限制标注

图 4-31　进一步限制标注

2）组合公差带的标注

当两个或两个以上的要素，同时受一个公差带控制，以保证这些要素共面或共线时，可

用一个公差框格表示，但需在公差框格内公差值的后面加注组合公差带的符号 CZ，如图 4-32 所示，此时被测要素直接与框格相连。

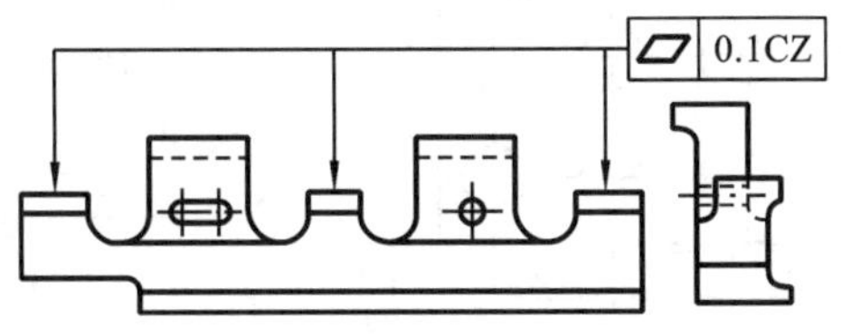

图 4-32　组合公差带的标注

3）螺纹、花键、齿轮的标注

在一般情况下，以螺纹轴线作为被测要素或基准要素时均采用中径轴线，表示大径或小径的情况较少。因此，规定：如果被测要素和基准要素系指中径轴线，则不需要另加说明；如果被测要素和基准要素系指大径轴线，则应在公差框格上部加注大径代号“MD”（见图 4-33）；如果被测要素和基准要素系指小径轴线，则应在公差框格上部加注小径代号“LD”。对于齿轮和花键轴线，节径轴线用“PD”表示，大径（外齿轮为顶圆直径，内齿轮为根圆直径）用“MD”表示，小径（外齿轮为根圆直径，内齿轮为顶圆直径）用“LD”表示。

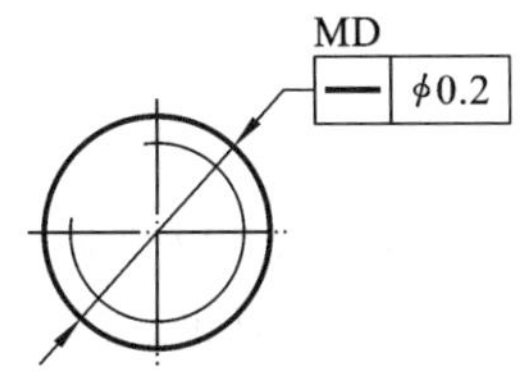

图 4-33　螺纹特指直径标注

4）全周符号的标注

对于所指为横截面周边的所有轮廓线或所有轮廓面的几何公差要求时，可在公差框格指引线的弯折处画一个细实线小圆圈。在二维标注中，优先使用组合平面框格标注，如图 4-34 所示。

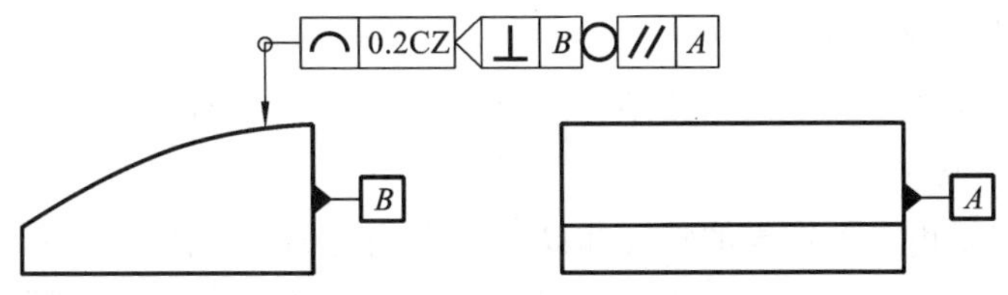

图 4-34　轮廓全周符号标注

5）理论正确尺寸的表示法

对于要素的位置度、轮廓度或倾斜度，其尺寸由不带公差的理论正确位置、轮廓或角度确定，这种尺寸称为理论正确尺寸（TED）。理论正确尺寸也用于确定基准体系中各基准之间的方向、位置关系。理论正确尺寸没有公差，并标注在一个方框中（见图 4-35）。零件的实际尺寸仅由公差框格中位置度、轮廓度或倾斜度公差限定，如图 4-35 所示。

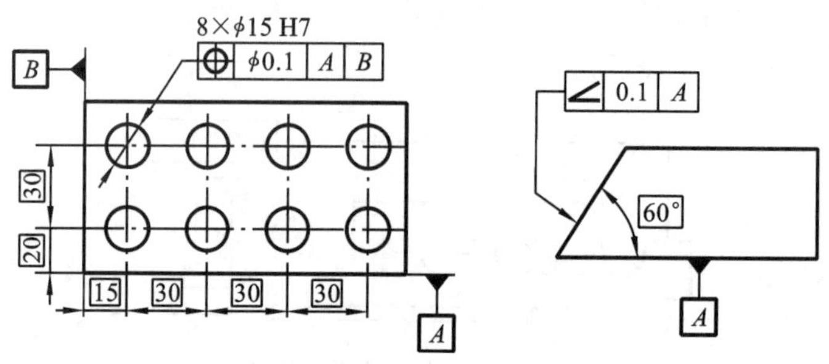

图 4-35　理论正确尺寸的标注

4.3　几何公差

几何公差是用来限制零件本身几何误差的，它是被测提取(实际)要素的允许变动量。几何公差分为形状公差、方向公差、位置公差和跳动公差。

4.3.1　几何公差带

1. 几何公差带基本概念

几何公差标注是图样中对几何要素的形状、位置提出精度要求时做出的表示。一旦有了这一标注，也就明确了被控制的对象(要素)是谁、允许它有何种误差、允许的变动量(即公差值)多大及范围在哪里，提取(实际)要素只要做到在这个范围之内就为合格。在此前提下，被测提取(实际)要素可以具有任意形状，也可以占有任意位置。这使几何要素(点、线、面)在整个被测范围内均受其控制。这一用来限制提取(实际)要素变动的区域就是几何公差带。既然是一个区域，那么一定具有形状、大小、方向和位置四个特征要素。

为了讨论方便，可以用图形来描绘允许提取(实际)要素变动的区域，这就是公差带图。它必须表明形状、大小、方向和位置关系。

2. 几何公差带的 4 个要素

几何公差带的 4 个要素就是指公差带的形状、大小、方向和位置关系。

1) 公差带的形状

公差带的形状是由要素本身的特征和设计要求确定的。常用的公差带有以下 11 种形状：两平行直线之间的区域、两等距曲线之间的区域、两平行平面之间的区域、两等距曲面之间的区域、圆柱面内的区域、两同心圆之间的区域、圆内的区域、球内的区域、两同轴圆柱面之间的区域、一段圆柱面、一段圆锥面，如图 4-36 所示。

公差带呈何种形状，取决于被测提取(实际)要素的形状特征、公差项目和设计时表达的要求。在某些情况下，被测提取(实际)要素的形状特征就确定了公差带形状。例如：被测提取(实际)要素是平面，其公差带只能是两平行平面之间的区域；被测提取(实际)要素是非圆曲面或曲线，其公差带只能是两等距曲面或两等距曲线之间的区域。必须指出，被测提取(实际)要素要由所检测的公差项目确定，如在平面、圆柱面上要求的是直线度公差项目，要

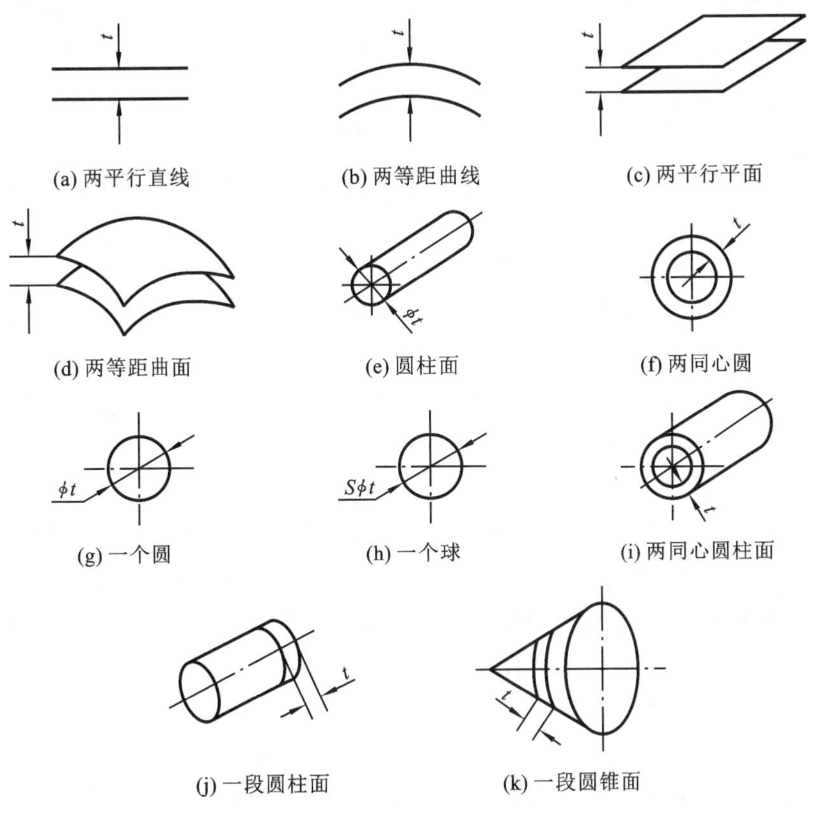

(a) 两平行直线　(b) 两等距曲线　(c) 两平行平面

(d) 两等距曲面　(e) 圆柱面　(f) 两同心圆

(g) 一个圆　(h) 一个球　(i) 两同心圆柱面

(j) 一段圆柱面　(k) 一段圆锥面

图 4-36　几何公差带的形状

作一截面得到被测提取(实际)要素,被测提取(实际)要素此时呈平面(截面)内的直线。在多数情况下,除被测提取(实际)要素的形状特征外,设计要求对公差带形状起着重要的决定作用。例如对于轴线,其公差带可以是两平行直线之间的区域、两平行平面之间的区域或圆柱面内的区域,视设计给出的是给定平面内、给定方向上或任意方向上的要求而定。有时,几何公差的项目就已决定了几何公差带的形状。如同轴度,由于零件孔或轴的轴线是空间直线,同轴要求必是指任意方向的,其公差带只有圆柱形一种。圆度公差带只可能是两同心圆之间的区域,而圆柱度公差带则只有两同轴圆柱面之间的区域一种。

2）公差带的大小

公差带的大小是指公差标注中公差值的大小,它是指允许提取(实际)要素变动的全量。它的大小表明形状、位置精度的高低。上述公差带的形状不同,可以是指公差带的宽度或直径不同,这取决于被测提取(实际)要素的形状和设计的要求,设计时可在公差值前加或不加符号 ϕ 加以区别。

对于同轴度和任意方向上的轴线直线度、平行度、垂直度、倾斜度和位置度等要求,所给出的公差值应是直径值,公差值前必须加符号 ϕ。对于空间点的位置控制,有时要求任意方向控制,这时用到球状公差带,符号为 $S\phi$。

对于圆度、圆柱度、轮廓度(包括线和面)、平面度、对称度和跳动等公差项目,公差值只可能是宽度值。对于在一个方向上、两个方向上或一个给定平面内的直线度、平行度、垂直度、倾斜度和位置度,所给出的一个或两个互相垂直方向的公差值也均为宽度值。

公差带的宽度值或直径值是控制零件几何精度的重要指标。一般情况下,应根据 GB/T 1800.2—2020 来选择标准数值,如果有特殊需要,也可另行规定。

3) 公差带的方向

在评定几何误差时,形状公差带和位置公差带的放置方向直接影响到误差评定的正确性。

对于形状公差带,其放置方向应符合最小条件。

对于方向公差带,由于控制的是正方向,因此其放置方向要与基准要素呈绝对理想的方向关系,即平行、垂直或理论准确的其他角度关系。

对于位置公差带,除点的位置度公差外,其他控制位置的公差带都有方向问题,其放置方向由相对于基准的理论正确尺寸来确定。

4) 公差带的位置

形状公差带只是用来限制被测提取(组成)要素的形状误差,本身不做位置要求。例如,圆度公差带限制被测的截面圆实际轮廓圆度误差,至于该圆轮廓在哪个位置上、直径多大都不属于圆度公差控制之列,它们是由相应的尺寸公差控制的。实际上,只要求形状公差带在尺寸公差带内便可,允许在此范围内任意浮动。

对于方向公差带,强调的是相对于基准的方向关系,其对提取(实际)要素的位置是不做控制的,而是由相对于基准的尺寸公差或理论正确尺寸控制。例如机床导轨面对床脚底面的平行度要求,它只控制实际导轨面对床脚底面的平行性方向是否合格,至于导轨面离地面的高度,由其对床脚底面的尺寸公差控制,被测导轨面只要位于尺寸公差内,且不超过给定的平行度公差带,就视为合格。因此,依被测提取(组成)要素离基准的距离不同,平行度公差带在尺寸公差带内可以向上或向下浮动变化。如果由理论正确尺寸定位,则几何公差带的位置由理论正确尺寸确定,其位置是固定不变的。

对于位置公差带,强调的是相对于基准的位置(其必包含方向)关系,公差带的位置由相对于基准的理论正确尺寸确定,公差带是完全固定位置的。其中同轴度、对称度的公差带位置与基准(或其延伸线)位置重合,即理论正确尺寸为 0,而位置度则应在 x、y、z 坐标上分别给出理论正确尺寸。

4.3.2 形状公差

形状公差是单一提取(实际)要素对其理想要素的允许变动量,形状公差带是单一实际被测要素允许变动的区域。形状公差有直线度、平面度、圆度、圆柱度四个项目。

直线度公差用于限制平面内或空间直线的形状误差。根据零件功能要求的不同,可分别提出给定平面内、给定方向上和任意方向的直线度要求。

平面度公差用于限制被测实际平面的形状误差。

圆度公差用于限制回转表面(如圆柱面、圆锥面、球面等)的径向截面轮廓的形状误差。

圆柱度公差用于限制被测实际圆柱面的形状误差。

典型的形状公差带如表 4-2 所示。

表 4-2 形状公差带的定义、标注和解释

特征	公差带的定义	标注和解释
直线度(符号—)	公差带为在平行于(相交平面框格给定的)基准 A 的给定平面内与给定方向上、间距等于公差值 t 的两平行直线所限定的区域 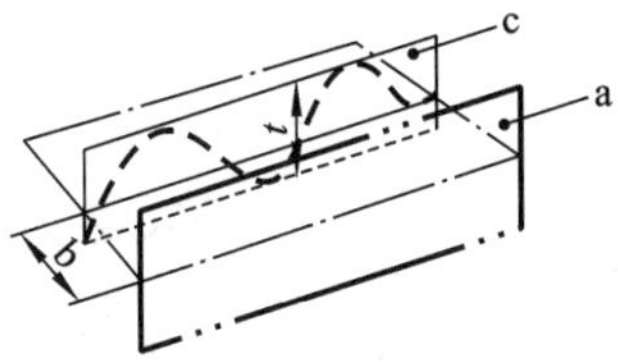 说明: a—基准 A; b—任意距离; c—平行于基准 A 的相交平面	在由相交平面框格规定的平面内,上表面的提取(实际)线应限定在间距等于 0.1 mm 的两平行直线之间 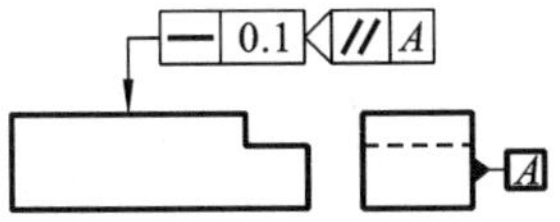 (a) 2D 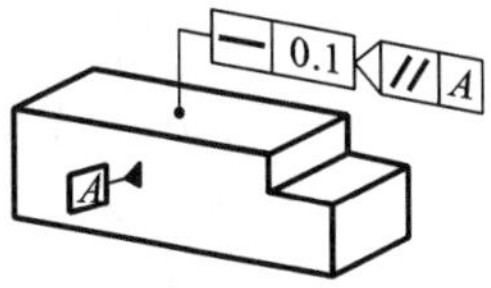 (b) 3D
	公差带为间距等于公差值 t 的两平行平面所限定的区域 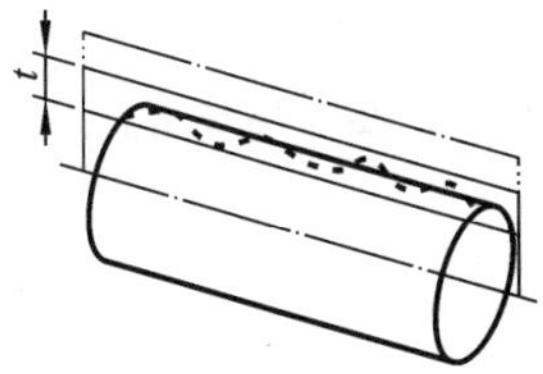	圆柱表面的提取(实际)棱边应限定在间距等于 0.1 mm 的两平行平面之间 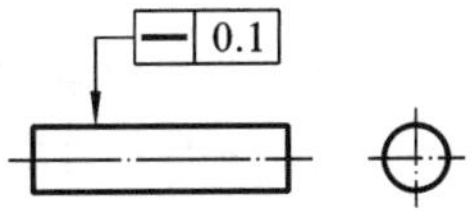 (a) 2D 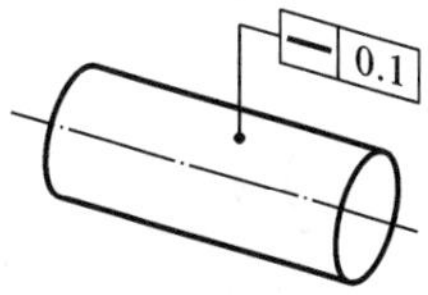 (b) 3D
	公差带为直径等于公差值 ϕt 的圆柱面所限定的区域 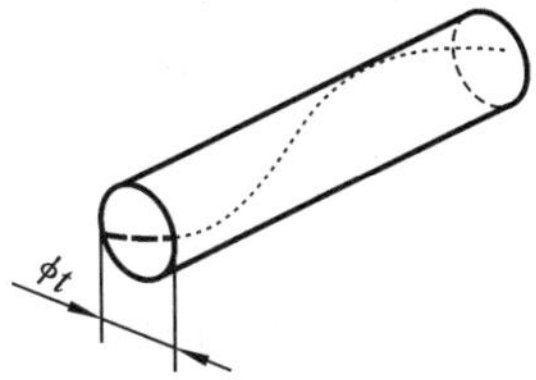	圆柱面的提取(实际)中心线应限定在直径等于 ϕ0.08 mm 的圆柱面内 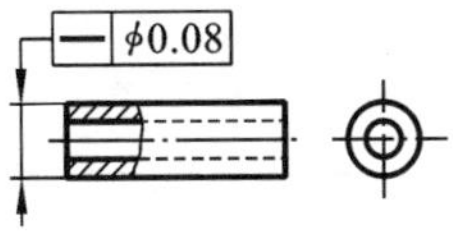 (a) 2D 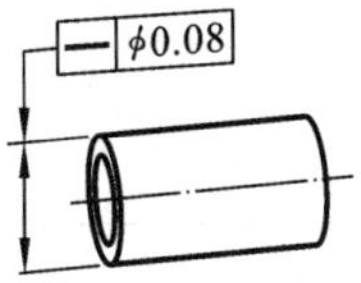 (b) 3D
平面度(符号▱)	公差带为间距等于公差值 t 的两平行平面所限定的区域 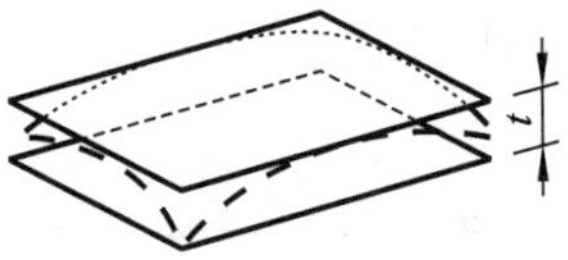	提取(实际)表面应限定在间距等于 0.08 mm 的两平行平面之间 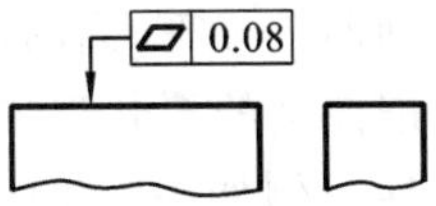 (a) 2D 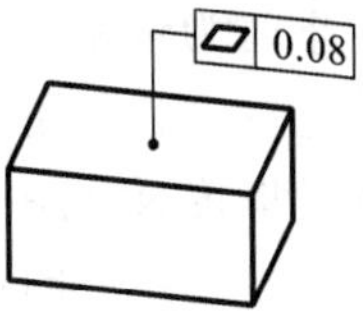 (b) 3D

续表

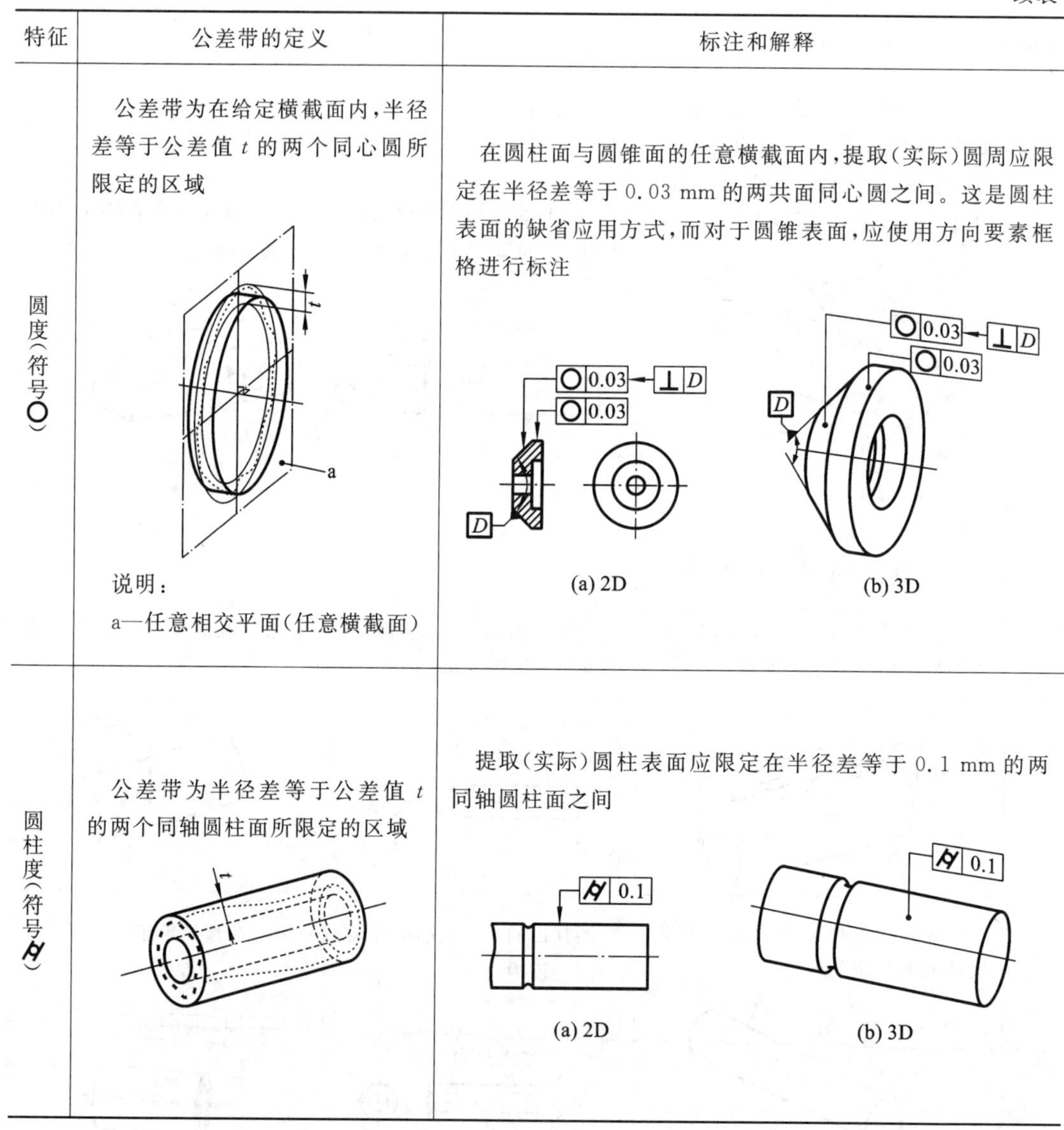

特征	公差带的定义	标注和解释
圆度(符号○)	公差带为在给定横截面内,半径差等于公差值 t 的两个同心圆所限定的区域 说明: a—任意相交平面(任意横截面)	在圆柱面与圆锥面的任意横截面内,提取(实际)圆周应限定在半径差等于 0.03 mm 的两共面同心圆之间。这是圆柱表面的缺省应用方式,而对于圆锥表面,应使用方向要素框格进行标注 (a) 2D (b) 3D
圆柱度(符号⌭)	公差带为半径差等于公差值 t 的两个同轴圆柱面所限定的区域	提取(实际)圆柱表面应限定在半径差等于 0.1 mm 的两同轴圆柱面之间 (a) 2D (b) 3D

形状公差带的特点是不涉及基准,方向和位置随提取(实际)要素不同而浮动。

4.3.3 轮廓度公差与公差带

轮廓度公差分为线轮廓度公差和面轮廓度公差。轮廓度无基准要求时为形状公差,有基准要求时为位置公差。

线轮廓度公差用于限制平面曲线(或曲面的截面轮廓)的形状误差。

面轮廓度公差用于限制一般曲面的形状误差。

轮廓度公差带的定义和标注示例如表 4-3 所示。无基准要求时,轮廓度公差带的形状只由理论正确尺寸(带方框的尺寸)确定,位置是浮动的;相对于基准体系(即有基准要求)时,轮廓度公差带的形状和位置由理论正确尺寸和基准确定,公差带的位置是固定的。

表 4-3　轮廓度公差带的定义、标注和解释

特征		公差带的定义	标注和解释
线轮廓度(符号⌒)	无基准的线轮廓度公差	公差带为直径等于公差值 t,圆心位于具有理论正确几何形状上的一系列圆的两包络线所限定的区域 说明: a—基准平面 A; b—任意距离; c—平行于基准平面 A 的平面	在任一平行于基准平面 A 的截面内,如相交平面框格所规定的,提取(实际)轮廓线应限定在直径等于 0.04 mm、圆心位于理论正确几何形状上的一系列圆的两等距包络线之间。可使用 UF 表示组合要素上的三个圆弧部分应组成联合要素 (a) 2D　(b) 3D
	相对于基准体系的线轮廓度公差	公差带为直径等于公差值 t、圆心位于由基准平面 A 与基准平面 B 确定的被测要素理论正确几何形状上的一系列圆的两包络线所限定的区域 说明: a—基准 A; b—基准 B; c—平行于基准 A 的平面	在任一由相交平面框格规定的平行于基准平面 A 的截面内,提取(实际)轮廓线应限定在直径等于 0.04 mm、圆心位于由基准平面 A 与基准平面 B 确定的被测要素理论正确几何形状线上的一系列圆的两等距包络线之间 (a) 2D　(b) 3D
面轮廓度(符号⌓)	无基准的线轮廓度公差	公差带为直径等于公差值 t、球心位于理论正确几何形状上的一系列圆球的两个包络面所限定的区域	提取(实际)轮廓面应限定在直径等于 0.02 mm、球心位于被测要素理论正确几何形状表面上的一系列圆球的两等距包络面之间 (a) 2D　(b) 3D

续表

特征		公差带的定义	标注和解释
面轮廓度(符号⌓)	相对于基准体系的线轮廓度公差	公差带为直径等于公差值 t、球心位于由基准平面 A 确定的被测要素理论正确几何形状上的一系列圆球的两包络面所限定的区域 说明： a—基准 A	提取(实际)轮廓面应限定在直径距离等于 0.1 mm、球心位于由基准平面 A 确定的被测要素理论正确几何形状上的一系列圆球的两等距包络面之间 (a) 2D　(b) 3D 注：部分 TED 未标注，可能会导致公称几何形状定义模糊

4.3.4 方向公差

方向公差是关联提取(实际)要素对其具有确定方向的拟合(理想)要素的允许变动量。理想要素的方向由基准及理论正确尺寸(角度)确定。当理论正确角度为 0°时，称为平行度公差；为 90°时，称为垂直度公差；为其他任意角度时，称为倾斜度公差。这三项公差都有面对面、线对线、面对线和线对面几种情况。表 4-4 列出了部分方向公差的公差带定义、标注和解释示例。

表 4-4 方向公差带的定义、标注和解释

特征		公差带的定义	标注和解释
平行度(符号∥)	面对面	公差带为间距等于公差值 t、平行于基准平面的两平行平面所限定的区域 说明： a—基准 D	提取(实际)表面应限定在间距等于 0.01 mm、平行于基准面 D 的两平行平面之间 (a) 2D　(b) 3D

续表

特征		公差带的定义	标注和解释
平行度(符号//)	线对面	公差带为间距等于公差值 t 的两平行直线所限定的区域。该两平行直线平行于基准平面 A 且处于平行于基准平面 B 的平面内 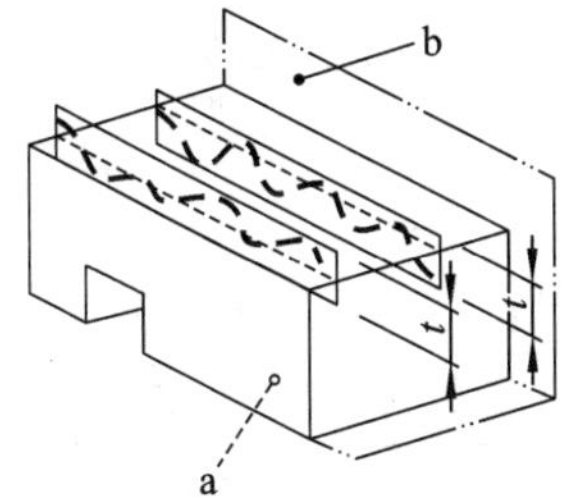 说明： a—基准 A； b—基准 B	每条由相交平面框格规定的，平行于基准平面 B 的提取(实际)线，应限定在间距等于 0.02 mm、平行于基准平面 A 的两平行线之间。基准 B 为基准 A 的辅助基准 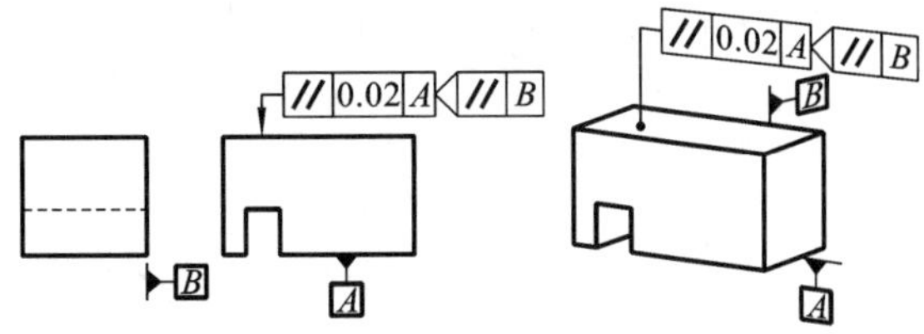 (a) 2D　(b) 3D
	面对线	公差带为间距等于公差值 t、平行于基准的两平行平面所限定的区域 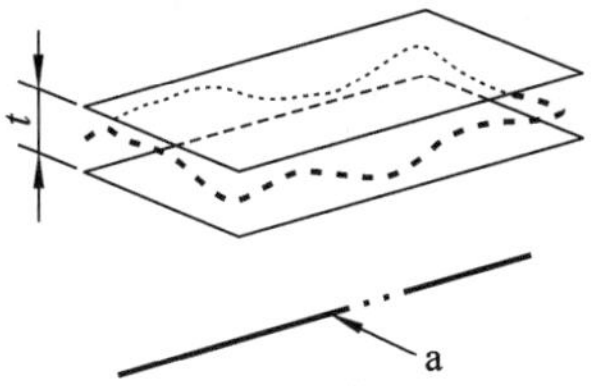 说明： a—基准 C	提取(实际)面应限定在间距等于 0.1 mm、平行于基准轴线 C 的两平行平面之间 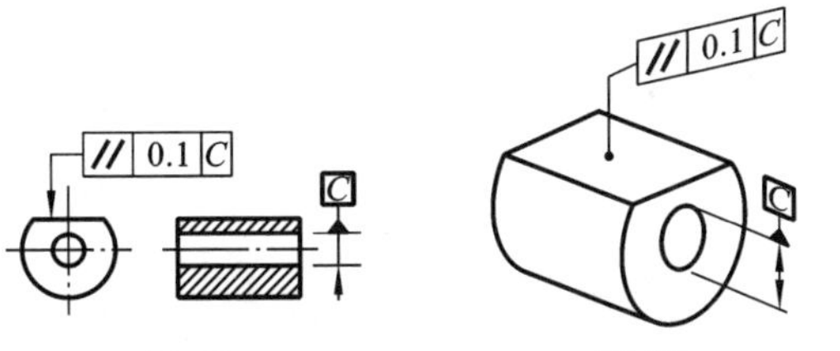 (a) 2D　(b) 3D
	线对线	公差带为间距等于公差值 t、平行于两基准且沿规定方向的两平行平面所限定的区域 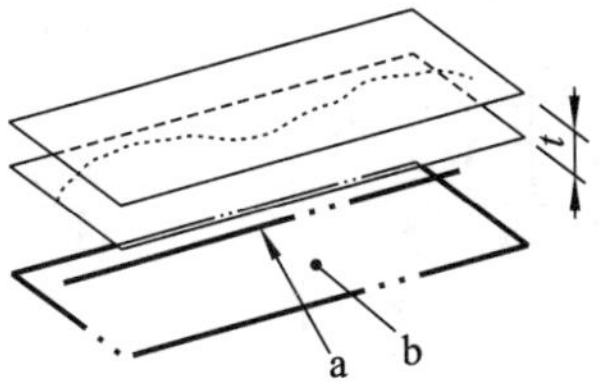 说明： a—基准 A； b—基准 B	提取(实际)中心线应限定在间距等于 0.1 mm、平行于基准轴线 A 的两平行平面之间。限定公差带的平面均平行于由定向平面框格规定的基准平面 B。基准 B 为基准 A 的辅助基准 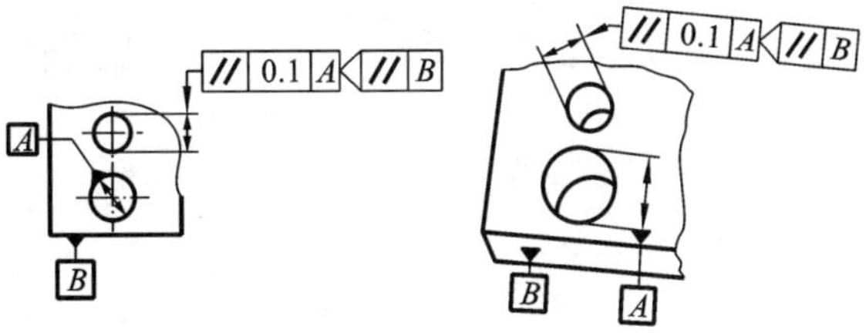 (a) 2D　(b) 3D

续表

<table>
<tr><th colspan="2">特征</th><th>公差带的定义</th><th>标注和解释</th></tr>
<tr><td rowspan="2">平行度(符号//)</td><td rowspan="2">线对线</td><td>提取(实际)中心线应限定在两对间距分别等于 0.1 mm 和 0.2 mm，且平行于基准轴线 A 的平行平面之间。定向平面框格规定了公差带宽度相对于基准平面 B 的方向。基准 B 为基准 A 的辅助基准 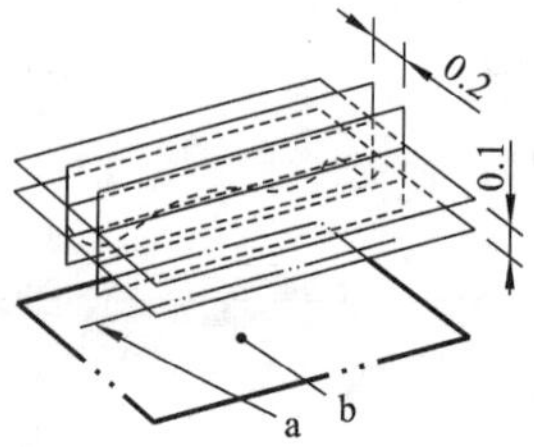
说明：
a—基准 A；
b—基准 B</td><td>提取(实际)中心线应限定在两对间距分别等于公差值 0.1 mm 和 0.2 mm，且平行于基准轴线 A 的平行平面之间。定向平面框格规定了公差带宽度相对于基准平面 B 的方向。基准 B 为基准 A 的辅助基准 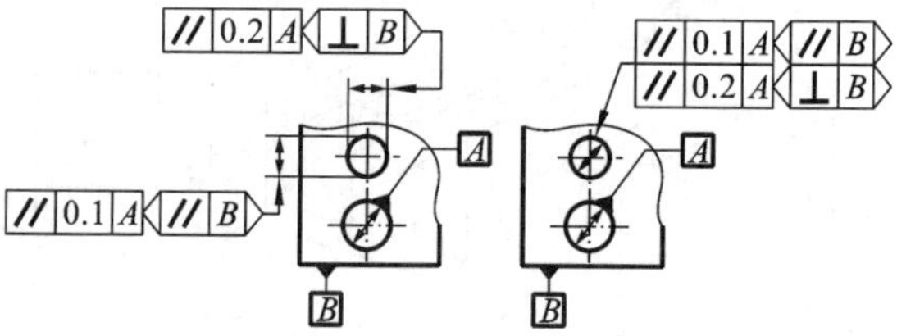
(a) 2D 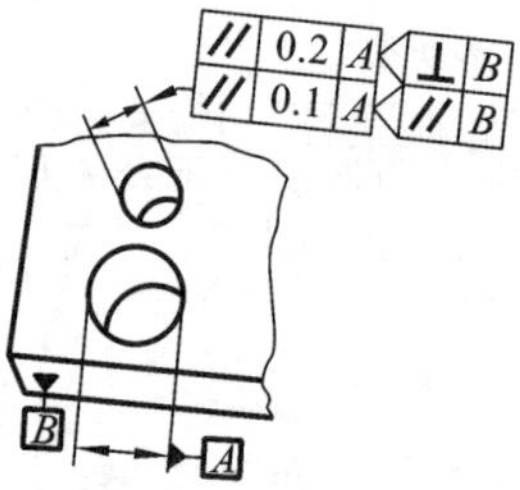
(b) 3D</td></tr>
<tr><td>公差带为平行于基准轴线、直径等于公差值 ϕt 的圆柱面所限定的区域 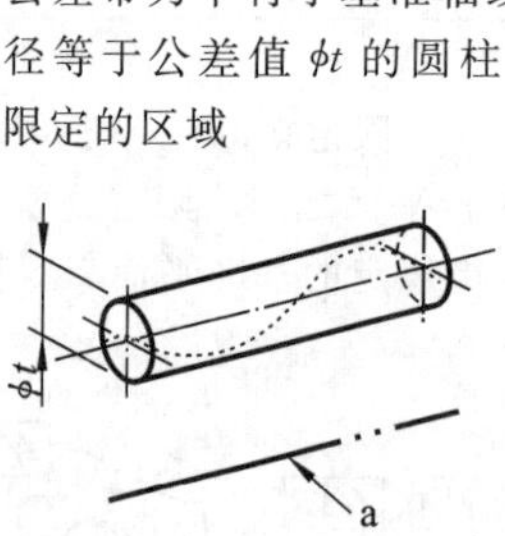
说明：
a—基准 A</td><td>提取(实际)中心线应限定在平行于基准轴线 A、直径等于 ϕ0.03 mm 的圆柱面内 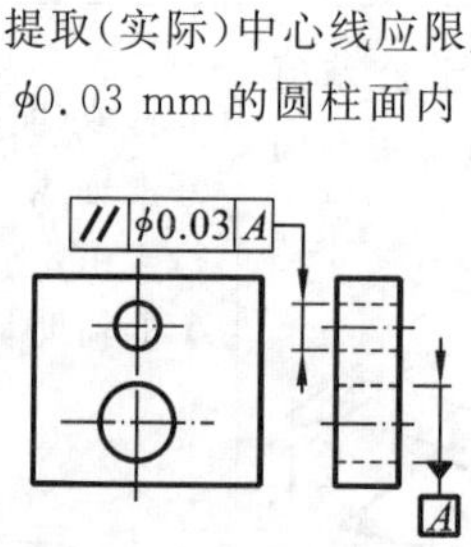
(a) 2D 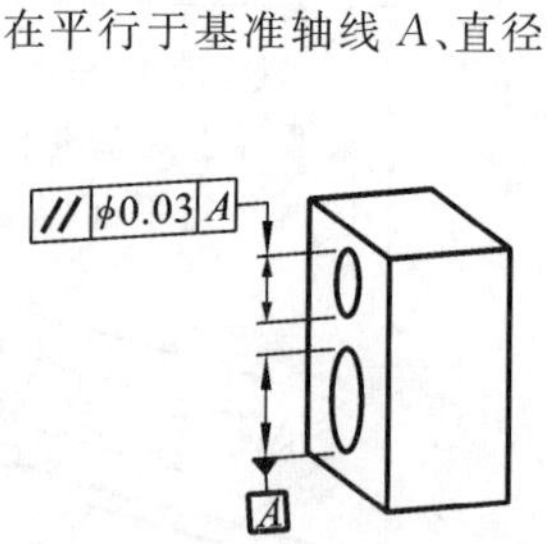
(b) 3D</td></tr>
</table>

续表

特征		公差带的定义	标注和解释
垂直度(符号⊥)	面对面	公差带为间距等于公差值 t、垂直于基准平面 A 的两平行平面所限定的区域 说明： a—基准 A	提取(实际)面应限定在间距等于 0.08 mm、垂直于基准平面 A 的两平行平面之间 (a) 2D　(b) 3D
	面对线	公差带为间距等于公差值 t 且垂直于基准轴线的两平行平面所限定的区域 说明： a—基准 A	提取(实际)面应限定在间距等于 0.08 mm 的两平行平面之间。该两平行平面垂直于基准轴线 A (a) 2D　(b) 3D
倾斜度(符号∠)	面对线	公差带为间距等于公差值 t 的两平行平面所限定的区域。该两平行平面按规定角度倾斜于基准直线 说明： a—基准 A	提取(实际)表面应限定在间距等于 0.1 mm 的两平行平面之间。该两平行平面按理论正确角度 75°倾斜于基准轴线 A (a) 2D　(b) 3D

方向公差带具有以下特点。

(1) 方向公差带相对于基准有确定的方向，而其位置往往是浮动的。

(2) 方向公差带具有综合控制被测要素的方向和形状的功能。在保证使用要求的前提下，对被测要素给出方向公差后，通常不再对该要素提出形状公差要求。需要对被测要素的形状有进一步的要求时，可再给出形状公差，且形状公差值应小于方向公差值。

4.3.5 位置公差

位置公差是关联提取(实际)要素对其具有确定位置的理想要素的允许变动量。理想要素的位置由基准及理论正确尺寸(长度或角度)确定。当理论正确尺寸为零，且基准要素和被测要素均为轴线时，称为同轴度公差(当基准要素和被测要素的轴线足够短或均为中心点时，称为同心度公差)；当理论正确尺寸为零，基准要素或(和)被测要素为其他导出(中心)要素(如中心平面)时，称为对称度公差；在其他情况下均称为位置度公差。表 4-5 列出了部分位置公差的公差带定义、标注和解释示例。

位置公差带具以下特点。

(1) 位置公差带相对于基准具有确定的位置，其中，位置度公差带的位置由理论正确尺寸确定，同轴度和对称度的理论正确尺寸为零，图上可省略不注。

(2) 位置公差带具有综合控制被测要素位置、方向和形状的功能。在满足使用要求的前提下，对被测要素给出位置公差后，通常对该要素不再给出方向公差和形状公差。如果需要对方向或(和)形状有进一步要求，则可另行给出方向或(和)形状公差，但其数值应小于位置公差值。

表 4-5　位置公差带的定义、标注和解释

特征		公差带的定义	标注和解释
同轴度(符号◎)	轴线的同轴度	公差值前标注符号 ϕ，公差带为直径等于公差值 ϕt 的圆柱面所限定的区域。该圆柱面的轴线与基准轴线重合 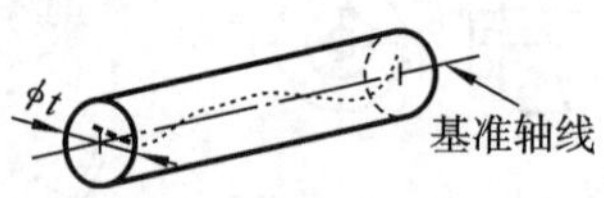 基准轴线	大圆柱面的提取(实际)中心线应限定在直径等于 ϕ0.08 mm、以公共基准轴线 A-B 为轴线的圆柱面内 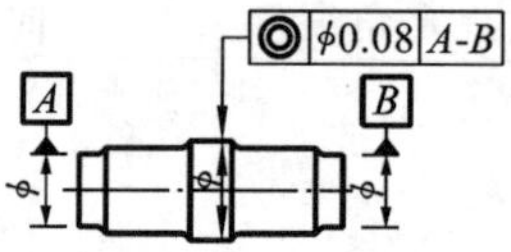 (a) 2D 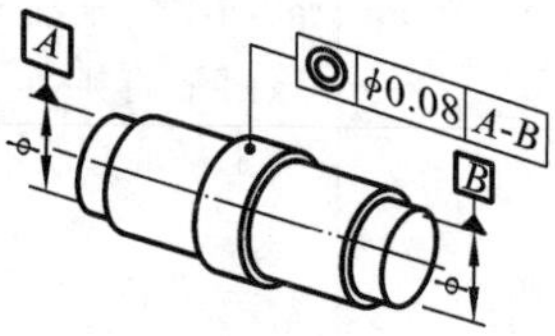　(b) 3D 大圆柱面的提取(实际)中心线应限定在直径等于 ϕ0.1 mm、以基准轴线 A 为轴线的圆柱面内 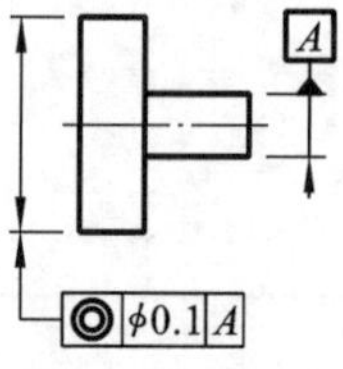 (a) 2D 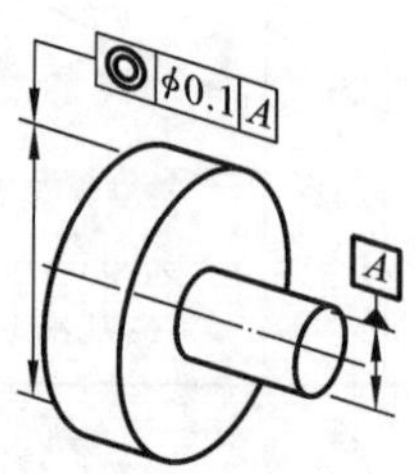　(b) 3D

续表

特征		公差带的定义	标注和解释
同轴度(符号◎)	轴线的同轴度		大圆柱面的提取(实际)中心线应限定在直径等于 ϕ0.1 mm、以垂直于基准平面 A 的基准轴线 B 为轴线的圆柱面内 (a) 2D　(b) 3D
对称度(符号⌯)	中心平面的对称度	公差带为间距等于公差值 t,对称于基准中心平面的两平行平面所限定的区域 基准中心平面	提取(实际)中心面应限定在间距等于 0.08 mm、对称于基准中心平面 A 的两平行平面之间 (a) 2D　(b) 3D 提取(实际)中心面应限定在间距等于 0.08 mm、对称于公共基准中心平面 A-B 的两平行平面之间 (a) 2D　(b) 3D
位置度(符号⌖)	点的位置度	公差带为直径等于公差值 $S\phi t$ 的圆球面所限定的区域。该圆球面的中心位置由相对于基准 A、B、C 的理论正确尺寸确定 说明: a—基准 A; b—基准 B; c—基准 C	提取(实际)球心应限定在直径等于 $S\phi$0.3 mm 的圆球面内。该圆球面的中心与基准平面 A、基准平面 B、基准中心平面 C 及被测球所确定的理论正确位置一致 (a) 2D　(b) 3D

续表

特征		公差带的定义	标注和解释
位置度(符号⊕)	线的位置度	公差带为直径等于公差值 ϕt 的圆柱面所限定的区域。该圆柱面轴线的位置由相对于基准 C、A、B 的理论正确尺寸确定 说明: a—基准 A; b—基准 B; c—基准 C	提取(实际)中心线应限定在直径等于 $\phi0.08$ mm 的圆柱面内。该圆柱面的轴线应处于由基准平面 C、A、B 与被测孔所确定的理论正确位置 (a) 2D (b) 3D 各孔的提取(实际)中心线应各自限定在直径等于 $\phi0.1$ mm 的圆柱面内。该圆柱面的轴线应处于由基准 C、A、B 与被测孔所确定的理论正确位置 (a) 2D (b) 3D

续表

特征		公差带的定义	标注和解释
位置度(符号⊕)	面的位置度	公差带为间距等于公差值 t 的两平行平面所限定的区域。该两平行平面对称于由相对于基准 A、B 的理论正确尺寸所确定的理论正确位置 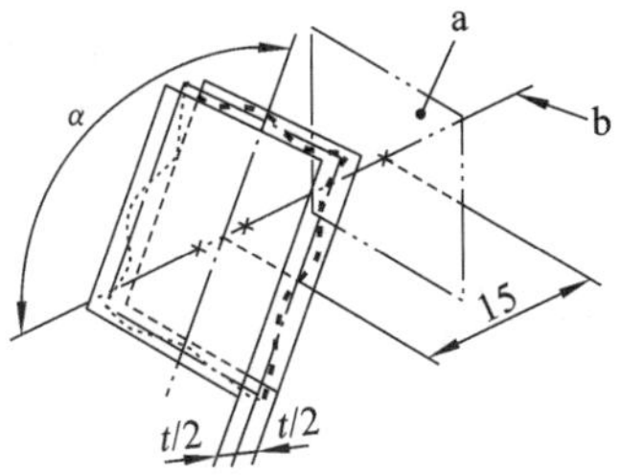 说明： a—基准 A； b—基准 B	提取(实际)表面应限定在间距等于 0.05 mm 的两平行平面之间。该两平行平面对称于由基准平面 A、基准轴线 B 与该被测表面所确定的理论正确位置 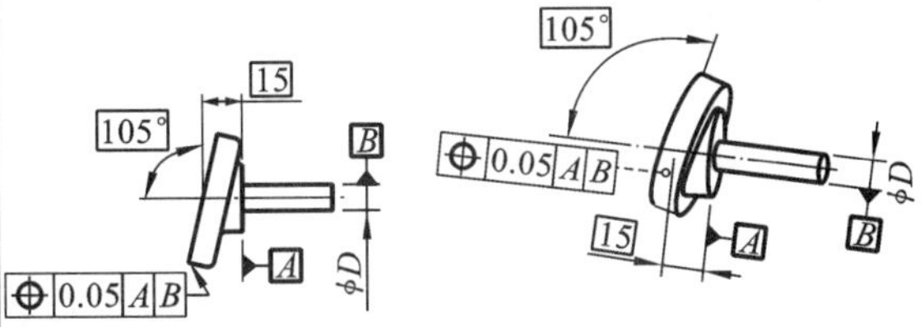 (a) 2D　(b) 3D

4.3.6　跳动公差

与方向公差、位置公差不同，跳动公差是针对特定的检测方式而定义的公差特征项目。它是被测要素绕基准要素回转过程中所允许的最大跳动量，也就是指示器在给定方向上指示的最大读数与最小读数之差的允许值。跳动公差可分为圆跳动和全跳动。

圆跳动是指被测实际要素绕基准轴线作无轴向移动回转一周时，由固定的指示表在给定方向上测得的最大读数与最小读数之差。圆跳动公差是以上测量所允许的最大跳动量。圆跳动又分为径向圆跳动、轴向(端面)圆跳动和斜向圆跳动三种。

全跳动公差是被测要素绕基准轴线作无轴向移动连续多周旋转，同时指示表作平行或垂直于基准轴线的直线移动时，在整个表面上所允许的最大跳动量。全跳动分为径向全跳动和轴向(端面)全跳动两种。

跳动公差适用于回转表面或其端面。

表 4-6 列出了部分跳动公差带的定义、标注和解释示例。

表 4-6　跳动公差带的定义、标注和解释

特征		公差带的定义	标注和解释
圆跳动(符号↗)	径向圆跳动	公差带为在任一垂直于基准轴线的横截面内、半径差等于公差值 t、圆心在基准轴线上的两同心圆所限定的区域	在任一垂直于基准轴线 A 的横截面内，提取(实际)圆应限定在半径差等于 0.1 mm、圆心在基准轴线 A 上的两共面同心圆之间

续表

特征		公差带的定义	标注和解释
圆跳动(符号↗)	径向圆跳动	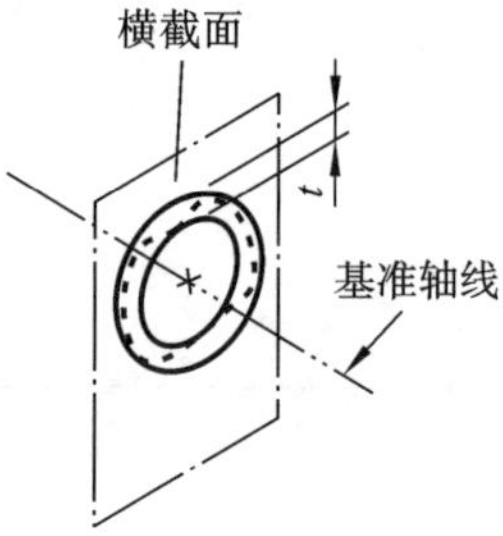 横截面 t 基准轴线	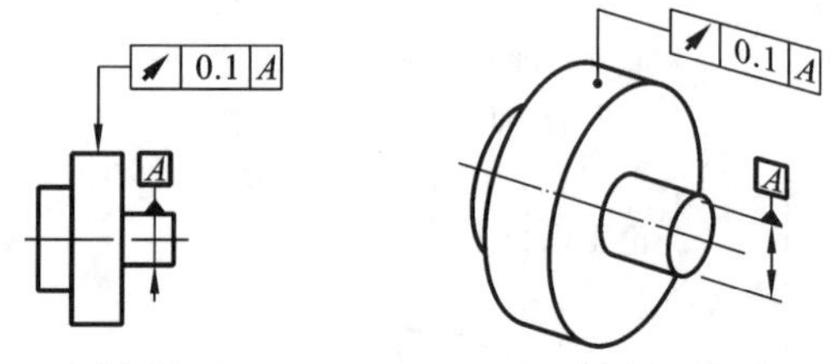 (a) 2D　(b) 3D 在任一平行于基准平面 B、垂直于基准轴线 A 的横截面上,提取(实际)圆应限定在半径差等于 0.1 mm、圆心在基准轴线 A 上的两共面同心圆之间 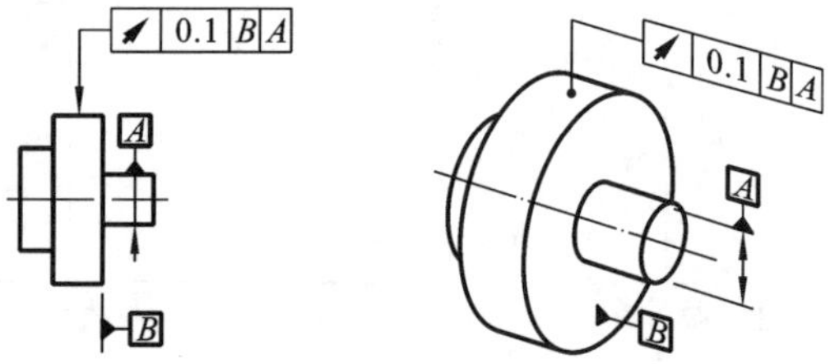 (a) 2D　(b) 3D 在任一垂直于公共基准轴线 A-B 的横截面内,提取(实际)圆应限定在半径差等于 0.1 mm、圆心在基准轴线 A-B 上的两共面同心圆之间 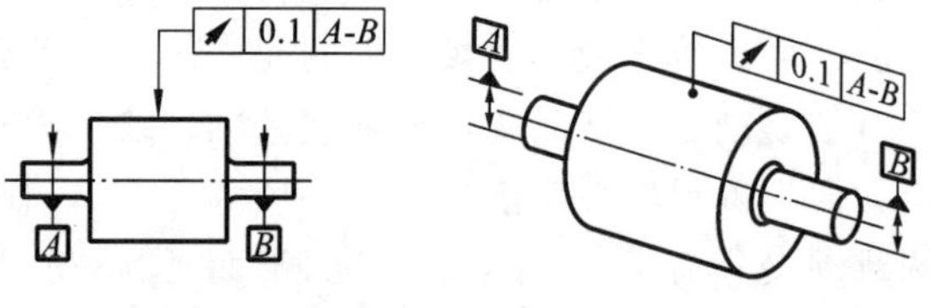 (a) 2D　(b) 3D
	轴向圆跳动	公差带为与基准轴线同轴的任一半径的圆柱截面上、间距等于公差值 t 的两圆所限定的圆柱面区域 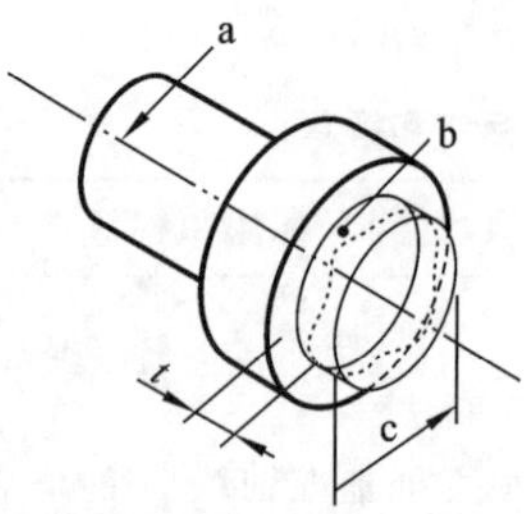 说明: a—基准 D; b—公差带; c—与基准 D 同轴的任意直径	在与基准轴线 D 同轴的任一圆柱形截面上,提取(实际)圆应限定在轴向距离等于 0.1 mm 的两个等圆之间 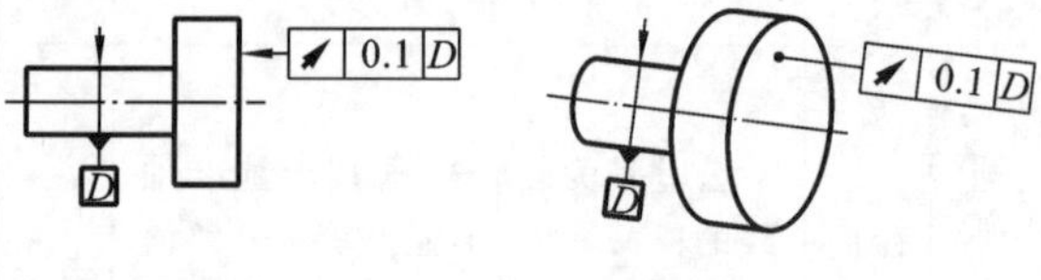 (a) 2D　(b) 3D

续表

特征		公差带的定义	标注和解释
圆跳动(符号↗)	斜向圆跳动	公差带为与基准轴线同轴的任一圆锥截面上、间距等于公差值 t 的两圆所限定的圆锥面区域。 除非另有规定，公差带的宽度应沿规定几何要素的法向 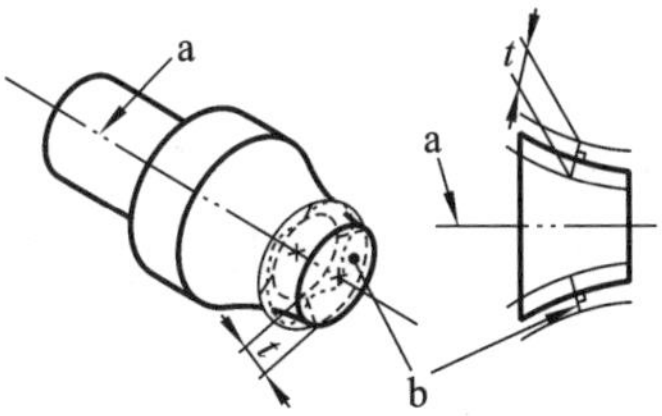 说明： a—基准 C； b—公差带	在与基准轴线 C 同轴的任一圆锥截面上，提取（实际）线应限定在素线方向间距等于 0.1 mm 的两不等圆之间，并且截面的锥角与被测要素垂直 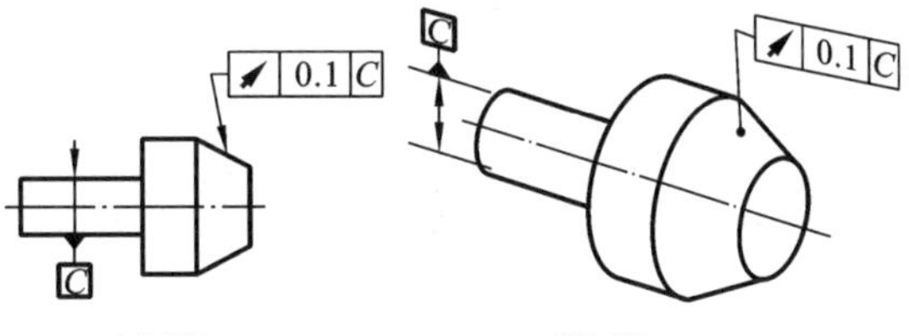 (a) 2D　(b) 3D 当被测要素的素线不是直线时，圆锥截面的锥角要随所测圆的实际位置而改变，以保持与被测要素垂直 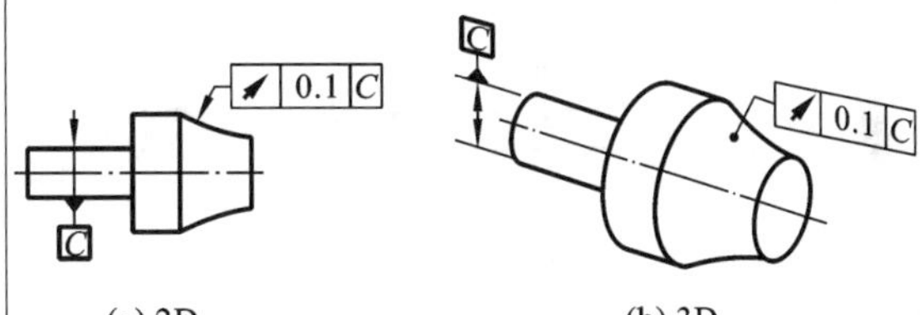 (a) 2D　(b) 3D
全跳动(符号⌰)	径向全跳动	公差带为半径差等于公差值 t、与基准轴线同轴的两圆柱面所限定的区域 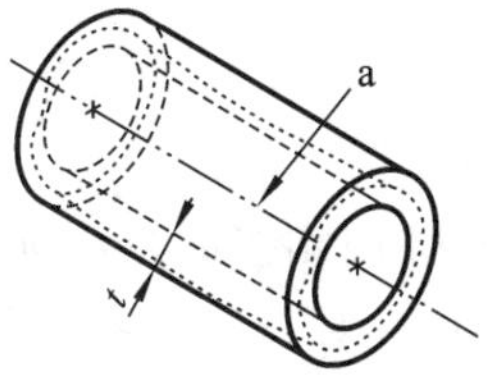 说明： a—公共基准 A-B	提取（实际）表面应限定在半径差等于 0.1 mm，与公共基准 A-B 同轴的两圆柱面之间 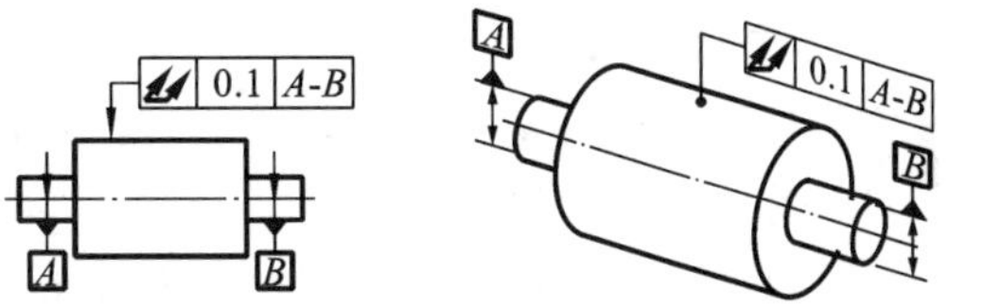 (a) 2D　(b) 3D
	轴向全跳动	公差带为间距等于公差值 t、垂直于基准轴线的两平行平面所限定的区域 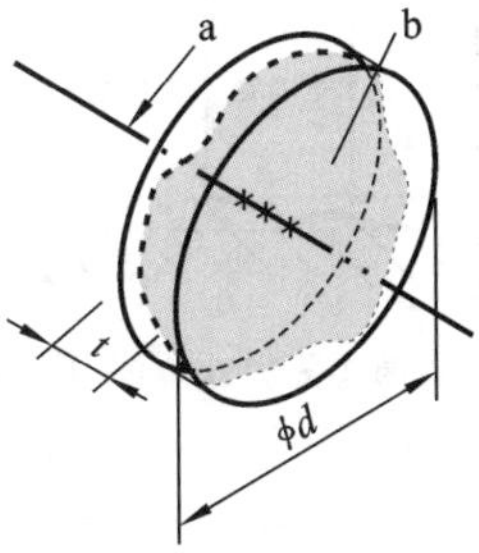 说明： a—基准 D； b—提取表面	提取（实际）表面应限定在间距等于 0.1 mm、垂直于基准轴线 D 的两平行平面之间 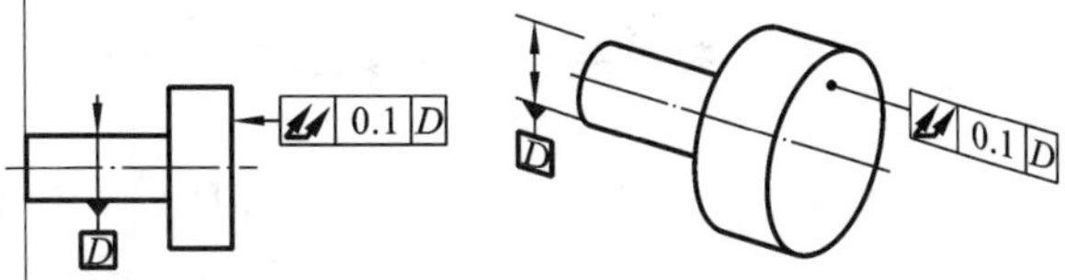 (a) 2D　(b) 3D

跳动公差带具有以下特点。

(1) 跳动公差带的位置具有固定和浮动双重特点,一方面公差带的中心(或轴线)始终与基准轴线同轴,另一方面公差带的半径又随实际要素的变动而变动。

(2) 跳动公差具有综合控制被测要素的位置、方向和形状的作用。例如:轴向全跳动公差可同时控制轴向对基准轴线的垂直度和它的平面度误差;径向全跳动公差可控制同轴度、圆柱度误差。

4.4 公差原则

公差原则是处理几何公差与尺寸公差的关系的基本原则。公差原则有独立原则和相关原则,相关原则又可分成包容要求、最大实体要求(及其可逆要求)和最小实体要求(及其可逆要求)。

4.4.1 有关公差原则的术语及定义

1. 体外作用尺寸

在被测要素的给定长度上,与实际轴(外表面)体外相接的最小理想孔(内表面)的直径(或宽度)称为轴的体外作用尺寸 d_{fe};与实际孔(内表面)体外相接的最大理想轴(外表面)的直径(或宽度)称为孔的体外作用尺寸 D_{fe},如图 4-37 所示。对于关联实际要素,该体外相接的理想孔(轴)的轴线(非圆形孔、轴则为中心平面)必须与基准保持图样给定的几何关系。

2. 体内作用尺寸

在被测要素的给定长度上,与实际轴(外表面)体内相接的最大理想孔(内表面)的直径(或宽度)称为轴的体内作用尺寸 d_{fi};与实际孔(内表面)体内相接的最小理想轴(外表面)的直径(或宽度)称为孔的体内作用尺寸 D_{fi},如图 4-37 所示。对于关联实际要素,该体内相接的理想孔(轴)的轴线(非圆形孔、轴则为中心平面)必须与基准保持图样给定的几何关系。

需要注意:作用尺寸是局部实际尺寸与几何误差综合形成的结果,作用尺寸是存在于实际孔、轴上的,表示其装配状态的尺寸。

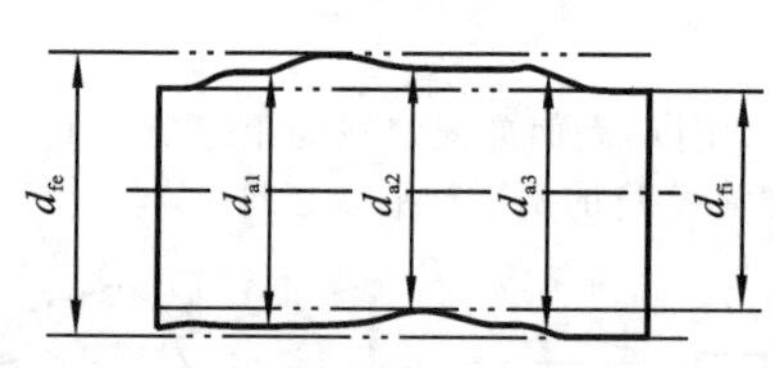

(a) 轴的局部实际尺寸和体内、外作用尺寸

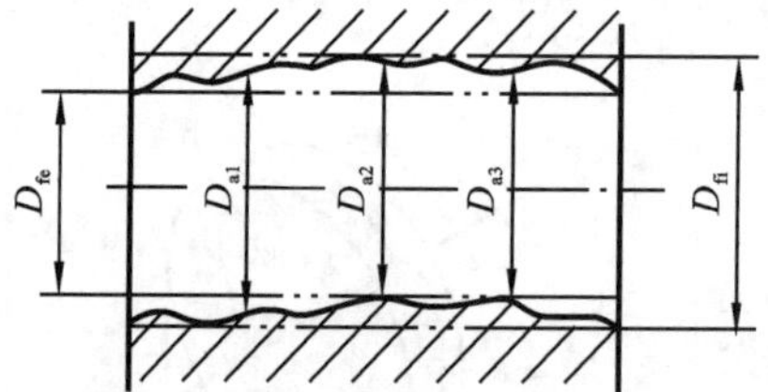

(b) 孔的局部实际尺寸和体内、外作用尺寸

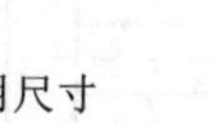

图 4-37 局部实际尺寸和作用尺寸

3. 最大实体状态和最大实体尺寸

最大实体状态(maximum material condition,MMC)是提取(实际)要素在给定长度上,处处位于极限尺寸之间并且实体最大时(占有材料量最多)的状态。最大实体状态对应的极

限尺寸称为最大实体尺寸(maximum material size,MMS)。显然,轴的最大实体尺寸 d_M 就是轴的上极限尺寸 d_{max},即

$$d_M = d_{max} \tag{4-1}$$

孔的最大实体尺寸 D_M 就是孔的下极限尺寸 D_{min},即

$$D_M = D_{min} \tag{4-2}$$

4. 最小实体状态和最小实体尺寸

最小实体状态(least material condition,LMC)是提取(实际)要素在给定长度上,处处位于极限尺寸之间并且实体最小时(占有材料量最少)的状态。最小实体状态对应的极限尺寸称为最小实体尺寸(least material size,LMS)。显然,轴的最小实体尺寸 d_L 就是轴的下极限尺寸 d_{min},即

$$d_L = d_{min} \tag{4-3}$$

孔的最小实体尺寸 D_L 就是孔的上极限尺寸 D_{max},即

$$D_L = D_{max} \tag{4-4}$$

5. 最大实体实效状态和最大实体实效尺寸

最大实体实效状态(maximum material virtual condition,MMVC)是在给定长度上,提取要素处于最大实体状态,且其导出要素的形状或位置误差等于给出公差值时的综合极限状态。最大实体实效状态对应的体外作用尺寸称为最大实体实效尺寸(maximum material virtual size,MMVS)。对于轴,它等于最大实体尺寸 d_M 加上带有Ⓜ的几何公差值 t,即

$$d_{MV} = d_M + t\ Ⓜ \tag{4-5}$$

对于孔,它等于最大实体尺寸 D_M 减去带有Ⓜ的几何公差值 t,即

$$D_{MV} = D_M - t\ Ⓜ \tag{4-6}$$

6. 最小实体实效状态和最小实体实效尺寸

最小实体实效状态(least material virtual condition,LMVC)是在给定长度上,提取要素处于最小实体状态,且其导出要素的形状或位置误差等于给出公差值时的综合极限状态。最小实体实效状态对应的体内作用尺寸称为最小实体实效尺寸(least material virtual size,LMVS)。对于轴,它等于最小实体尺寸 d_L 减去带有Ⓛ的几何公差值 t,即

$$d_{LV} = d_L - t\ Ⓛ \tag{4-7}$$

对于孔,它等于最小实体尺寸 D_L 加上带有Ⓛ的几何公差值 t,即

$$D_{LV} = D_L + t\ Ⓛ \tag{4-8}$$

需要注意:最大实体状态和最小实体状态只要求具有极限状态的尺寸,不要求具有理想形状;最大实体实效状态和最小实体实效状态只要求具有实效状态的尺寸,不要求具有理想形状。最大实体状态和最大实体实效状态由带有Ⓜ的几何公差值 t 相联系;最小实体状态和最小实体实效状态由带有Ⓛ的几何公差值 t 相联系。

7. 边界

边界(boundary)是设计所给定的具有理想形状的极限包容面。这里需要注意,孔(内表面)的理想边界是一个理想轴(外表面);轴(外表面)的理想边界是一个理想孔(内表面)。依据极限包容面的尺寸,理想边界有最大实体边界 MMB、最小实体边界 LMB、最大实体实效边界 MMVB 和最小实体实效边界 LMVB,如图 4-38 所示。

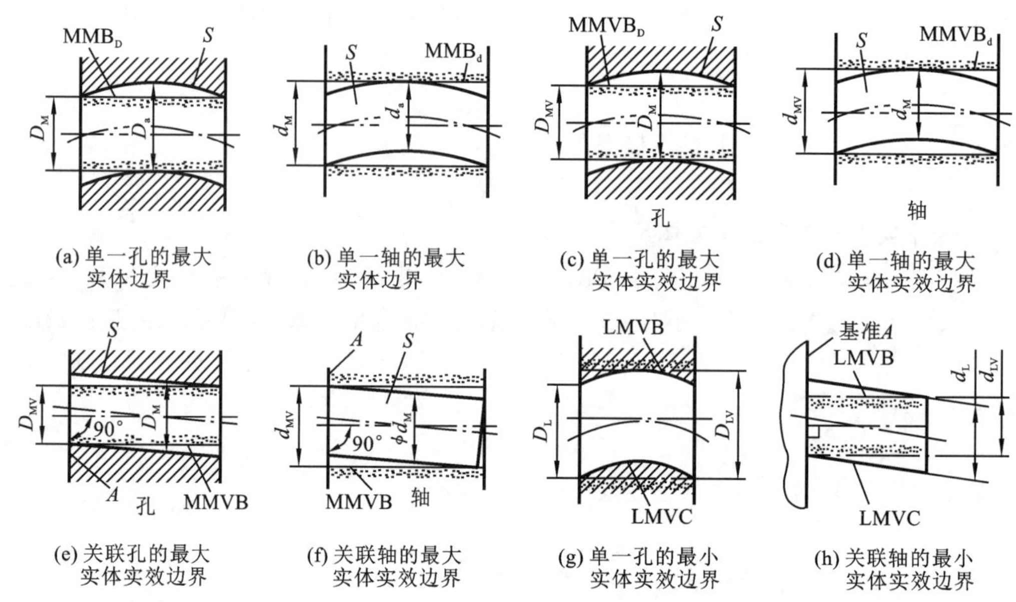

(a) 单一孔的最大实体边界 (b) 单一轴的最大实体边界 (c) 单一孔的最大实体实效边界 (d) 单一轴的最大实体实效边界

(e) 关联孔的最大实体实效边界 (f) 关联轴的最大实体实效边界 (g) 单一孔的最小实体实效边界 (h) 关联轴的最小实体实效边界

图 4-38 理想边界示意图

各种理想边界尺寸的计算公式如下：

孔的最大实体边界尺寸：$MMB_D = D_M = D_{min}$

轴的最大实体边界尺寸：$MMB_d = d_M = d_{max}$

孔的最小实体边界尺寸：$LMB_D = D_L = D_{max}$

轴的最小实体边界尺寸：$LMB_d = d_L = d_{min}$

孔的最大实体实效边界尺寸：$MMVB_D = D_{MV} = D_M - t$ Ⓜ $= D_{min} - t$ Ⓜ

轴的最大实体实效边界尺寸：$MMVB_d = d_{MV} = d_M + t$ Ⓜ $= d_{max} + t$ Ⓜ

孔的最小实体实效边界尺寸：$LMVB_D = D_{LV} = D_L + t$ Ⓛ $= D_{max} + t$ Ⓛ

轴的最小实体实效边界尺寸：$LMVB_d = d_{LV} = d_L - t$ Ⓛ $= d_{min} - t$ Ⓛ

为方便记忆，将以上有关公差原则的术语及表示符号和公式列在表 4-7 中。

表 4-7 公差原则术语及对应的表示符号和公式

术语	符号和公式	术语	符号和公式
孔的体外作用尺寸	$D_{fe} = D_a - f$	最大实体尺寸	MMS
轴的体外作用尺寸	$d_{fe} = d_a + f$	孔的最大实体尺寸	$D_M = D_{min}$
孔的体内作用尺寸	$D_{fi} = D_a + f$	轴的最大实体尺寸	$d_M = d_{max}$
轴的体内作用尺寸	$d_{fi} = d_a - f$	最小实体尺寸	LMS
最大实体状态	MMC	孔的最小实体尺寸	$D_L = D_{max}$
最大实体实效状态	MMVC	轴的最小实体尺寸	$d_L = d_{min}$
最小实体状态	LMC	最大实体实效尺寸	MMVS
最小实体实效状态	LMVC	孔的最大实体实效尺寸	$D_{MV} = D_{min} - t$ Ⓜ
最大实体边界	MMB	轴的最大实体实效尺寸	$d_{MV} = d_{max} + t$ Ⓜ

续表

术语	符号和公式	术语	符号和公式
最大实体实效边界	MMVB	最小实体实效尺寸	LMVS
最小实体边界	LMB	孔的最小实体实效尺寸	$D_{LV}=D_{max}+t$ Ⓛ
最小实体实效边界	LMVB	轴的最小实体实效尺寸	$d_{LV}=d_{min}-t$ Ⓛ

4.4.2　独立原则

独立原则是几何公差和尺寸公差不相干的公差原则，或者说几何公差和尺寸公差要求是各自独立的。大多数机械零件的几何精度都遵循独立原则，尺寸公差控制尺寸误差，几何公差控制几何误差，图样上不需要任何附加标注。尺寸公差包括线性尺寸公差和角度尺寸公差及尺寸标注的未注公差，它们都是独立公差原则的极好实例。本书前面大部分插图的尺寸标注都遵循独立原则，读者可以自行分析，不再赘述。

独立原则的适用范围较广，尺寸公差、几何公差在要求都严、要求一严一松、要求都松的情况下，使用独立原则都能满足要求。例如印刷机滚筒几何公差要求严、尺寸公差要求松，连杆的小头孔尺寸公差、几何公差要求都严，如图 4-39 所示。

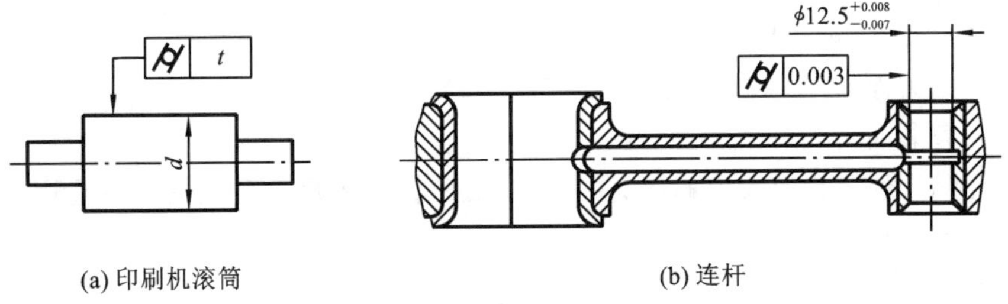

(a) 印刷机滚筒　　(b) 连杆

图 4-39　独立原则的适用实例

4.4.3　包容要求

1. 包容要求的公差解释

包容要求是相关公差原则中的三种要求之一，适用包容要求的被测提取要素（单一要素）的实体（体外作用尺寸）应遵守最大实体边界，被测提取要素的实际尺寸受最小实体尺寸所限。形状公差 t 与尺寸公差 T_h（或 T_s）有关，在最大实体状态下给定的形状公差值为零；当被测提取要素偏离最大实体状态时，形状公差获得补偿，补偿量来自尺寸公差（被测提取要素偏离最大实体状态的量，相当于尺寸公差富余的量，可作补偿量），补偿量的一般计算公式为 $t_2=|\mathrm{MMS}-D_a(\text{或 }d_a)|$；当被测提取要素处于最小实体状态时，形状公差获得的补偿量最多，即 $t_{2max}=T_h$（或 T_s），这种情况下允许形状公差的最大值为

$$t_{max}=t_{2max}=T_h(\text{或 }T_s) \tag{4-9}$$

形状公差 t 与尺寸公差 T_h（或 T_s）的关系可以用动态公差图表示。由于给定形状公差值 t_1 为零，因此动态公差图的图形一般为直角三角形。

2. 包容要求的标注标记、应用与合格性判定

包容要求主要用于需要保证配合性质的孔、轴单一要素的中心轴线的直线度。包容要求在零件图样上的标注标记是在尺寸公差带代号后面加写Ⓔ,如图 4-40(a)所示。与图 4-40(a)相对应的动态公差图如图 4-40(b)所示。符合包容要求的提取组成要素(体外作用尺寸)(D_{fe}、d_{fe})不得超越最大实体边界 MMB,被测要素的实际尺寸(D_a、d_a)不得超越最小实体尺寸 LMS。生产中采用光滑极限量规(一种成对的,按极限尺寸判定孔、轴合格性的定值量具)检验符合包容要求的被测提取要素:通规检验提取组成要素(D_{fe}、d_{fe})是否超越最大实体边界,即通规测头模拟最大实体边界 MMB,通规测头通过为合格;止规检验实际尺寸(D_a、d_a)是否超越最小实体尺寸,即止规测头给出最小实体尺寸,止规测头止住(不通过)为合格。

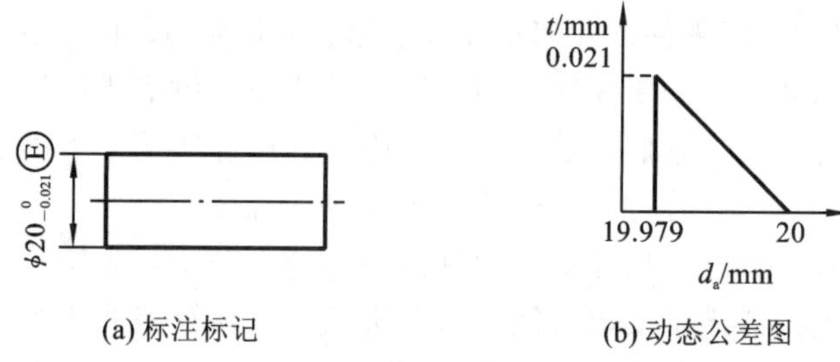

(a) 标注标记　　(b) 动态公差图

图 4-40　包容要求的标注标记与动态公差图

符合包容要求的被测提取要素的合格条件为

对于孔(内表面):$D_{fe} \geqslant D_M = D_{min}$;$D_a \leqslant D_L = D_{max}$

对于轴(外表面):$d_{fe} \leqslant d_M = d_{max}$;$d_a \geqslant d_L = d_{min}$

综上所述,在使用包容要求的情况下,图样上所标注的尺寸公差具有双重职能:①控制尺寸误差;②控制形状误差。

3. 包容要求的实例分析

【例 4-1】 对图 4-40(a)做出解释。

解 (1) T、t 标注解释。被测轴的尺寸公差 $T_s = 0.021$ mm,$d_M = d_{max} = \phi20$ mm,$d_L = d_{min} = \phi19.979$ mm。在最大实体状态($\phi20$ mm)下给定形状公差(轴线的直线度)$t=0$,当被测要素尺寸偏离最大实体状态的尺寸时,形状公差获得补偿;当被测要素尺寸为最小实体状态的尺寸 $\phi19.979$ mm 时,形状公差(直线度)获得的补偿量最多,此时形状公差(轴线的直线度)的最大值可以等于尺寸公差 T_s,即 $t_{max} = 0.021$ mm。

(2) 动态公差图。T、t 的动态公差图如图 4-40(b)所示,图形形状为直角三角形。

(3) 遵守边界。遵守最大实体边界 MMB,其边界尺寸为 $d_M = \phi20$ mm。

(4) 检验与合格条件。对于大批量生产,可采用光滑极限量规检验(用孔型的通规测头模拟被测轴的最大实体边界)。其合格条件为

$$d_{fe} \leqslant \phi20 \text{ mm}, \quad d_a \geqslant \phi19.979 \text{ mm}$$

4.4.4 最大实体要求

1. 最大实体要求的公差解释

最大实体要求也是相关公差原则中的三种要求之一,适用最大实体要求的被测提取要

素(多为关联要素)的实体(提取组成要素)应遵守最大实体实效边界，被测提取要素的实际尺寸同时受最大实体尺寸和最小实体尺寸所限。几何公差 t 与尺寸公差 T_h(或 T_s)有关，在最大实体状态下给定几何公差(多为位置公差)值 t_1 不为零(一定大于零，当为零时，是一种特殊情况——最大实体要求的零几何公差)；当被测提取要素偏离最大实体状态时，几何公差获得补偿，补偿量来自尺寸公差(即被测提取要素偏离最大实体尺寸的量，相当于尺寸公差富余的量，可作为补偿量)，补偿量的一般计算公式为

$$t_2 = |\ \mathrm{MMS} - D_a(\text{或 } d_a)\ | \tag{4-10}$$

当被测提取要素为最小实体状态的尺寸时，几何公差获得的补偿量最多，即 $t_{2\max} = T_h$(或 T_s)，这种情况下允许几何公差的最大值为

$$t_{\max} = t_{2\max} + t_1 = T_h(\text{或 } T_s) + t_1 \tag{4-11}$$

几何公差 t 与尺寸公差 T_h(或 T_s)的关系可以用动态公差图表示。由于给定几何公差值 t_1 不为零，因此这种动态公差图的图形一般为直角梯形。

2. 最大实体要求的应用与检测

最大实体要求主要用于需保证装配成功率的螺栓或螺钉连接处(即法兰盘上的连接用孔组或轴承端盖上的连接用孔组)的导出要素，一般是孔组轴线的位置度，还有槽类的对称度和同轴度。最大实体要求在零件图样上的标注标记是在几何公差框格内的几何公差给定值后面加注Ⓜ，如图 4-41(a)所示。与图 4-41(a)相对应的动态公差图如图 4-41(b)所示。

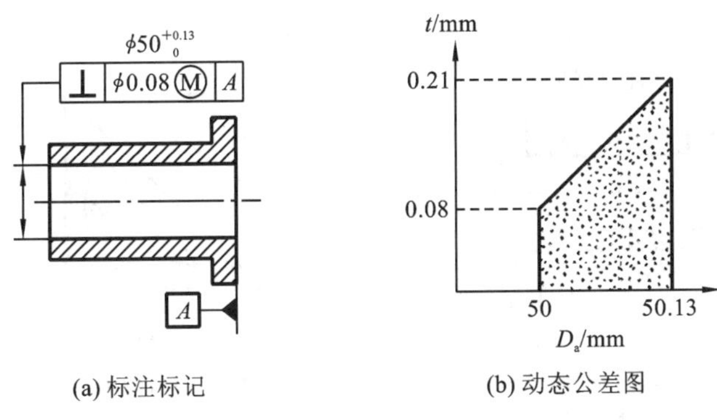

(a) 标注标记　　(b) 动态公差图

图 4-41　最大实体要求的标注标记与动态公差图

当基准(导出要素，如轴线)也使用最大实体要求时，在几何公差框格内的基准字母后面也加注Ⓜ，如图 4-42 所示。符合最大实体要求的被测实体(D_{fe}、d_{fe})不得超越最大实体实效边界

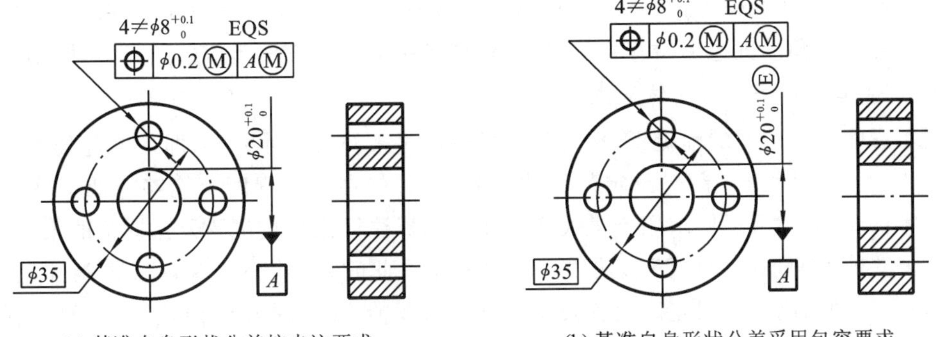

(a) 基准自身形状公差按未注要求　　(b) 基准自身形状公差采用包容要求

图 4-42　基准(导出要素)适用最大实体要求

MMVB,被测要素的实际尺寸(D_a、d_a)不得超越最大实体尺寸 MMS 和最小实体尺寸 LMS。

生产中采用位置量规(只有通规,专为按最大实体实效尺寸判定孔、轴作用尺寸合格性而设计制造的定值量具,可以参考几何误差检验的相关标准和有关书籍)检验使用最大实体要求的被测提取要素的实体,位置量规(通规)检验提取组成要素(D_{fe}、d_{fe})是否超越最大实体实效边界,即位置量规测头模拟最大实体实效边界 MMVB,位置量规测头通过为合格;被测提取要素的实际尺寸(D_a、d_a)采用通用量具按两点法测量,以判定是否超越最大实体尺寸和最小实体尺寸,实际尺寸落入极限尺寸内为合格。

符合最大实体要求的被测提取要素的合格条件如下。

对于孔(内表面):$D_{fe} \geqslant D_{MV} = D_{min} - t_1$;$D_{min} = D_M \leqslant D_a \leqslant D_L = D_{max}$

对于轴(外表面):$d_{fe} \leqslant d_{MV} = d_{max} + t_1$;$d_{max} = d_M \geqslant d_a \geqslant d_L = d_{min}$

3. 最大实体要求的零几何公差

零几何公差是最大实体要求的特殊情况,在零件图样上的标注标记是在位置公差框格的第二格内,即位置公差值的格内写"0 Ⓜ"(或"ϕ0 Ⓜ"),如图 4-43(a)所示。在此种情况下,被测提取要素的最大实体实效边界就变成了最大实体边界。对于位置公差而言,最大实体要求的零几何公差比起最大实体要求来,显然更严格。由于零几何公差的缘故,动态公差图的形状由直角梯形(最大实体要求)转为直角三角形(相当于裁掉直角梯形中的矩形),如图 4-43(b)所示。

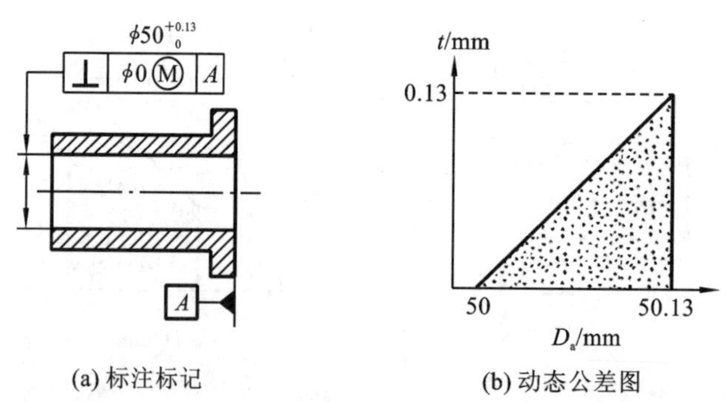

(a) 标注标记　　(b) 动态公差图

图 4-43　最大实体要求的零几何公差的标注标记与动态公差图

另外,需要限制几何公差的最大值时,可以采用如图 4-44(a)所示的双格几何公差值的标注方法,一般将几何公差最大值写在双格的下格内。注意:在几何公差最大值的后面,不再加注。此时,由于几何公差最大值的缘故,动态公差图的形状由直角梯形(最大实体要求)转为具有三个直角的五边形(相当于裁掉直角梯形中的部分三角形),如图 4-44(b)所示。

4. 可逆要求用于最大实体要求

在不影响零件功能的前提下,位置公差可以反过来补给尺寸公差,即在位置公差有富余的情况下,允许尺寸误差超过给定的尺寸公差,这显然在一定程度上能够降低工件的废品率。在零件图样上,可逆要求用于最大实体要求的标注标记是在位置公差框格的第二格内,即位置公差值后面加注"ⓂⓇ",如图 4-45(a)所示。此时,尺寸公差有双重职能:①控制尺寸误差;②协助控制几何误差。位置公差也有双重职能:①控制几何误差;②协助控制尺寸误差。

由于尺寸误差可以超差的缘故,可逆要求用于最大实体要求的动态公差图的图形形状

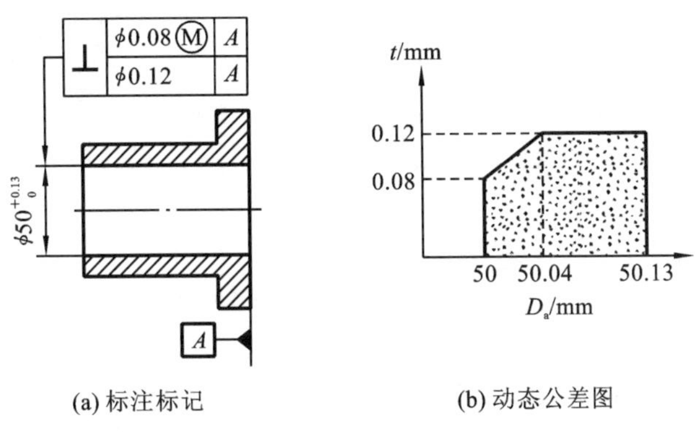

(a) 标注标记　　(b) 动态公差图

图 4-44　几何公差值受限的最大实体要求的标注标记与动态公差图

由直角梯形(最大实体要求的动态公差图)转为直角三角形(相当于在直角梯形的基础上加一个三角形),如图 4-45(b)所示。

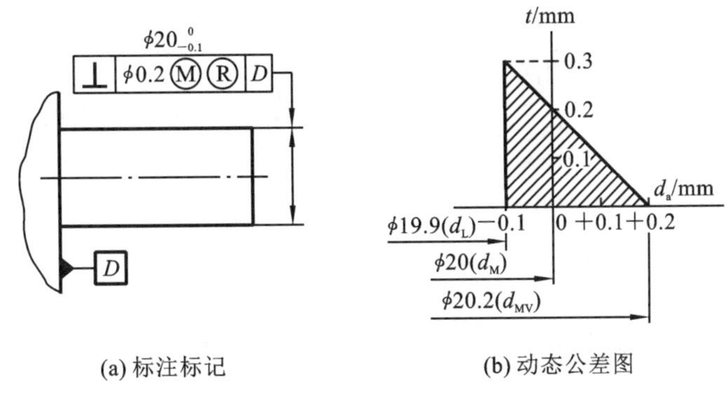

(a) 标注标记　　(b) 动态公差图

图 4-45　可逆要求用于最大实体要求的标注标记与动态公差图

5. 最大实体要求的实例分析

【例 4-2】　对图 4-41(a)做出解释。

解　(1) T、t 标注解释。被测孔的尺寸公差为 $T_h=0.13$ mm,$D_M=D_{min}=\phi50$ mm,$D_L=D_{max}=\phi50.13$ mm。在最大实体状态($\phi0$ mm)下给定几何公差(垂直度)$t_1=0.08$ mm,当被测要素尺寸偏离最大实体状态的尺寸时,几何公差(垂直度)获得补偿;当被测要素尺寸为最小实体状态的尺寸 $\phi50.13$ mm 时,几何公差获得的补偿量最多,此时几何公差(垂直度)具有的最大值可以等于给定几何公差 t_1 与尺寸公差 T_h 的和,即 $t_{max}=(0.08+0.13)$ mm $=0.21$ mm。

(2) 动态公差图。T、t 的动态公差图如图 4-41(b)所示,图形形状为具有两直角的梯形。

(3) 遵守边界。被测孔遵守最大实体实效边界 MMVB,其边界尺寸为

$$D_{MV}=D_{min}-t_1=(\phi50-\phi0.08)\text{ mm}=\phi49.92\text{ mm}$$

(4) 检验与合格条件。采用位置量规(轴型通规——模拟被测孔的最大实体实效边界)检验被测要素的提取组成要素 D_{fe},采用两点法检验被测要素的实际尺寸 D_a。其合格条件为

$$D_{fe}\geqslant\phi49.92\text{ mm},\quad \phi50\text{ mm}\leqslant D_a\leqslant\phi50.13\text{ mm}$$

【例 4-3】　对图 4-43(a)做出解释。

解　(1) T、t 标注解释。如图 4-43(a)所示,这是最大实体要求的零几何公差。被测孔

的尺寸公差为 $T_h=0.13$ mm，$D_M=D_{min}=\phi50$ mm，$D_L=D_{max}=\phi50.13$ mm。在最大实体状态($\phi50$ mm)下给定被测孔轴线的几何公差(垂直度)$t_1=0$ mm，当被测要素尺寸偏离最大实体状态时，几何公差获得补偿；当被测要素尺寸为最小实体状态的尺寸 $\phi50.13$ mm 时，几何公差(垂直度)获得的补偿量最多，此时几何公差(垂直度)具有的最大值可以等于给定几何公差 t_1 与尺寸公差 T_h 的和，即

$$t_{max}=(0+0.13)\ \text{mm}=0.13\ \text{mm}$$

(2) 动态公差图。T、t 的动态公差图如图 4-43(b)所示，图形形状为直角三角形，恰好与包容要求的动态公差图形状相同。

(3) 遵守边界。遵守最大实体实效边界 MMVB，其边界尺寸为

$$D_{MV}=D_{min}-t_1=(\phi50-\phi0)\ \text{mm}=\phi50\ \text{mm}$$

这显然就是最大实体边界(因为给定的 $t_1=0$ mm)。

(4) 检验与合格条件。采用位置量规(轴型通规——模拟被测孔的最大实体实效边界)检验被测要素的提取组成要素 D_{fe}，采用两点法检验被测要素的实际尺寸 D_a。其合格条件为

$$D_{fe}\geqslant\phi50\ \text{mm},\quad \phi50\ \text{mm}\leqslant D_a\leqslant\phi50.13\ \text{mm}$$

【例 4-4】 对图 4-44(a)做出解释。

解 (1) T、t 标注解释。由图 4-44(a)可见，这是几何公差最大值受限的最大实体要求。被测孔的尺寸公差为 $T_h=0.13$ mm，$D_M=D_{min}=\phi50$ mm，$D_L=D_{max}=\phi50.13$ mm。在最大实体状态($\phi50$ mm)下给定几何公差 $t_1=0.08$ mm，并给定几何公差最大值 $t_{max}=0.12$ mm。当被测要素尺寸偏离最大实体状态的尺寸时，或者当被测要素尺寸为最小实体状态尺寸 $\phi50.13$ mm 时，几何公差均可获得补偿。但最多可以补偿 t_{max} 与 t_1 的差值，即(0.12－0.08) mm＝0.04 mm，几何公差(垂直度)具有的最大值就等于给定几何公差(垂直度)的最大值，即 $t_{max}=0.12$ mm。

(2) 动态公差图。T、t 的动态公差图如图 4-44(b)所示，由于 $t_{max}=0.12$ mm，图形形状为具有三直角的五边形。

(3) 遵守边界。遵守最大实体实效边界 MMVB，其边界尺寸为

$$D_{MV}=D_{min}-t_1=(\phi50-\phi0.08)\ \text{mm}=\phi49.92\ \text{mm}$$

(4) 检验与合格条件。采用位置量规(轴型通规——模拟被测孔的最大实体实效边界)检验被测要素的提取组成要素 D_{fe}，采用两点法检验被测要素的实际尺寸 D_a，采用通用量具检验被测要素的几何误差(垂直度误差)$f_\perp$。其合格条件为

$$D_{fe}\geqslant\phi49.92\ \text{mm},\quad \phi50\ \text{mm}\leqslant D_a\leqslant\phi50.13\ \text{mm},\quad f_\perp\leqslant0.12\ \text{mm}$$

【例 4-5】 对图 4-45(a)做出解释。

解 (1) T、t 标注解释。图 4-45(a)所示为可逆要求用于最大实体要求的轴线问题。轴的尺寸公差为 $T_s=0.1$ mm，$d_M=d_{max}=\phi20$ mm，$d_L=d_{min}=\phi19.9$ mm。在最大实体状态($\phi20$ mm)下给定几何公差 $t_1=0.2$ mm，当被测要素尺寸偏离最大实体状态的尺寸时，几何公差获得补偿；当被测要素尺寸为最小实体状态的尺寸 $\phi19.9$ mm 时，几何公差获得的补偿量最多，此时几何公差具有的最大值可以等于给定几何公差 t_1 与尺寸公差 T_s 的和，即 $t_{max}=(0.2+0.1)$ mm＝0.3 mm。

(2) 可逆解释。在被测要素轴的几何误差(轴线垂直度)小于给定几何公差的条件下，即 $f_\perp<0.2$ mm 时，被测要素的尺寸误差可以超差，即被测要素轴的实际尺寸可以超出极

限尺寸 ϕ20 mm，但不可以超出所遵守的边界（最大实体实效边界）尺寸 ϕ20.2 mm。图 4-45(b)中横轴的 ϕ20 mm～ϕ20.2 mm 为尺寸误差可以超差的范围（或称可逆范围）。

(3) 动态公差图。T、t 的动态公差图如图 4-45(b)所示，其形状是直角三角形。

(4) 遵守边界。遵守最大实体实效边界 MMVB，其边界尺寸为 $d_{MV}=d_{max}+t_1=\phi 20\ mm+\phi 0.2\ mm=\phi 20.2\ mm$。

(5) 检验与合格条件。采用位置量规（孔型通规——模拟被测轴的最大实体实效边界）检验被测要素的提取组成要素 d_{fe}，采用两点法检验被测要素的实际尺寸 d_a。

其合格条件为

$$d_{fe}\leqslant\phi 20.2\ mm,\quad \phi 19.9\ mm\leqslant d_a\leqslant\phi 20\ mm;$$
$$\text{当 } f_{\perp}<0.2\ mm \text{ 时},\phi 19.9\ mm\leqslant d_a\leqslant\phi 20.2\ mm$$

4.4.5　最小实体要求

1. 最小实体要求的公差解释

最小实体要求也是相关公差原则中的三种要求之一，被测提取要素（多为关联要素）的实体遵循最小实体实效边界，被测提取要素的实际尺寸同时受最大实体尺寸和最小实体尺寸所限。几何公差 t 与尺寸公差 T_h（或 T_s）有关，在最小实体状态下给定几何公差（多为位置公差）值 t_1 不为零（一定大于零，当为零时，是一种特殊情况——最小实体要求的零几何公差）；当被测提取要素偏离最小实体状态时，几何公差获得补偿，补偿量来自尺寸公差（被测提取要素偏离最小实体状态的量，相当于尺寸公差富余的量，可作补偿量），补偿量的一般计算公式为

$$t_2=|\ \mathrm{LMS}-D_a(\text{或 } d_a)\ | \tag{4-12}$$

当被测提取要素处于最大实体状态时，几何公差获得的补偿量最多，即 $t_{2max}=T_h$（或 T_s），这种情况下允许几何公差的最大值为

$$t_{max}=t_{2max}+t_1=T_h(\text{或 } T_s)+t_1 \tag{4-13}$$

几何公差 t 与尺寸公差 T_h（或 T_s）的关系可以用动态公差图表示。由于给定几何公差值 t_1 不为零，因此动态公差图的图形一般为直角梯形。

2. 最小实体要求的应用与检测

最小实体要求主要用于需要保证最小壁厚处（如空心的圆柱凸台、带孔的小垫圈等）的导出要素，一般是中心轴线的位置度、同轴度等。最小实体要求在零件图样上的标注是在几何公差框格的几何公差给定值后面加注“Ⓛ”，如图 4-46(a)所示。与图 4-46(a)相对应的动态公差图如图 4-46(b)所示。

当基准（导出要素，如轴线）也使用最小实体要求时，在几何公差框格内的基准字母后面也加注“Ⓛ”。符合最小实体要求的被测实体（D_{fi}、d_{fi}）不得超越最小实体实效边界 LMVB，被测要素的实际尺寸（D_a、d_a）不得超越最大实体尺寸 MMS 和最小实体尺寸 LMS。

目前尚没有检验用量规，因为按最小实体实效尺寸判定孔、轴提取组成要素（体内作用尺寸）的合格性问题，在于量规无法实现检测过程（量规测头不可能进入被测要素的体内，除非是刀具，但真是刀具又不可以，检测过程不能破坏工件）。

生产中一般采用通用量具检验被测提取要素的提取组成要素（D_{fi}、d_{fi}）是否超越最小实体实效边界，即测量足够多的点的数据，用绘图法（当测量具备很好条件时，当然用坐标机测量

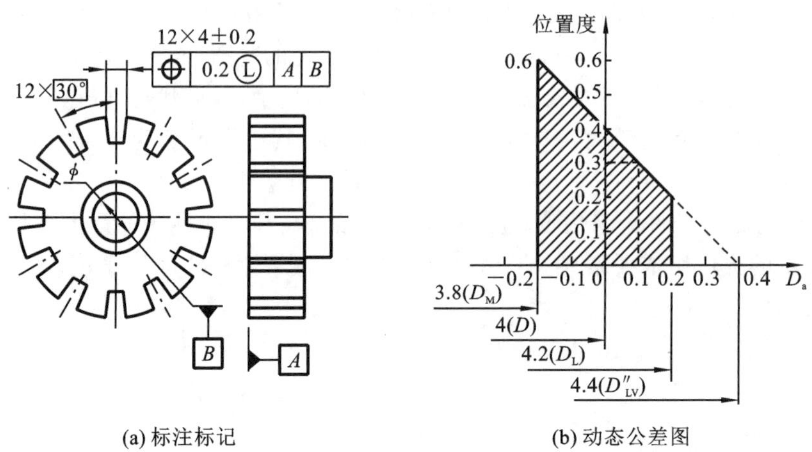

(a) 标注标记　　(b) 动态公差图

图 4-46　最小实体要求的标注标记与动态公差图

并由计算机处理测量数据更好)求得被测要素的提取组成要素(D_{fi}、d_{fi}),再判定其是否超越最小实体实效边界 LMVB,不超越为合格;被测提取要素的实际尺寸(D_a、d_a)按两点法测量,以判定是否超越最大实体尺寸和最小实体尺寸,实际尺寸落入极限尺寸内为合格。

符合最小实体要求的被提取要素的合格条件如下。

对于孔(内表面):$D_{fi} \leqslant D_{LV} = D_{max} + t_1$;$D_{min} = D_M \leqslant D_a \leqslant D_L = D_{max}$

对于轴(外表面):$d_{fi} \geqslant d_{LV} = d_{min} - t_1$;$d_{max} = d_M \geqslant d_a \geqslant d_L = d_{min}$

3. 最小实体要求的零几何公差

零几何公差是最小实体要求的特殊情况,允许在最小实体状态时给定位置公差值为零。它在零件图样上的标注标记是在位置公差框格的第二格内,即位置公差值的格内写"0 Ⓛ"(或"ϕ0 Ⓛ"),如图 4-47(a)所示。此种情况下,被测提取要素的最小实体实效边界就变成了最小实体边界。对于位置公差而言,最小实体要求的零几何公差比起最小实体要求来,显然更严格。图 4-47(b)是图 4-47(a)的动态公差图,其形状为直角三角形。动态公差图的形状恰好与同类要素的最大实体要求的零几何公差的动态公差图形状(见图 4-43(b))相同,但斜边的方向相反。

4. 可逆要求用于最小实体要求

应在零件图样上,可逆要求用于最小实体要求的标注标记是在位置公差框格的第二格内,即位置公差值后面加注"ⓁⓇ",如图 4-48(a)所示。此时,尺寸公差有双重职能:①控制尺寸误差;②协助控制几何误差。位置公差也有双重职能:①控制几何误差;②协助控制尺寸误差。

图 4-48(a)所示的槽位置度,其可逆要求用于最小实体要求的动态公差图如图 4-48(b)所示,图中横轴(槽宽尺寸)上 4.2~4.4 即为槽宽尺寸可以超差的范围(注意:仅当位置度误差小于 0.2 时有效)。可逆要求用于最小实体要求的动态公差图的形状由直角梯形(最小实体要求的动态公差图)转为直角三角形(在直角梯形的直角短边处加一个三角形)。

5. 最小实体要求的实例分析

【例 4-6】 对图 4-46(a)做出解释。

解　(1) T、t 标注解释。被测槽宽的尺寸公差 $T_h = 0.4$ mm,$D_M = D_{min} = 3.8$ mm,$D_L = D_{max} = 4.2$ mm。在最小实体状态下给定几何公差(位置度)$t_1 = 0.2$ mm,当被测要素尺寸

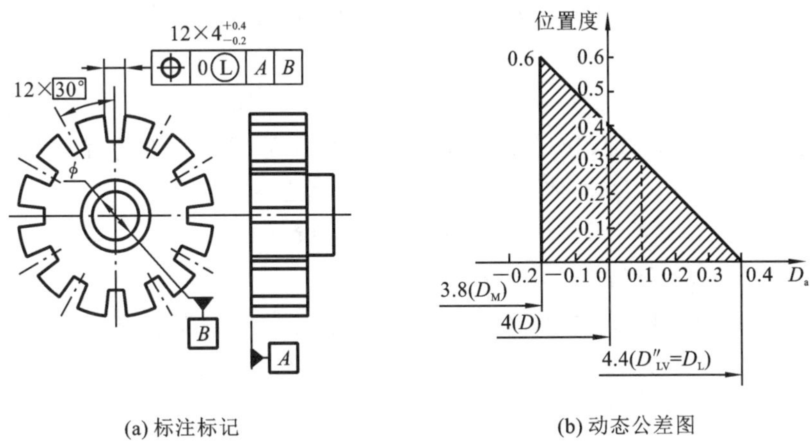

(a) 标注标记　　(b) 动态公差图

图 4-47　最小实体要求的零几何公差的标注标记与动态公差图

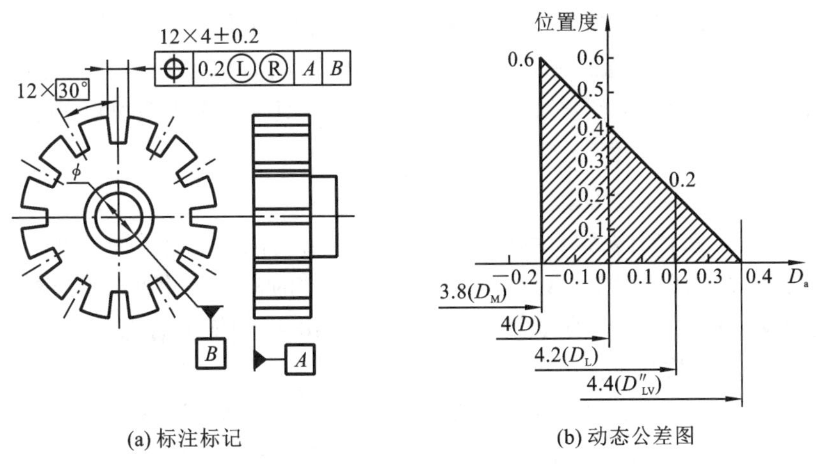

(a) 标注标记　　(b) 动态公差图

图 4-48　可逆要求用于最小实体要求的标注标记与动态公差图

(槽宽)偏离最小实体状态的尺寸 4.2 mm 时，几何公差位置度获得补偿；当被测要素尺寸为最大实体状态的尺寸 3.8 mm 时，几何公差位置度获得的补偿量最多，此时几何公差具有的最大值可以等于给定几何公差 t_1 与尺寸公差 T_h 的和，即

$$t_{max} = (0.2 + 0.4)\ \text{mm} = 0.6\ \text{mm}$$

(2) 动态公差图。T、t 的动态公差图如图 4-46(b)所示，图形形状为具有两直角的梯形。

(3) 遵守边界。遵守最小实体实效边界 LMVB，其边界尺寸为

$$D_{LV} = D_{max} + t_1 = (4.2 + 0.2)\ \text{mm} = 4.4\ \text{mm}$$

(4) 合格条件。被测要素的提取组成要素 D_{fi} 和实际尺寸 D_a 的合格条件为

$$D_{fi} \leqslant 4.4\ \text{mm},\quad 3.8 \leqslant D_a \leqslant 4.2\ \text{mm}$$

【例 4-7】 对图 4-47(a)做出解释。

解　(1) T、t 标注解释。如图 4-47(a)所示，这是最小实体要求的零几何公差。被测槽宽的尺寸公差 $T_h = 0.6$ mm，$D_M = D_{min} = 3.8$ mm，$D_L = D_{max} = 4.4$ mm。在最小实体状态(4.4 mm)下给定几何公差(位置度)$t_1 = 0$ mm，当被测要素尺寸偏离最小实体状态的尺寸时，几何公差获得补偿；当被测要素尺寸为最大实体状态的尺寸 3.8 mm 时，几何公差(位置

度)获得的补偿量最多,此时几何公差具有的最大值可以等于给定几何公差 t_1 与尺寸公差 T_h 的和,即

$$t_{max} = (0 + 0.6)\ \text{mm} = 0.6\ \text{mm}$$

(2) 动态公差图。T、t 的动态公差图如图 4-47(b)所示,图形形状为直角三角形。

(3) 遵守边界。遵守最小实体实效边界 LMVB,其边界尺寸为

$$D_{LV} = D_{max} + t_1 = (4.2 + 0)\ \text{mm} = 4.2\ \text{mm}$$

这显然就是最小实体边界(因为给定的 $t_1 = 0$ mm)。

(4) 合格条件。被测要素的提取组成要素 D_{fi} 和实际尺寸 D_a 的合格条件为

$$D_{fi} \leqslant 4.2\ \text{mm},\quad 3.8\ \text{mm} \leqslant D_a \leqslant 4.2\ \text{mm}$$

【例 4-8】 对图 4-48(a)做出解释。

解 (1) T、t 标注解释。图 4-48(a)所示为可逆要求用于最小实体要求的槽的位置度问题。槽宽的尺寸公差为 $T_h = 0.4$ mm,$D_M = D_{min} = 3.8$ mm,$D_L = D_{max} = 4.2$ mm。在最小实体状态(4.2 mm)下给定位置度公差 $t_1 = 0.2$ mm,当被测要素尺寸(槽宽的尺寸)偏离最小实体状态的尺寸时,位置度公差获得补偿;当被测要素尺寸为最大实体状态的尺寸 3.8 mm 时,位置度公差获得的补偿量最多,此时位置度公差具有的最大值可以等于给定位置度公差 t_1 与尺寸公差 T_h 的和,即

$$t_{max} = (0.2 + 0.4)\ \text{mm} = 0.6\ \text{mm}$$

(2) 可逆解释。在被测要素槽的位置度误差小于给定位置度公差的条件下,即 $f < 0.2$ mm 时,被测要素槽的尺寸误差可以超差,即被测要素槽的实际尺寸可以超出极限尺寸 4.2 mm,但不可以超出所遵守边界的尺寸 4.4 mm。图 4-48(b)中横轴的 4.2~4.4 为槽的尺寸误差可以超差的范围(或称可逆范围)。

(3) 动态公差图。T、t 的动态公差图如图 4-48(b)所示,其形状是直角三角形。

(4) 遵守边界。遵守最小实体实效边界 LMVB,其边界尺寸为

$$D_{LV} = D_{max} + t_1 = (4.2 + 0.2)\ \text{mm} = 4.4\ \text{mm}$$

(5) 合格条件。被测要素的提取组成要素 D_{fi} 和被测要素的实际尺寸 D_a 的合格条件为

$$D_{fi} \leqslant 4.4\ \text{mm},\quad 3.8\ \text{mm} \leqslant D_a \leqslant 4.2\ \text{mm};$$

$$\text{当 } f < 0.2\ \text{mm 时},\ 3.8\ \text{mm} \leqslant D_a \leqslant 4.4\ \text{mm}$$

综上所述,公差原则是解决生产第一线中尺寸误差与几何误差之间的关系等实际问题的常用规则。但由于相关原则的术语、概念较多,各种要求适用范围迥然不同,补偿、可逆、零几何公差、动态公差图等都是前面几章所未有的,再加上几何公差的问题本来就较尺寸公差复杂,不免难以学透、不易用好。既然相关,不妨比较,有比较方可得以鉴别。下面就把相关原则的三种要求做个详细比较,列在表 4-8 中,供读者参考。

表 4-8 相关公差原则三种要求的比较

相关公差原则	包容要求	最大实体要求	最小实体要求
标注标记	Ⓔ	Ⓜ,可逆要求为ⓂⓇ	Ⓛ,可逆要求为ⓁⓇ
几何公差的给定状态及 t_1 值	最大实体状态下给定 $t_1 = 0$	最大实体状态下给定 $t_1 > 0$	最小实体状态下给定 $t_1 > 0$

续表

相关公差原则			包容要求	最大实体要求	最小实体要求
特殊情况			无	$t_1=0$ 时，称为最大实体要求的零几何公差	$t_1=0$ 时，称为最小实体要求的零几何公差
遵守的理想边界	边界名称		最大实体边界	最大实体实效边界	最小实体实效边界
	边界尺寸计算公式	孔	$MMB_D=D_M=D_{min}$	$MMVB_D=D_M=D_{min}-t_1$	$LMVB_D=D_L=D_{max}+t_1$
		轴	$MMB_d=d_M=d_{max}$	$MMVB_d=d_M=d_{max}+t_1$	$LMVB_d=d_L=d_{min}-t_1$
几何公差 t 与尺寸公差 $T_h(T_s)$ 关系	最大实体状态		$t_1=0$	$t_1>0$	$t_{max}=T_h$（或 T_s）$+t_1$
	最小实体状态		$t_{max}=T_h$（或 T_s）	$t_{max}=T_h$（或 T_s）$+t_1$	$t_1>0$
几何公差获得尺寸公差补偿量的一般计算公式			$t_2=\lvert MMS-D_a$（或 d_a）$\rvert$	$t_2=\lvert MMS-D_a$（或 d_a）$\rvert$	$t_2=\lvert LMS-D_a$（或 d_a）$\rvert$
检验方法及量具			采用光滑极限量规，通规检测 $D_{fe}(d_{fe})$，止规检测 $D_a(d_a)$	$D_{fe}(d_{fe})$采用位置量规，$D_a(d_a)$采用两点法测量	尚无量规，几何误差采用通用量具检测，$D_a(d_a)$采用两点法测量
合格条件	孔		$D_{fe}\geqslant D_M$ $D_a\leqslant D_L$	$D_{fe}\geqslant D_{MV}$ $D_M\leqslant D_a\leqslant D_L$	$D_{fi}\leqslant D_{LV}$ $D_M\leqslant D_a\leqslant D_L$
	轴		$d_{fe}\leqslant d_M$ $d_a\geqslant d_L$	$d_{fe}\leqslant d_{MV}$ $d_M\geqslant d_a\geqslant d_L$	$d_{fi}\geqslant d_{LV}$ $d_M\geqslant d_a\geqslant d_L$
适用范围			保证配合性质的单一要素	保证容易装配的关联导出要素	保证最小壁厚的关联导出要素
可逆要求			不适用。尺寸公差只能补给几何公差	适用。不仅尺寸公差能补给几何公差，在一定条件下尺寸公差也可以获得来自几何公差的补偿	适用。不仅尺寸公差能补给几何公差，在一定条件下尺寸公差也可以获得来自几何公差的补偿
动态公差图形状			一般为直角三角形，限制几何公差最大值时为具有两直角的梯形	一般为具有两直角的梯形；限制几何公差最大值时，为具有三直角的五边形；适用可逆要求时（不限制几何公差最大值），为直角三角形；零几何公差时也为直角三角形	一般为具有两直角的梯形；限制几何公差最大值时，为具有三直角的五边形；适用可逆要求时（不限制几何公差最大值），为直角三角形；零几何公差时也为直角三角形，与最大实体要求的动态公差图形状呈镜像关系（关于镜面对称）

4.5 几何公差的标准化与选用

4.5.1 几何公差值的标准

实际零件上所有的要素都存在几何误差,根据国家标准规定,凡是一般机床加工能保证的几何精度,其几何公差值按《形状和位置公差　未注公差值》(GB/T 1184—1996)执行,不必在图样上具体注出。当几何公差值大于或小于未注公差值时,应按规定在图样上明确标注出几何公差。

国家标准,对14项几何公差,除线、面轮廓度及位置度未规定公差等级外,其余项目均有规定。其中:直线度、平面度、平行度、垂直度、倾斜度、同轴度、对称度、圆跳动、全跳动各划分为12级,即1～12级,1级精度最高,12级精度最低;圆度、圆柱度各划分为13级,最高级为0级。各项目的各级公差值如表4-9～表4-12所示。对于位置度,国家标准规定了位置度系数,如表4-13所示。

表4-9　直线度和平面度公差值

主参数 $L(D)$/mm	公差等级											
	1	2	3	4	5	6	7	8	9	10	11	12
	公差值/μm											
≤10	0.2	0.4	0.8	1.2	2	3	5	8	12	20	30	60
>10～16	0.25	0.5	1	1.5	2.5	4	6	10	15	25	40	80
>16～25	0.3	0.6	1.2	2	3	5	8	12	20	30	50	100
>25～40	0.4	0.8	1.5	2.5	4	6	10	15	25	40	60	120
>40～63	0.5	1	2	3	5	8	12	20	30	50	80	150
>63～100	0.6	1.2	2.6	4	6	10	15	25	40	60	100	200
>100～160	0.8	1.5	3	5	8	12	20	30	50	80	120	250
>160～250	1	2	4	6	10	15	25	40	60	100	150	300
>250～400	1.2	2.5	5	8	12	20	30	50	80	120	200	400
>400～630	1.5	3	6	10	16	25	40	60	100	150	250	500

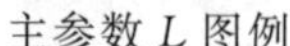
主参数 L 图例

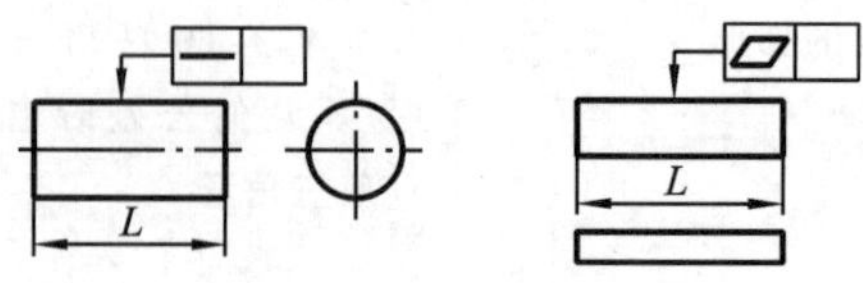

表 4-10　圆度和圆柱度公差值

主参数 $d(D)$/mm	公差等级												
	0	1	2	3	4	5	6	7	8	9	10	11	12
	公差值/μm												
≤3	0.1	0.2	0.3	0.5	0.8	1.2	2	3	4	6	10	14	25
>3～6	0.1	0.2	0.4	0.6	1	1.5	2.5	4	5	8	12	18	30
>6～10	0.12	0.25	0.4	0.6	1	1.5	2.5	4	6	9	15	22	36
>10～18	0.15	0.25	0.5	0.8	1.2	2	3	5	8	11	18	27	43
>18～30	0.2	0.3	0.6	1	1.5	2.5	4	6	9	13	21	33	52
>30～50	0.25	0.4	0.6	1	1.5	2.5	4	7	11	16	25	39	62
>50～80	0.3	0.5	0.8	1.2	2	3	5	8	13	19	30	46	74
>80～120	0.4	0.6	1	1.5	2.5	4	6	10	16	22	35	54	87
>120～180	0.6	1	1.2	2	3.5	5	8	12	18	25	40	63	100
>180～250	0.8	1.2	2	3	4.5	7	10	14	20	29	46	72	115
>250～315	1	1.6	2.5	4	6	8	12	16	23	32	52	81	130
>315～400	1.2	2	3	5	7	9	13	18	25	36	57	89	140
>400～500	1.5	2.5	4	6	8	10	15	20	27	40	63	97	155

主参数 $d(D)$图例

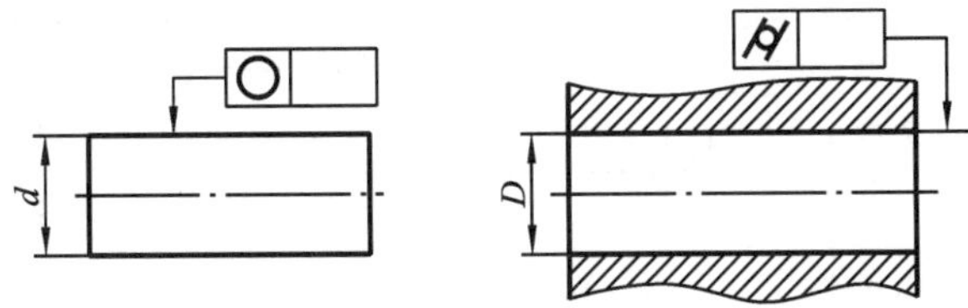

表 4-11　平行度、垂直度和倾斜度公差值

主参数 $L,d(D)$/mm	公差等级											
	1	2	3	4	5	6	7	8	9	10	11	12
	公差值/μm											
≤10	0.4	0.8	1.5	3	5	8	12	20	30	50	80	120
>10～16	0.5	1	2	4	6	10	15	25	40	60	100	150
>16～25	0.6	1.2	2.5	5	8	12	20	30	50	80	120	200
>25～40	0.8	1.5	3	6	10	15	25	40	60	100	150	250
>40～63	1	2	4	8	12	20	30	50	80	120	200	300
>63～100	1.2	2.5	5	10	15	25	40	60	100	150	250	400

续表

主参数 L,d(D)/mm	公差等级											
	1	2	3	4	5	6	7	8	9	10	11	12
	公差值/μm											
>100～160	1.5	3	6	12	20	30	50	80	120	200	300	500
>160～250	2	4	8	15	25	40	60	100	150	250	400	600
>250～400	2.5	5	10	20	30	50	80	120	200	300	500	800
>400～630	3	6	12	25	40	60	100	150	250	400	600	1 000

主参数 L,d(D)图例

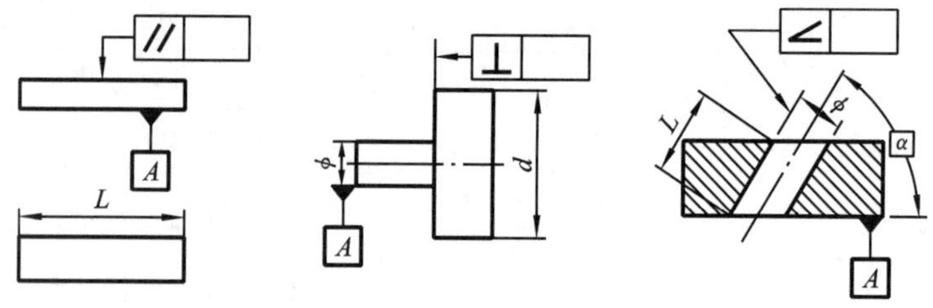

表 4-12　同轴度、对称度、圆跳动和全跳动公差值

主参数 L,B,d(D)/mm	公差等级											
	1	2	3	4	5	6	7	8	9	10	11	12
	公差值/μm											
≤1	0.4	0.6	1	1.5	2.5	4	6	10	15	25	40	60
>1～3	0.4	0.6	1	1.5	2.5	4	6	10	20	40	60	120
>3～6	0.5	0.8	1.2	2	3	5	8	12	25	50	80	150
>6～10	0.6	1	1.5	2.5	4	6	10	15	30	60	100	200
>10～18	0.8	1.2	2	3	5	8	12	20	40	80	120	250
>18～30	1	1.5	2.5	4	6	10	15	25	50	100	150	300
>30～50	1.2	2	3	5	8	12	20	30	60	120	200	400
>50～120	1.5	2.5	4	6	10	15	25	40	80	150	250	500
>120～250	2	3	5	8	12	20	30	50	100	200	300	600
>250～500	2.5	4	6	10	15	25	40	60	120	250	400	800

主参数 L,B,d(D)图例

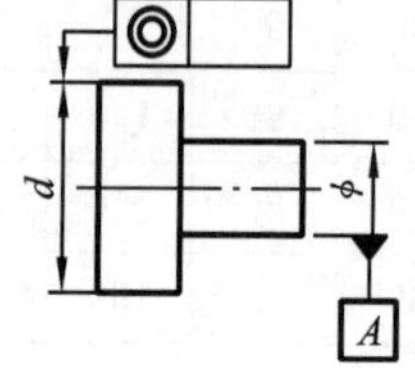

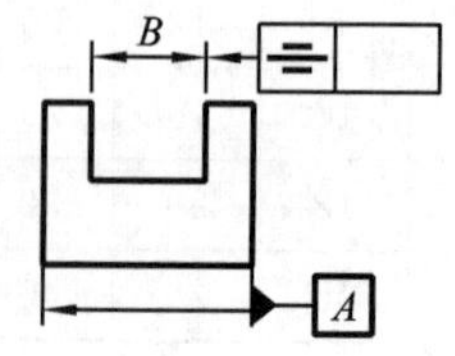

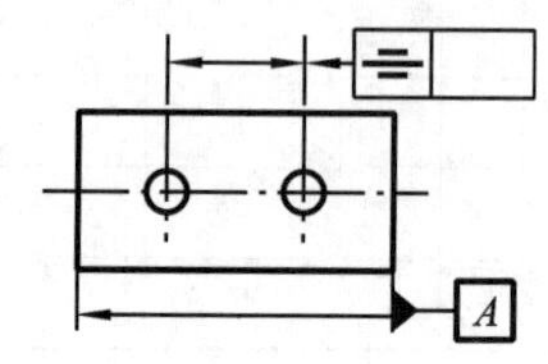

表 4-13　位置度系数

单位：μm

项目	系数值									
位置度	1	1.2	1.5	2	2.5	3	4	5	6	8
	1×10ⁿ	1.2×10ⁿ	1.5×10ⁿ	2×10ⁿ	2.5×10ⁿ	3×10ⁿ	4×10ⁿ	5×10ⁿ	6×10ⁿ	8×10ⁿ

4.5.2　未注几何公差的规定

图样上没有具体注明几何公差值的要素，根据国家标准规定，其几何精度由未注几何公差来控制，按以下规定执行：

(1) GB/T 1184—1996 对未注直线度、平面度、垂直度、对称度和圆跳动各规定了 H、K、L 三个公差等级，其公差值如表 4-14～表 4-17 所示。

表 4-14　直线度和平面度未注公差值

单位：mm

公差等级	基本长度范围					
	≤10	>10～13	>30～100	>100～300	>300～1 000	>1 000～3 000
H	0.02	0.05	0.1	0.2	0.3	0.4
K	0.05	0.1	0.2	0.4	0.6	0.8
L	0.1	0.2	0.4	0.8	1.2	1.6

表 4-15　垂直度未注公差值

单位：mm

公差等级	基本长度范围			
	≤100	>100～30	>300～1 000	>1 000～3 000
H	0.2	0.3	0.4	0.5
K	0.4	0.6	0.8	1
L	0.6	1	1.5	2

表 4-16　对称度未注公差值

单位：mm

公差等级	基本长度范围			
	≤100	>100～300	>300～1 000	>1 000～3 000
H	0.5	0.5	0.5	0.5
K	0.6	0.6	0.8	1
L	0.6	1	1.5	2

表 4-17　圆跳动未注公差值

单位：mm

公差等级	H	K	L
公差值	0.1	0.2	0.5

(2) 圆度的未注公差值等于直径公差值，但不能大于表 4-17 中的径向圆跳动值。

(3) 圆柱度的未注公差值不做规定，但圆柱度误差由圆度误差、直线度误差和素线平行度误差三部分组成，而其中每一项误差均由它们的注出公差或未注公差控制。

(4) 平行度的未注公差值等于尺寸公差值或直线度和平面度未注公差值中的较大者。

(5) 同轴度的未注公差值可以和表 4-17 中圆跳动的未注公差值相等。

(6) 线轮廓度、面轮廓度、倾斜度、位置度和全跳动的未注公差值均由各要素的注出或未注线性尺寸公差或角度公差控制。

4.5.3 几何公差的选用原则

几何误差直接影响着零部件的旋转精度、连接强度、密封性及荷载均匀性等，因此，正确、合理地选用几何公差，对保证机器或仪器的功能要求和提高经济效益具有十分重要的意义。

几何公差的选用主要包括几何公差项目的选择、公差值的选择、公差原则的选择和基准要素的选择。

1. 几何公差项目的选择

几何公差项目的选择原则是：根据要素的几何特征、结构特点及零件的使用要求，并考虑检测的方便性和经济效益。

形状公差项目主要是按要素的几何形状特征确定的，因此要素的几何特征自然是选择单一要素公差项目的基本依据。例如，控制平面的形状误差应选择平面度，控制圆柱面的形状误差应选择圆度或圆柱度。

方向公差及位置公差项目是按要素间几何方位关系确定的，所以关联要素的公差项目应以它与基准间的几何方位关系为基本依据。例如，对轴线、平面可规定方向公差和位置公差，对点只能规定位置度公差，对回转类零件才可以规定同轴度公差和跳动公差。

零件的功能要求不同，对几何公差应提出不同的要求。例如减速器转轴的两个轴颈，由于在功能上是转轴在减速器箱体上的安装基准，因此，要求它们同轴，可以规定对它们公共轴线的同轴度公差或径向圆跳动公差。

考虑检测的方便性，有时可将所需的公差项目用控制效果相同或相近的公差项目来代替。例如，要素为一圆柱面时，圆柱度是理想的项目，但是由于圆柱度检测不方便，因此可选用圆度、直线度和素线平行度几个分项等进行控制。又如，径向圆跳动可综合控制圆度和同轴度误差，而径向圆跳动检测简单易行，所以在不影响设计要求的前提下，可尽量选用径向圆跳动公差项目。

2. 公差值的选择

公差值的选择原则是：在满足零件功能要求的前提下，考虑工艺经济性和检测条件，选择最经济的公差值。

根据零件功能要求、结构、刚性和加工经济性等条件，采用类比法，按公差数值表 4-9～表 4-12 确定要素的公差值时，还应考虑以下几点。

(1) 除采用相关要求外，一般情况下，对同一要素的形状公差应小于方向公差和位置公差，即 $t_{形状}<t_{方向}<t_{位置}$。例如，在同一平面上，平面度公差值应小于该平面对基准平面的平行度公差值。

(2) 圆柱形零件的形状公差，除轴线直线度以外，一般情况下应小于其尺寸公差。例如，在最大实体状态下，形状公差在尺寸公差之内，形状公差包含在位置公差带内。

(3) 选用形状公差等级时，应考虑结构特点和加工的难易程度，在满足零件功能要求的

前提下，对于下列情况应适当降低1～2级精度：①细长的轴或孔；②距离较大的轴或孔；③宽度大于二分之一长度的零件表面；④线对线和线对面相对于面对面的平行度；⑤线对线和线对面相对于面对面的垂直度。

(4) 选用形状公差等级时，还应注意协调形状公差与表面粗糙度之间的关系。通常情况下，表面粗糙度的数值为形状误差值的20%～25%。

(5) 在通常情况下，零件被测要素的形状误差比方向误差或位置误差要小得多，因此给定平行度或垂直度公差的两个平面，其平面度的公差等级应不低于平行度或垂直度的公差等级；同一圆柱面的圆度公差等级应不低于其径向圆跳动公差等级。

表4-18～表4-21列出了各种几何公差等级的应用举例，供选择时参考。

表4-18　直线度、平面度公差等级应用举例

公差等级	应用举例
1,2	精密量具、测量仪器以及精度要求很高的精密机械零件，如0级样板平尺、0级宽平尺、工具显微镜等精密测量仪器的导轨面
3	1级宽平尺的工作面、1级样板平尺的工作面，测量仪器的圆弧导轨，测量仪器的测杆外圆柱面
4	0级平板，测量仪器的V形导轨，高精度平面磨床的V形导轨和滚动导轨，轴承磨床及平面磨床的床身导轨
5	1级平板，2级宽平尺，平面磨床的纵导轨、垂直导轨、工作台，液压龙门刨床的导轨
6	普通机床的导轨面，卧式镗床、铣床的工作台，机床主轴箱的导轨，柴油机机体的结合面
7	2级平板，机床的床头箱体，滚齿机床身的导轨，摇臂钻底座的工作台，液压泵盖的结合面，减速器壳体的结合面，0.02游标卡尺尺身的直线度
8	自动车床的底面，柴油机的气缸体，连杆的分离面，缸盖的结合面，汽车发动机的缸盖，曲轴箱的结合面，法兰的连接面
9	3级平板，自动车床床身的底面，摩托车的曲轴箱体，汽车变速箱的壳体，车床挂轮的平面

表4-19　圆度、圆柱度公差等级应用举例

公差等级	应用举例
0,1	高精度量仪的主轴，高精度机床的主轴，滚动轴承的滚珠和滚柱
2	精密测量仪的主轴、外套、套阀，纺锭轴承，精密机床主轴的轴颈，针阀的圆柱表面，喷油泵的柱塞及柱塞套
3	高精度外圆磨床的轴承，磨床砂轮的主轴套筒，喷油嘴的针阀体，高精度轴承的内外圈等
4	较精密机床的主轴、主轴箱孔，高压阀门、活塞、活塞销、阀体孔，高压油泵的柱塞，较高精度滚动轴承的配合轴，铣削动力头的箱体孔
5	一般计量仪器的主轴，测杆的外圆柱面，一般机床的主轴轴颈及轴承孔，柴油机、汽油机的活塞、活塞销，与P6级滚动轴承配合的轴颈
6	一般机床的主轴及前轴承孔，泵、压缩机的活塞、气缸，汽油发动机的凸轮轴，纺机锭子，减速传动轴的轴颈，拖拉机曲轴的主轴颈，与P6级滚动轴承配合的外壳孔

续表

公差等级	应用举例
7	大功率低速柴油机曲轴的轴颈、活塞、活塞销、连杆、气缸，高速柴油机箱体的轴承孔，千斤顶或压力油缸的活塞，机车的传动轴，水泵及通用减速器转轴的轴颈
8	低速发动机、大功率曲柄轴的轴颈，内燃机曲轴的轴颈，柴油机凸轮的轴承孔
9	空气压缩机的缸体，通用机械杠杆与拉杆用套筒销子，拖拉机的活塞环、套筒孔

表 4-20　平行度、垂直度、倾斜度、轴向圆跳动公差等级应用举例

公差等级	应用举例
1	高精度机床、测量仪器、量具等的主要工作面和基准面
2,3	精密机床、测量仪器、量具、夹具的工作面和基准面，精密机床的导轨，精密机床主轴的轴向定位面，滚动轴承座圈的端面，普通机床的主要导轨，精密刀具、量具的工作面和基准面，光学分度头芯轴的端面
4,5	普通机床的导轨，重要支承面，机床主轴孔对基准的平行度，精密机床重要零件，计量仪器、量具、模具的工作面和基准面，床头箱体的重要孔，通用减速器的壳体孔，齿轮泵的油孔端面，发动机轴和离合器的凸缘，气缸的支承端面，发装精密滚动轴承壳体孔的凸肩
6,7,8	一般机床的工作面和基准面，压力机和锻锤的工作面，中等精度钻模的工作面，机床一般轴承孔对基准的平行度，变速器的箱体孔，主轴花键对定心直径部位表面轴线的平行度，一般导轨、主轴箱体孔、刀架、砂轮架、气缸配合面对基准轴线，活塞销孔对活塞中心线的垂直度，滚动轴承内、外圈端面对轴线的垂直度
9,10	低精度零件，重型器型滚动轴承的端盖，柴油机、曲轴轴颈、花键轴和轴肩端面，带式运输机法兰盘等端面对轴线的垂直度，减速器壳体的平面

表 4-21　同轴度、对称度、径向圆跳动公差等级应用举例

公差等级	应用举例
1,2	旋转精度要求很高、尺寸公差高于 1 级的零件，如精密测量仪器的主轴和顶尖，柴油机喷油嘴针阀
3,4	机床主轴的轴颈，砂轮轴的轴颈，汽轮机的主轴，测量仪器的小齿轮轴，安装高精度齿轮的轴颈
5	机床主轴的轴颈，机床主轴箱孔，计量仪器的测杆，涡轮机的主轴，柱塞油泵的转子，高精度滚动轴承的外圈，一般精度轴承的内圈
6,7	内燃机的曲轴，凸轮轴的轴颈，柴油机机体的主轴承孔，水泵轴，油泵的柱塞，汽车后桥的输出轴，安装一般精度齿轮的轴颈，涡轮盘，普通滚动轴承的内圈，印刷机传墨辊的轴颈，键槽
8,9	内燃机的凸轮轴孔，水泵的叶轮，离心泵体，气缸套外径配合面对工作面，运输机机械滚筒表面，棉花精梳机前、后滚子，自行车中轴

3. 公差原则的选择

公差原则的选择原则是：根据被测要素的功能要求，综合考虑各种公差原则的应用场合

及采用该种公差原则的可行性和经济性。

公差原则主要根据被测要素的功能要求、零件尺寸大小和检测方便来选择，并应考虑充分利用给出的尺寸公差带，以及用被测要素的几何公差补偿其尺寸公差的可能性。

按独立原则给出的几何公差是固定的，不允许几何误差值超出图样上标注的几何公差值；而相关要求给出的几何公差是可变的，在遵守给定边界的条件下，允许几何公差值增大。有时独立原则、包容要求和最大实体要求都能满足某种同一功能要求，但在选用它们时应注意到它们的经济性和合理性。例如，孔或轴采用包容要求时，它的实际尺寸与形状误差之间可以相互调整（补偿），从而使整个尺寸公差带得到充分利用，技术经济效益较高。但另一方面，包容要求所允许的形状误差的大小，完全取决于实际尺寸偏离最大实体尺寸的数值。如果孔或轴的实际尺寸处处皆为最大实体尺寸或者趋近于最大实体尺寸，那么，它必须具有理想形状或者接近于理想形状才合格，而实际上极难加工出这样精确的形状。又如，从零件尺寸大小和检测的方便程度来看，按包容要求用最大实体边界控制形状误差，对于中小型零件，便于使用量规检验，但是，对于大型零件，就难以使用笨重的量规检验。在这种情况下按独立原则的要求进行检测就比较容易实现。

表 4-22 对公差原则的应用场合进行了总结，供选择公差原则时参考。

表 4-22　公差原则的应用场合

公差原则	应用场合
独立原则	尺寸精度与几何精度需要分别满足要求，如齿轮箱箱体孔、连杆活塞销孔、滚动轴承内圈及外圈滚道
	尺寸精度与几何精度要求相差较大，如滚筒类零件、平板、通油孔、导轨、气缸
	尺寸精度与几何精度之间没有联系，如滚子链条的套筒或滚子内、外圆柱面的轴线与尺寸精度，发动机连杆上尺寸精度与孔轴线间的位置精度
	未注尺寸公差或未注几何公差，如退刀槽、倒角、圆角
包容要求	用于单一要素，保证配合性质，如 ϕ40H7 孔与 ϕ40h7 轴配合，保证最小间隙为零
最大实体要求	用于导出要素，保证零件的可装配性，如轴承盖上用于穿过螺钉的通孔，法兰盘上用于穿过螺栓的通孔，同轴度的基准轴线
最小实体要求	保证零件强度和最小壁厚

4. 基准要素的选择

基准是确定关联要素间方向和位置的依据。在选择位置公差项目时，需要正确选用基准。选择基准时，一般应从以下几方面考虑。

(1) 根据零件各要素的功能要求，一般以主要配合表面，如轴颈、轴承孔、安装定位面、重要的支承面等作为基准，如轴类零件，常以两个轴承为支承运转，其运动轴线是安装轴承的两轴颈共有轴线，因此，从功能要求来看，应选这两处轴颈的公共轴线（组合基准）为基准。

(2) 根据装配关系应选零件上相互配合、相互接触的定位要素作为各自的基准。例如盘、套类零件，一般是以其内孔轴线径向定位装配或以其端面轴向定位，因此根据需要可选其轴线或端面作为基准。

(3) 根据加工定位的需要和零件结构，应选择较宽大的平面、较长的轴线作为基准，以使定位稳定。对结构复杂的零件,一般应选三个基准面,根据对零件使用要求影响的程度,确定基准的顺序。

(4) 根据检测的方便程度,应选择在检测中装夹定位的要素为基准,并尽可能将装配基准、工艺基准与检测基准统一起来。

4.6 几何公差的检测

4.6.1 最小包容区域

几何误差是指被测提取要素对其拟合(理想)要素的变动量。若几何误差值小于或等于相应的几何公差值,则认为被测要素合格。而拟合要素的位置应符合最小条件,即拟合要素处于符合最小条件的位置时,提取单一要素对拟合要素的最大变动量为最小。

如图 4-49 所示,评定给定平面内的直线度误差时,拟合直线可能的方向为 A_1B_1、A_2B_2、A_3B_3,相应评定的直线度误差值分别为 f_1、f_2、f_3。为了对评定的形状误差有一确定的数值,规定被测提取要素与其拟合要素间的相对关系应符合最小条件,显然,拟合直线应选择符合最小条件的方向 A_1B_1,f_1 即为提取被测直线的直线度误差值,它应小于或等于给定的公差值。一般按最小条件的要求,用最小包容区域的宽度或直径来评定形状误差值。

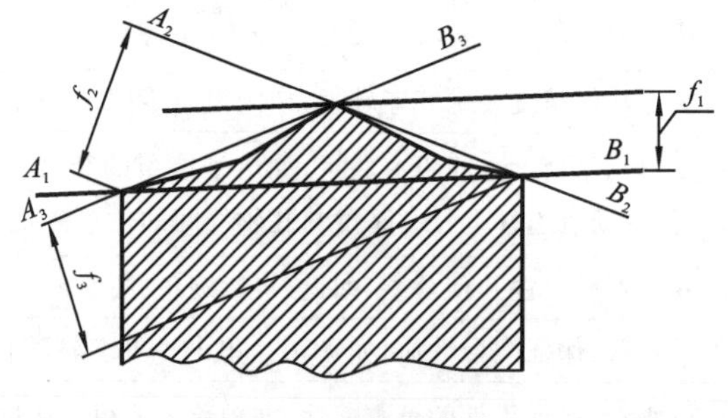

图 4-49 最小条件

所谓最小包容区域,是指包容提取被测要素时具有最小宽度或直径的包容区域。各个形状误差项目的最小包容区域的形状分别与各自的公差带形状相同,但前者的宽度或直径由提取被测要素本身决定。此外,在满足零件功能要求的前提下,也允许采用其他评定方法来评定形状误差值。

4.6.2 几何误差的评定

1. 形状误差的评定

1) 直线度误差值的评定

直线度误差值用最小包容区域法来评定。如图 4-50 所示,由两条平行直线包容提取(实际)被测直线时,提取被测直线上至少有高、低相间三点分别与这两条平行直线接触,称为相间准则,这两条平行直线之间的区域即为最小包容区域,该区域的宽度 f 即为符合定

义的直线度误差值。

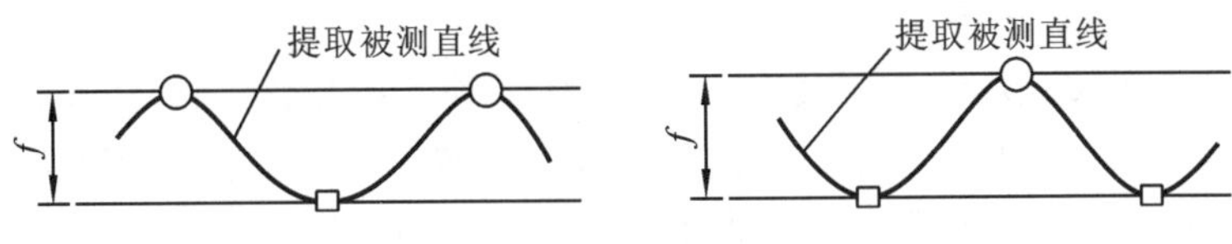

图 4-50　相间准则

直线度误差值还可以用两端点连线法来评定。

2）平面度误差值的评定

平面度误差值用最小包容区域法来评定。如图 4-51 所示，由两个平行平面包容提取（实际）被测平面时，提取被测平面上至少有四个极点或者三个极点分别与这两个平行平面接触，且具有下列形式之一。

（1）至少有三个高（低）极点与一个平面接触，有一个低（高）极点与另一个平面接触，并且这一个极点的投影落在上述三个极点连成的三角形内，称为三角形准则。

（2）至少有两个高极点和两个低极点分别与这两个平行平面接触，并且高极点连线与低极点连线在空间呈交叉状态，称为交叉准则。

（3）一个高（低）极点在另一个包容平面上的投影位于两个低（高）极点的连线上，称为直线准则。

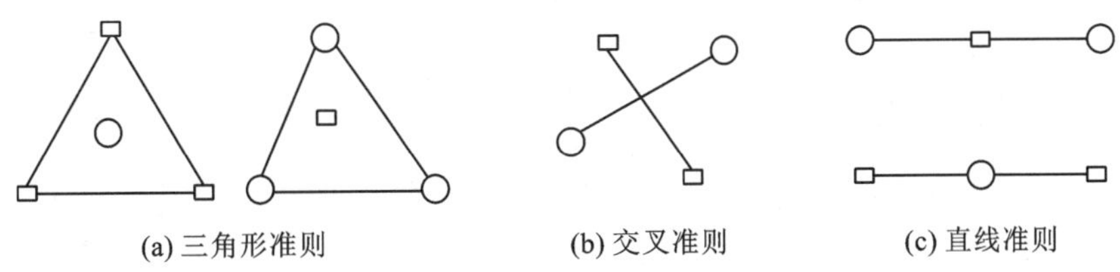

(a) 三角形准则　　(b) 交叉准则　　(c) 直线准则

图 4-51　平面度误差最小包容区域判别准则

那么，这两个平行平面之间的区域即为最小包容区域，该区域的宽度 f 即为符合定义的平面度误差值。

平面度误差值的评定方法还有三点法和对角线法。三点法就是以提取被测平面上任意选定的三点所形成的平面作为评定基准，并以平行于此基准平面的两包容平面之间的最小距离作为平面度误差值；对角线法是以通过提取被测平面的一条对角线的两端点的连线，且平行于另一条对角线的两端点连线的平面作为评定基准，并以平行于此基准平面的两包容平面之间的最小距离作为平面度误差值。

3）圆度误差值的评定

圆度误差值用最小包容区域法来评定。如图 4-52 所示，由两个同心圆包容提取（实际）被测圆时，提取被测圆上至少有四个极点内、外相间地与这两个同心圆接触，则这两个同心圆之间的区域即为最小包容区域，该区域的宽度 f 即这两个同心圆的半径差就是符合定义的圆度误差值。

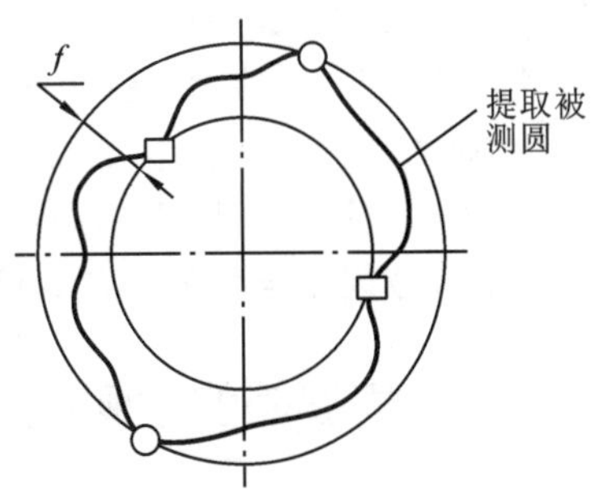

图 4-52　圆度误差最小包容区域判别准则

圆度误差值还可以用最小二乘法、最小外接圆法或最大内接圆法来评定。

4) 圆柱度误差值的评定

圆柱度误差值可按最小包容区域法来评定,即作半径差为最小的两同轴圆柱面包容提取(实际)被测圆柱面,构成最小包容区域,最小包容区域的径向宽度即为符合定义的圆柱度误差值。但是,按最小包容区域法评定圆柱度误差值比较麻烦,通常采用近似法评定。

采用近似法评定圆柱度误差值,是将测得的实际(提取)轮廓投影于与测量基准轴线相垂直的平面上,然后按评定圆度误差值的方法,用透明膜板上的同心圆去包容实际轮廓的投影,并使其构成最小包容区域,即内外同心圆与实际轮廓线投影至少有四点接触,内外同心圆的半径差即为圆柱度误差值。显然,这样的内外同心圆是假定的共轴圆柱面,而所构成的最小包容区域的轴线又与测量基准轴线的方向一致,因而评定的圆柱度误差值略有增大。

2. 方向误差值的评定

如图 4-53 所示,评定方向误差值时,拟合要素相对于基准 A 的方向应保持图样上给定的几何关系,即平行于、垂直于或倾斜于某一理论正确角度,按提取被测要素对拟合要素的最大变动量为最小构成最小包容区域。方向误差值用对基准保持所要求方向的定向最小包容区域的宽度 f 或直径 ϕf 来表示。定向最小包容区域的形状与方向公差带的形状相同,但前者的宽度或直径由提取被测要素本身决定。

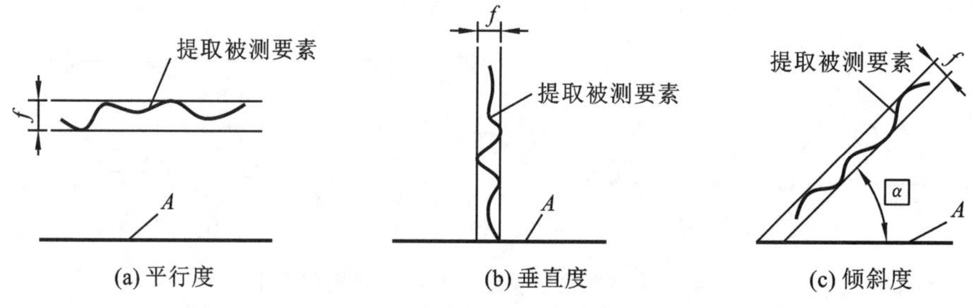

图 4-53　定向最小包容区域示例

3. 位置误差值的评定

评定位置误差值时,拟合要素相对于基准的位置由理论正确尺寸来确定。以拟合要素的位置为中心来包容提取被测要素时,应使之具有最小宽度或最小直径,来确定定位最小包容区域。位置误差值的大小用定位最小包容区域的宽度 f 或直径 ϕf 来表示。定位最小包容区域的形状与位置公差带的形状相同。

评定图 4-54(a)所示零件上第一孔的轴线的位置度误差值时,被测轴线可以用芯轴来模拟体现,如图 4-54(b)所示,提取(实际)被测轴线用一个点表示,拟合(理想)轴线的位置由基准 A、B 和理论正确尺寸 L_x、L_y 确定,用点 O 表示,以点 O 为圆心,以 OS 为半径作圆,则该圆内的区域就是定位最小包容区域,位置度误差值 $\phi f = 2 \times OS$。

4.6.3　几何误差的检测原则

由于被测零件的结构特点、尺寸大小和精度要求以及检测设备条件等不同,同一几何公差项目可以用不同的检测方法来检测。为了正确地测量几何误差,合理选择检测方案,《产品几何技术规范(GPS)　几何公差　检测与验证》(GB/T 1958—2017)规定了以下五项检

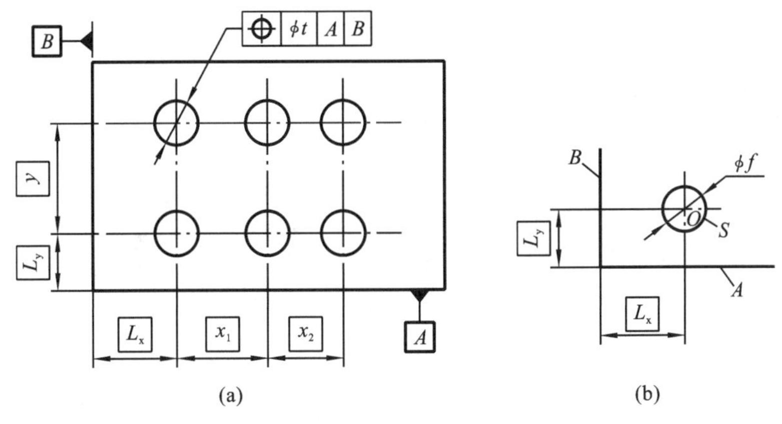

图 4-54 定位最小包容区域示例

测原则。

1. 与拟合要素比较原则

与拟合要素比较原则是指测量时将提取被测要素与相应的拟合要素做比较，在比较过程中获得测量数据，按这些数据来评定几何误差值。该检测原则应用较为广泛。运用该检测原则时，必须有拟合要素作为测量时的标准。根据几何误差的定义，拟合要素是几何学上的概念，测量时采用模拟法将其具体地体现出来。例如：刀口尺的刃口、平尺的轮廓线、一条拉紧的弦线、一束光线都可作为拟合直线；平台和平板的工作面、水平面、样板的轮廓面等可作为拟合平面，用自准仪和水平仪测量直线度和平面度误差时就是应用这样的要素。拟合要素也可以用运动的轨迹来体现，例如：纵向、横向导轨的移动构成了一个平面；一个点绕一轴线作等距回转运动构成了一个拟合圆，由此形成了圆度误差的测量方案。

模拟拟合要素是几何误差测量中的标准样件，它的误差将直接反映到测得值中，是测量总误差的重要组成部分。几何误差测量的极限测量总误差通常为给定公差值的 10%～33%，因此，模拟拟合要素必须具有足够的精度。

2. 测量坐标值原则

由于几何要素的特征总是可以在坐标系中反映出来，因此，利用坐标测量机或其他测量装置，对被测要素测出一系列坐标值，再经数据处理，就可以获得几何误差值。测量坐标值原则是几何误差中的重要检测原则，尤其在轮廓度和位置度误差测量中的应用较为广泛。例如，图 4-55 所示为一方形板零件，其孔组位置度误差的测量可利用一般坐标测量装置，由基准 A、B 分别测出各孔轴线的实际坐标尺寸，然后算出对理论正确尺寸的偏差值 Δx_i 和 Δy_i，按下式计算出位置度误差值：

$$\phi f_i = \sqrt{(\Delta x_i)^2 + (\Delta y_i)^2}$$

3. 测量特征参数原则

特征参数是指被测要素上能直接反映几何误差变动的、具有代表性的参数。测量特征参数原则就是通过测量被测要素上具有代表性的参数来评定几何误差。例如，圆度误差一般反映在直径的变动上，因此，常以直径作为圆度的特征参数，即用千分尺在实际表面同一正截面内的几个方向上测量直径的变动量，取最大的直径差值的二分之一，作为该截面内的

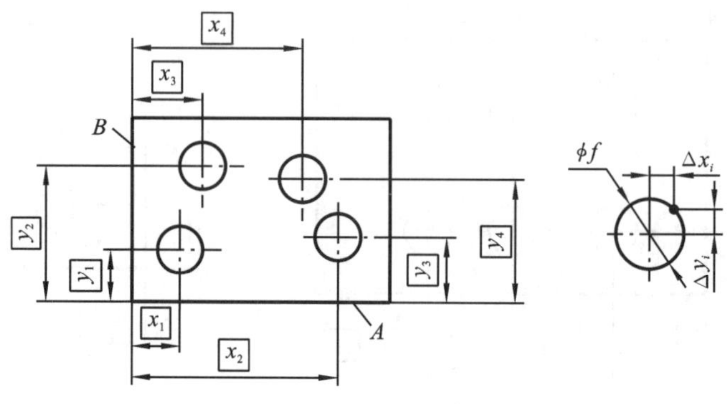

图 4-55　测量坐标值原则检测位置度误差

圆度误差值。显然,应用测量特征参数原则测得的几何误差,与按定义确定的几何误差相比,只是一个近似值,因为特征参数的变动量与几何误差值之间一般没有确定的函数关系,但测量特征参数原则在生产中易于实现,是一种应用较为普遍的检测原则。

4. 测量跳动原则

测量跳动原则是针对测量圆跳动和全跳动的方法而提出的检测原则。例如,测量径向圆跳动和轴向圆跳动,如图 4-56 所示,在提取(实际)被测圆柱面绕基准轴线回转一周的过程中,提取被测圆柱面的形状误差和位置误差使位置固定的指示表的测头作径向移动,指示表最大与最小示值之差,即为在该测量截面内的径向圆跳动误差。提取被测端面绕基准轴线回转一周的过程中,位置固定的指示表的测头作轴向移动,指示表最大与最小示值之差即为轴向圆跳动误差。

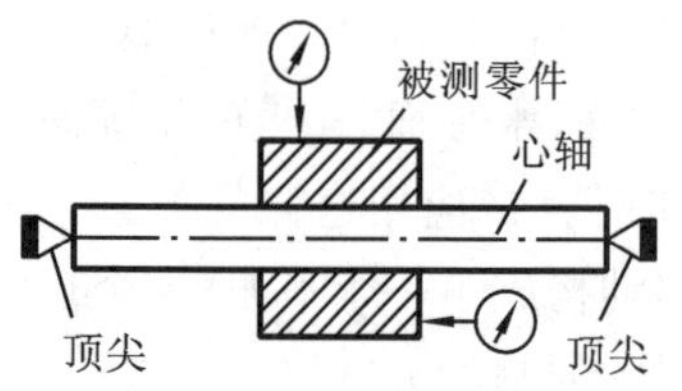

图 4-56　测量跳动误差

5. 控制实效边界原则

控制实效边界原则适用于采用最大实体要求的场合,按最大实体要求给出几何公差时,要求提取被测要素不得超越图样上给定的实效边界。判断提取被测要素是否超越实效边界的有效方法是综合量规检验法,即采用光滑极限量规或位置量规的工作表面来模拟体现图样上给定的边界,检测提取被测要素。若被测要素的实际轮廓能被量规通过,则表示合格,否则不合格。

思考题与练习题

一、思考题

1. 当测量同一被测要素时,比较下列公差项目间的区别和联系。

(1) 圆度公差与圆柱度公差。

(2) 圆度公差与径向圆跳动公差。

(3) 同轴度公差与径向圆跳动公差。

(4) 直线度公差与平面度公差。

(5) 平面度公差与平行度公差。

(6) 平面度公差与轴向全跳动公差。

2. 哪些几何公差的公差值前应该加注“ϕ”?

3. 几何公差带由哪几个要素组成?形状公差带、轮廓公差带、方向公差带、位置公差带、跳动公差带的特点各是什么?

4. 国家标准规定了哪些公差原则或要求?它们主要用在什么场合?

5. 国家标准规定了哪些几何误差检测原则?

6. 举例说明:什么是可逆要求?有何实际意义?

7. 什么是最大实体实效尺寸?对于内、外表面,其最大实体实效尺寸的表达式是什么?

8. 什么是最小实体实效尺寸?对于内、外表面,其最小实体实效尺寸的表达式是什么?

二、练习题

9. 设某轴的直径为 $\phi 30^{-0.1}_{-0.5}$,其轴线直线度公差为 ϕ0.2,试画出其动态公差图。若同轴的实际尺寸处处为 29.75 mm,其轴线直线度公差可增大至多少?

10. 设某轴的尺寸为 $\phi 35^{+0.25}_{0}$,其轴线直线度公差为 ϕ0.05,求其最大实体实效尺寸 D_{MV}。

11. 试解释图 4-57 注出的各项几何公差(说明被测要素、基准要素及公差带形状、大小和方位)。

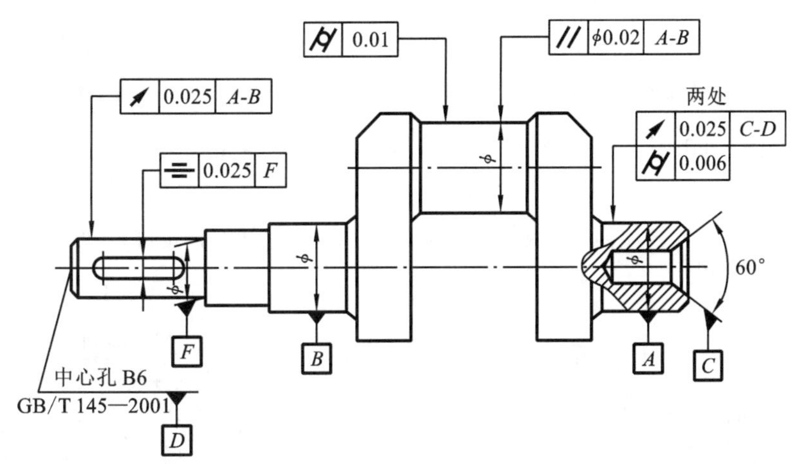

图 4-57　题 11 图

12. 将下列各项几何公差要求标注在图 4-58 上。

(1) ϕ160f6 圆柱表面对 ϕ85K7 圆孔轴线的圆跳动公差为 0.03 mm。

(2) ϕ150f6 圆柱表面对 ϕ85K7 圆孔轴线的圆跳动公差为 0.02 mm。

(3) 厚度为 20 的安装板左端面对 ϕ150f6 圆柱面对应中心轴线的垂直度公差为 0.03 mm。

(4) 安装板右端面对 ϕ160f6 圆柱面轴线的垂直度公差为 0.03 mm。

(5) ϕ125H6 圆孔的轴线对 ϕ85K7 圆孔轴线的同轴度公差为 ϕ0.05 mm。

(6) 5×ϕ21 孔对由与 ϕ160f6 圆柱面轴线同轴,直径尺寸为 ϕ210 mm 确定并均匀分布的理想位置的位置度公差为 ϕ0.125 mm。

13. 将下列几何公差要求标注在图 4-59 上：

(1) 圆锥截面圆度公差为 0.006 mm；

(2) 圆锥素线直线度公差为 7 级(L=50 mm)，并且只允许材料向外凸起；

(3) ϕ80H7 遵守包容要求，ϕ80H7 孔表面的圆柱度公差为 0.005 mm；

(4) 圆锥面对 ϕ80H7 轴线的斜向圆跳动公差为 0.02 mm；

(5) 右端面对左端面的平行度公差为 0.005 mm；

(6) 其余几何公差按 GB/T 1184 中 K 级制造。

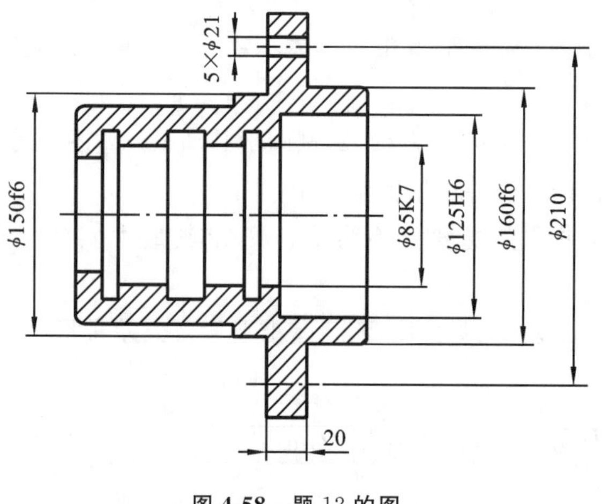

图 4-58　题 12 的图

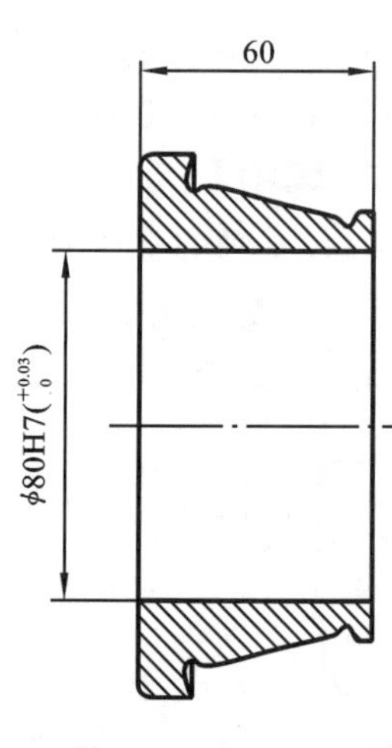

图 4-59　题 13 图

14. 指出图 4-60 中几何公差的标注错误，并加以改正(不允许改变几何公差特征符号)。

15. 指出图 4-61 中几何公差的标注错误，并加以改正(不允许改变几何公差特征符号)。

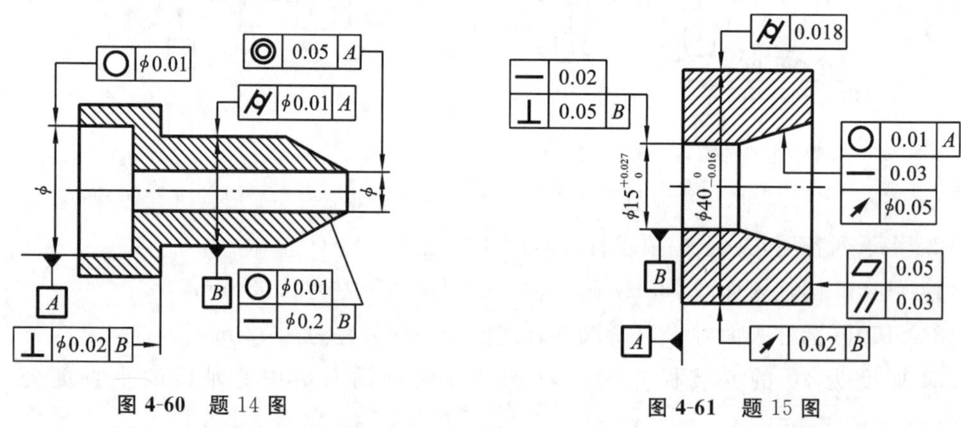

图 4-60　题 14 图　　**图 4-61　题 15 图**

16. 按图 4-62 上标注的尺寸公差和几何公差填表 4-23，对于遵守相关要求的应画出动态公差图。

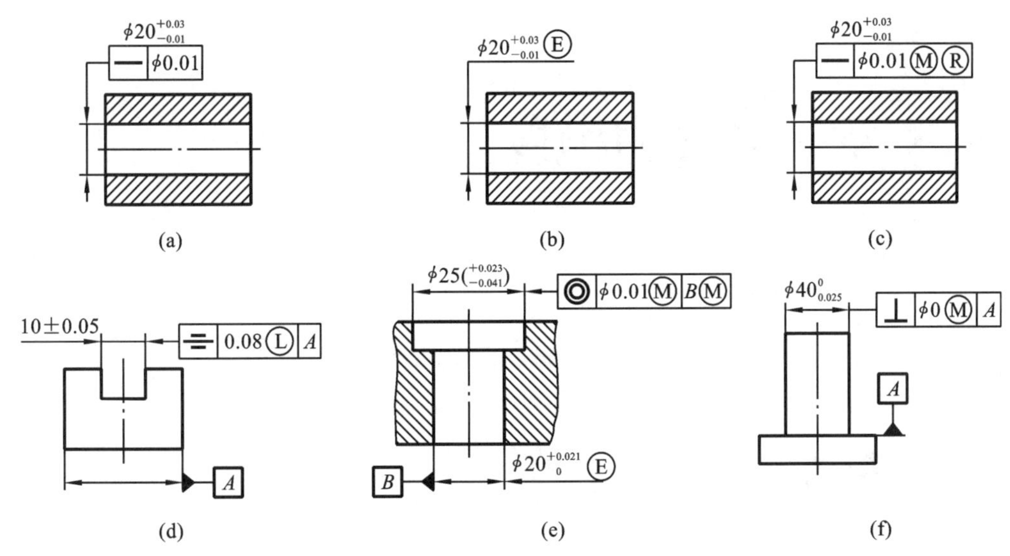

图 4-62　题 16 图

表 4-23　题 16 表

图样序号	遵守公差原则或公差要求	遵守边界及边界尺寸	最大实体尺寸/mm	最小实体尺寸/mm	最大实体状态时形位公差/μm	最小实体状态时形位公差/μm	$d_a(D_a)$范围/mm
a							
b							
c							
d							
e							
f							

第5章 表面粗糙度

5.1 概述

5.1.1 表面粗糙度的基本概念

表面粗糙度是指加工表面所具有的较小间距和微小峰谷的不平度。加工表面相邻两波峰或两波谷之间的距离(波距)很小(在 1 mm 以下),用肉眼是难以区分的,因此表面粗糙度属于微观几何形状误差。表面粗糙度越小,则表面越光滑。表面粗糙度的大小,对机械零件的使用性能有很大的影响,主要表现在以下几个方面。

(1) 表面粗糙度影响零件的耐磨性。表面越粗糙,配合表面间的有效接触面积减小,压强增大,磨损就越快。

(2) 表面粗糙度影响配合性质的稳定性。对于间隙配合来说,表面粗糙就易磨损,使工作过程中间隙逐渐增大;对于过盈配合来说,装配时将微观凸峰挤平了,减小了实际有效过盈,降低了连接强度。

(3) 表面粗糙度影响零件的疲劳强度。粗糙的零件表面存在较大的波谷,它们像尖角缺口和裂纹一样,对应力集中很敏感,从而影响零件的疲劳强度。

(4) 表面粗糙度影响零件的抗腐蚀性。粗糙的表面易使腐蚀性气体或液体通过表面的微观凹谷渗入金属内层,造成表面锈蚀。

(5) 表面粗糙度影响零件的密封性。粗糙的表面之间无法严密地贴合,气体或液体通过接触面间的缝隙渗漏。

此外,表面粗糙度对零件的外观、测量精度也有一定的影响。

可见,表面粗糙度在零件几何精度设计中是必不可少的,作为零件质量评定指标是十分重要的。为了适应生产技术的发展,有利于国际的技术交流及对外贸易,我国参照国际标准(ISO),对原表面粗糙度国家标准做了修订和增订,发布了国家标准《产品几何技术规范(GPS) 表面结构 轮廓法 表面粗糙度参数及其数值》(GB/T 1031—2009)、《产品几何技术规范(GPS) 表面结构 轮廓法 术语、定义及表面结构参数》(GB/T 3505—2009)。

5.1.2　表面粗糙度的基本术语

1. 取样长度与评定长度

1）取样长度

取样长度(sampling length)lr 是指在 X 轴方向上量取的用于判别具有表面粗糙度特征的一段基准线长度。规定这段长度是为了限制和减弱表面波纹度对表面粗糙度测量结果的影响。取样长度应与被测表面的粗糙度相适应。表面越粗糙，取样长度应越大。

2）评定长度

评定长度(evaluation length)ln 是指用于判别被评定轮廓的 X 轴方向上的长度，包含一个或几个取样长度。

2. 中线

中线(mean lines)是具有几何轮廓形状并划分轮廓的基准线。用 λc 轮廓滤波器所抑制的长波轮廓成分对应的中线称为粗糙度轮廓中线(mean line for the roughness profile)；用 λf 轮廓滤波器所抑制的长波轮廓成分对应的中线称为波纹度轮廓中线(mean line for the waviness profile)；在原始轮廓上，按照标称形状用最小二乘法拟合确定的中线称为原始轮廓中线(mean line for the primary profile)。

基准线有两种：轮廓的最小二乘中线和轮廓的算术平均中线。

1）轮廓的最小二乘中线

在取样长度范围内，实际被测轮廓线上的各点至轮廓的最小二乘中线的距离的平方和为最小，如图 5-1 所示。

$$\int_0^l y^2\,\mathrm{d}x = \min \tag{5-1}$$

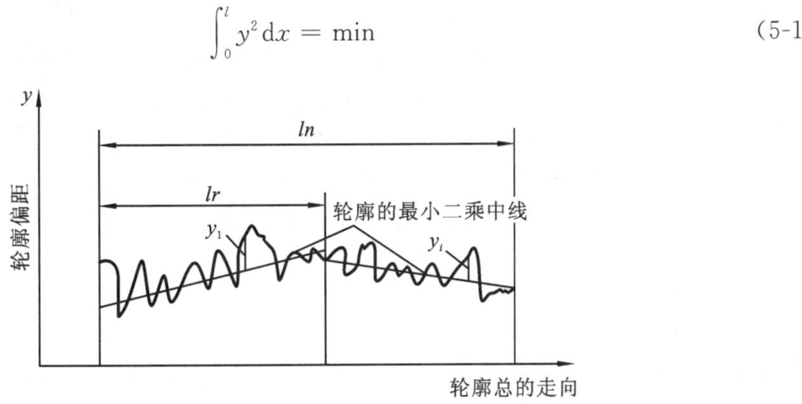

图 5-1　轮廓的最小二乘中线

2）轮廓的算术平均中线

轮廓的算术平均中线是在取样长度范围内，将实际轮廓划分为上、下两部分，且使上、下面积相等的直线，如图 5-2 所示。

$$F_1 + F_2 + \cdots + F_n = G_1 + G_2 + \cdots + G_m \tag{5-2}$$

轮廓的算术平均中线往往不是唯一的，在一簇算术平均中线中只有一条与最小二乘中线重合。在实际评定和测量表面粗糙度时，使用图解法时可用算术平均中线代替最小二乘中线。

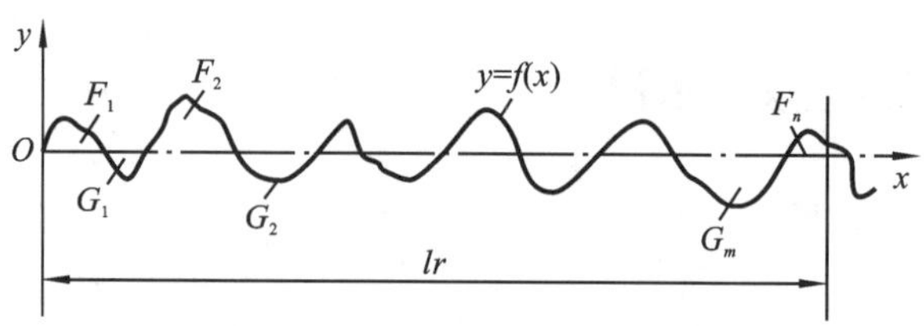

图 5-2 轮廓的算术平均中线

3. 几何参数

1) 轮廓峰

轮廓峰(profile peak)是指被评定轮廓上连接轮廓与 X 轴两相邻交点的向外(从材料到周围介质)的轮廓部分。轮廓峰高 Zp 为轮廓峰最高点距 X 轴的距离,如图 5-3 所示。

2) 轮廓谷

轮廓谷(profile valley)是指被评定轮廓上连接轮廓与 X 轴两相邻交点的向内(从周围介质到材料)的轮廓部分。轮廓谷深 Zv 为 X 轴与轮廓谷最低点之间的距离,如图 5-3 所示。

3) 轮廓单元

轮廓单元(profile element)是指轮廓峰和相邻轮廓谷的组合。如图 5-3 所示,轮廓单元的高度 Zt 是指一个轮廓单元的轮廓峰高 Zp 与轮廓谷深 Zv 之和;轮廓单元的宽度 Xs 是指 X 轴与一个轮廓单位相交线段的长度。

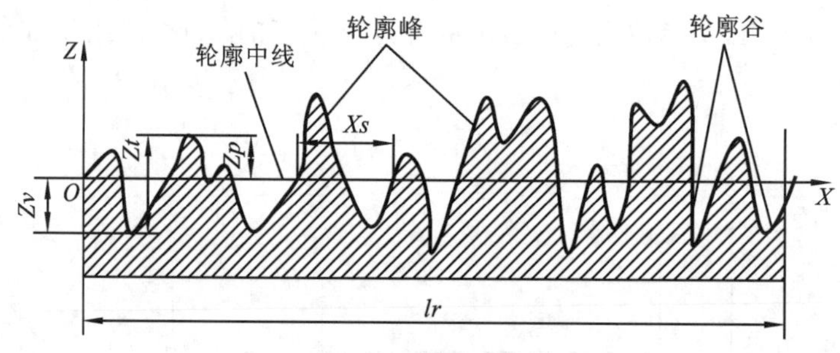

图 5-3 表面轮廓几何参数

4. 评定参数

1) 评定轮廓的算术平均偏差

评定轮廓的算术平均偏差(arithmetical mean deviation of the assessed profile)Ra 是指在一个取样长度内纵坐标值 $Z(x)$ 绝对值的算术平均值,如图 5-4 所示。

$$Ra = \frac{1}{lr}\int_0^{lr} |Z(x)| \mathrm{d}x \tag{5-3}$$

2) 轮廓最大高度

轮廓最大高度(maximum height of profile)是指在一个取样长度内,最大轮廓峰高 Zp 和最大轮廓谷深 Zv 之和,记为 Rz,如图 5-5 所示。

$$Rz = Zp + Zv = \max\{Zp_i\} + \max\{Zv_i\} \tag{5-4}$$

3) 轮廓单元的平均宽度

轮廓单元的平均宽度(mean width of the profile elements)Rsm 是指在一个取样长度

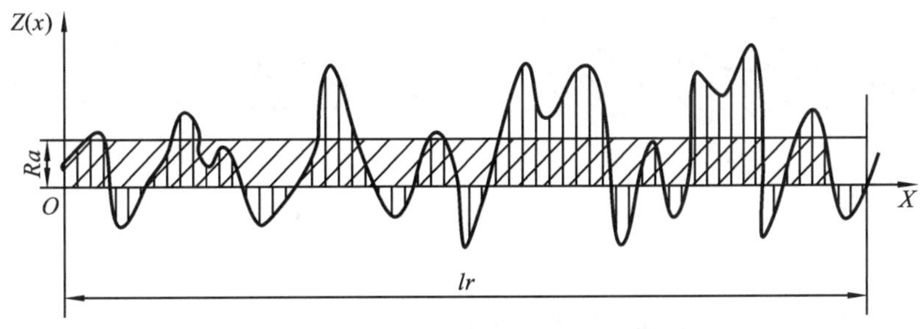

图 5-4　轮廓的算术平均偏差

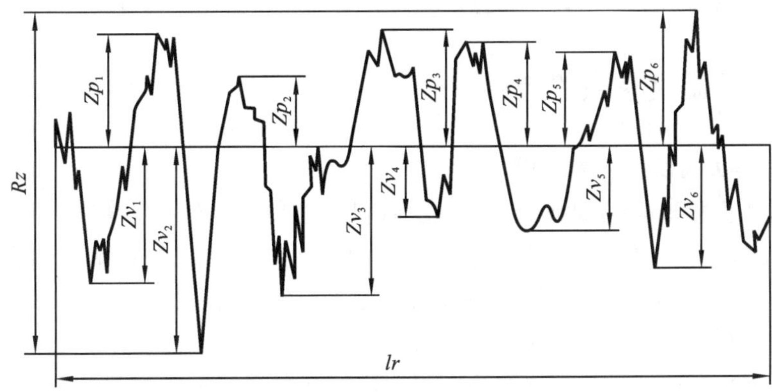

图 5-5　轮廓最大高度

内，轮廓单元宽度的平均值，如图 5-6 所示。

$$Rsm = \frac{1}{m}\sum_{i=1}^{m} Xs_i \tag{5-5}$$

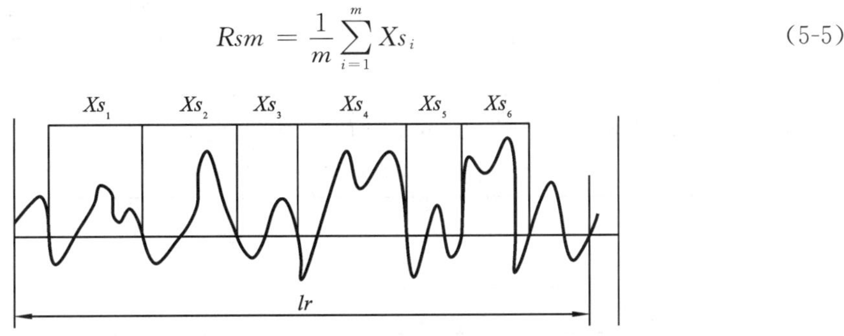

图 5-6　轮廓单元的宽度

4）轮廓支承长度率

轮廓支承长度率(material ratio of the profile)$Rmr(c)$是指在给定水平截面高度 c 上轮廓的实体材料长度 $Ml(c)$与评定长度 ln 的比率，即

$$Rmr(c) = \frac{Ml(c)}{ln} \tag{5-6}$$

$Rmr(c)$与表面轮廓形状有关，是反映表面耐磨性能的指标。如图 5-7 所示，在给定水平位置时，图 5-7(b)的表面比图 5-7(a)的实体材料长度大，所以，该表面耐磨。

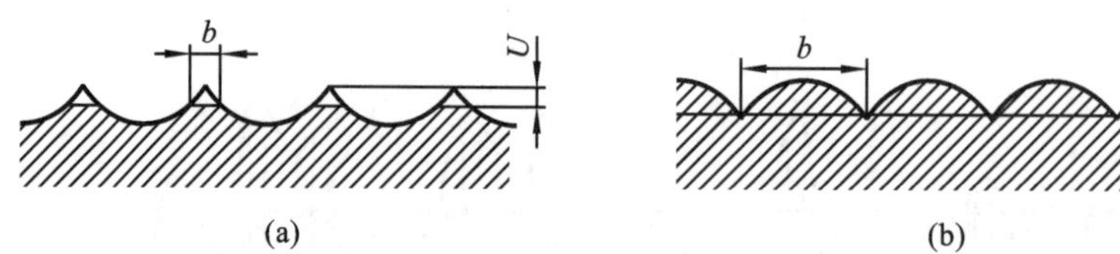

图 5-7　表面粗糙度的不同形状

5.2　表面粗糙度评定参数值的选用

表面粗糙度的选用主要包括评定参数的选用和评定参数值的选用。

5.2.1　表面粗糙度参数的选用

1. 表面粗糙度高度参数的选用

表面粗糙度参数选取的原则是:确定表面粗糙度时,可首先在高度特性方面的参数(Ra、Rz)中选取,只有当高度参数不能满足表面的功能要求时,才选取附加参数作为附加项目。在评定参数中,最常用的是 Ra,因为它最完整、最全面地表征了零件表面的轮廓特征。通常采用电动轮廓仪测量零件表面的 Ra,电动轮廓仪的测量范围为 0.02～8 μm。通常用光学仪器测量 Rz,它的测量范围为 0.1～60 μm。Rz 只反映了峰顶和谷底的几个点,反映出的表面信息有局限性,不如 Ra 全面。

当表面要求耐磨性时,采用 Ra 较为合适。Rz 是反映最大高度的参数,对于疲劳强度来说,表面只要有较深的痕迹,就容易产生疲劳裂纹而导致损坏,因此,这种情况以采用 Rz 为好。另外,在仪表、轴承行业中,由于某些零件很小,难以取得一个规定的取样长度,用 Ra 有困难,采用 Rz 具有实用意义。

Ra 的参数值按表 5-1 选用,Rz 的参数值按表 5-2 选用。

表 5-1　Ra 的数值

单位:μm

评定参数	数值			
Ra	0.012	0.2	3.2	50
	0.025	0.4	6.3	100
	0.05	0.8	12.5	
	0.1	1.6	25	

表 5-2　Rz 的数值

单位:μm

评定参数	数值				
Rz	0.025	0.4	6.3	100	1 600
	0.05	0.8	12.5	200	
	0.1	1.6	25	400	
	0.2	3.2	50	800	

2. 轮廓单元的平均宽度参数的选用

由于高度参数 *Ra*、*Rz* 为主要评定参数，而轮廓单元的平均宽度参数和形状特征参数为附加评定参数，因此，零件所有表面都应选择高度参数，只有少数零件的重要表面，有特殊使用要求时，才附加选择轮廓单元的平均宽度参数等附加评定参数。

如表面粗糙度对表面的可漆性影响较大，如汽车外形薄钢板，除去控制高度参数 *Ra*(0.9～1.3 μm)外，还需进一步控制轮廓单元的平均宽度 *Rsm*(0.13～0.23 mm)；又如，为了使电动机定子硅钢片的功率损失最少，应使其 *Ra* 为 1.5～3.2 μm，*Rsm* 约为 0.17 μm；再如冲压钢板尤其是深冲时，为了使钢板和冲模之间有良好的润滑，避免冲压时引起裂纹，除了控制 *Ra* 外，还要控制轮廓单元的平均宽度参数 *Rsm*。另外，受交变载荷作用的应力界面，除用 *Ra* 参数外，还要用 *Rsm*。

轮廓单元的平均宽度参数 *Rsm* 值按表 5-3 选用。

表 5-3　*Rsm* 的数值　　单位：μm

评定参数	数值			
Rsm	0.006	0.05	0.4	3.2
	0.012 5	0.1	0.8	6.3
	0.025	0.2	1.6	12.5

3. 轮廓支承长度率 *Rmr*(*c*)的选用

由于 *Rmr*(*c*)能直观反映实际接触面积的大小，综合反映峰高和间距的影响，而摩擦、磨损、接触变形都与实际接触面积有关，因此此时适宜选用参数 *Rmr*(*c*)。至于在多大 *Rmr*(*c*)之下确定水平截距 *c* 值，要经过研究确定。*Rmr*(*c*)是表面耐磨性能的一个度量指标，但测量的仪器也较复杂和昂贵。

Rmr(*c*)的数值可按表 5-4 选用，但是选用 *Rmr*(*c*)时必须同时给出水平截距 *c* 值，*c* 值可用 μm 或 *Rz* 的百分数表示。*Rz* 的百分数系列为：5%、10%、15%、20%、25%、30%、40%、50%、60%、70%、80%、90%。

表 5-4　*Rmr*(*c*)的数值(GB/T 1031—2009)

评定参数	数值/(%)			
Rmr(*c*)	10	25	50	80
	15	30	60	90
	20	40	70	

5.2.2　表面粗糙度参数值的选用

表面粗糙度评定参数值选择的一般原则是：在满足功能要求的前提下，尽量选用较大的表面粗糙度参数值，以便于加工，降低生产成本，获得较好的经济效益。表面粗糙度评定参数值的选用通常采用类比法。具体选用时，应注意以下几点。

(1) 同一零件上，工作表面的粗糙度应比非工作表面要求严，*Rmr*(*c*)值应大，其余评定参数值应小。

(2) 对于摩擦表面,速度愈快,单位面积压力愈大,则表面粗糙度值应愈小,尤其是对滚动摩擦表面应更小。

(3) 受交变载荷作用时,特别是在零件圆角、沟槽处要求应严。

(4) 要求配合性质稳定可靠时,要求应严。例如小间隙配合表面、受重载作用的过盈配合表面,都应选择较小的表面粗糙度值。

(5) 确定零件配合表面的粗糙度时,应与其尺寸公差相协调。通常,尺寸公差值、几何公差值小,表面粗糙度 Ra 值或 Rz 值也要小;尺寸公差等级相同时,轴比孔的表面粗糙度数值要小。

此外,还应考虑其他一些特殊因素和要求。例如凡有关标准已对表面粗糙度做出规定的标准件或常用典型零件,均应按相应的标准确定其表面粗糙度参数值。

表 5-5 所示是表面粗糙度参数值应用实例。

表 5-5 表面粗糙度参数值应用实例

Ra/μm	Rz/μm	加工方法	应用举例
≤80	≤320	粗车、粗刨、粗铣、钻、毛锉、锯断	粗糙工作面,一般很少用
≤20	≤80		粗加工表面,如轴端面、倒角面、螺钉和铆钉孔表面、齿轮及皮带轮侧面、键槽底面,焊接前焊缝表面
≤10	≤40	车、刨、铣、镗、钻、粗铰	轴上不安装轴承、齿轮处的非配合表面,筋骨间的自由装配表面,轴和孔的退刀槽等
≤5	≤20	车、刨、铣、镗、磨、拉、粗刮、滚压	半精加工表面,箱体、支架、套筒等和其他零件结合而无配合要求的表面,需要发蓝的表面,机床主轴的非工作表面
≤2.5	≤10	车、刨、铣、镗、磨、拉、刮、滚压、铣齿	接近于精加工表面,衬套、轴承、定位销的压入孔表面,中等精度齿轮齿面,低速传动的轴颈、电镀前金属表面等
≤1.25	≤6.3	车、镗、磨、拉、刮、精铰、滚压、磨齿	圆柱销、圆锥销,与滚动轴承配合的表面,普通车床导轨面,内、外花键定心表面,中速转轴轴颈等
≤0.63	≤3.2	精镗、磨、刮、精铰、滚压	要求配合性质稳定的配合表面,较高精度车床的导轨面,高速工作的轴颈及衬套工作表面
≤0.32	≤1.6	精磨、珩磨、研磨、超精加工	精密机床主轴锥孔,顶尖锥孔,发动机曲轴表面,高精度齿轮齿面,凸轮轴表面等
≤0.16	≤0.8	精磨、研磨、普通抛光	活塞表面,仪器导轨表面,液压阀的工作面,精密滚动轴承的滚道
≤0.08	≤0.4	超精磨、精抛光、镜面磨削	精密机床主轴颈表面,量规工作面,测量仪器的摩擦面,滚动轴承的钢球、滚珠表面
≤0.04	≤0.2		特别精密或高速滚动轴承的滚道、钢球、滚珠表面,测量仪器中的中等精度配合表面,保证高度气密的结合表面

续表

$Ra/\mu m$	$Rz/\mu m$	加工方法	应用举例
≤0.02	≤0.1	镜面磨削、超精研	精密仪器的测量面，仪器中的高精度配合表面，大于 100 mm 的量规工作表面等
≤0.01	≤0.05		高精度量仪、量块的工作表面，光学仪器中的金属镜面，高精度坐标镗床中的镜面尺等

5.2.3　表面粗糙度的标注

1. 表面粗糙度的符号

表面粗糙度的符号及含义如表 5-6 所示。

表 5-6　表面粗糙度的符号及含义

名称	符号	含义
基本图形符号（简称基本符号）		未指定工艺方法获得的表面。仅用于简化代号标注，没有补充说明时不能单独使用
扩展图形符号		用去除材料方法获得的表面。例如通过机械加工方法获得的表面
		用不去除材料方法获得的表面；也可用于表示保持上道工序形成的表面
完整图形符号		在上述三个图形符号的长边上加一横线，用于标注表面粗糙度特征的补充信息
工作轮廓各表面的图形符号		在完整图形符号上加一圆圈，表示在图样某个视图上构成封闭轮廓的各表面有相同的表面粗糙度要求。它标注在图样中工件的封闭轮廓线上，如果标注会引起歧义时，各表面应分别标注

表面粗糙度数值及其有关规定在符号中注写的位置如图 5-8 所示。位置 a 标注表面粗糙度参数代号、极限值和传输带或取样长度。位置 b 用于需要注写两个或多个表面粗糙度要求的场合：当有两个要求时，位置 a 注写第一个要求，位置 b 注写第二个要求；当需要注写第三个或多要求时，图形符号应在垂直方向扩大，以空出足够的空间。扩大图形符号时，a 和 b 的位置随之上移。位置 c 注写加工方法、表面处理、涂层或其他加工工艺要求等。位置 d 注写所要求的表面纹理及其方向。位置 e 注写所要求的加工余量，以 mm 为单位给出数值。

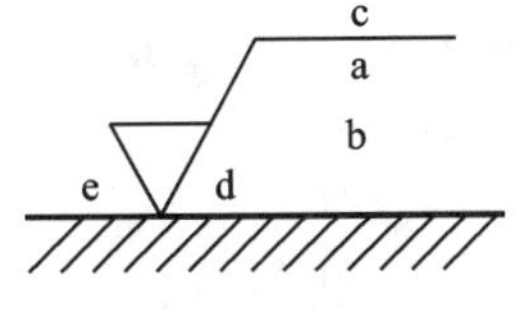

图 5-8　表面粗糙度代号

加工纹理符号及说明如表 5-7 所示。

表 5-7　加工纹理符号及说明

符号	示意图	符号	示意图
=	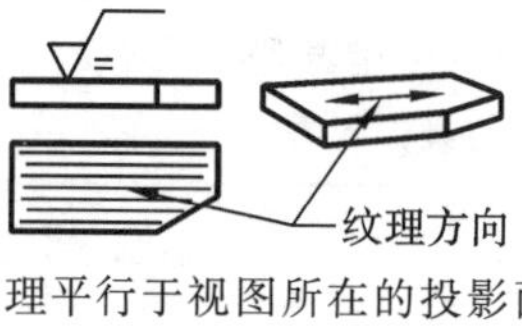 纹理方向 纹理平行于视图所在的投影面	×	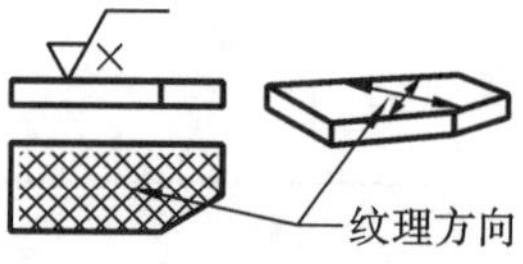 纹理方向 纹理呈两斜向交叉且与视图所在的投影面相交
⊥	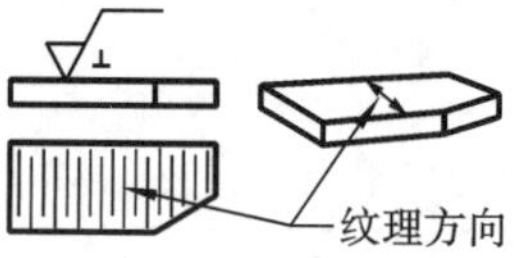 纹理方向 纹理垂直于视图所在的投影面	C	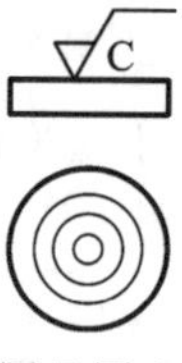 纹理呈近似同心圆且圆心与表面中心相关
P	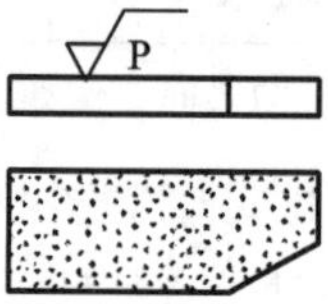 纹理微粒、凸起，无方向	R	 纹理呈近似放射状且与表面圆心相关

2. 表面粗糙度的标注实例

表面粗糙度参数标注示例如表 5-8 所示。

表 5-8　表面粗糙度参数标注图例

序号	代号	意义
1	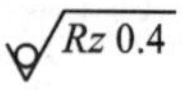 *Rz* 0.4	表示不允许去除材料，单向上限值，默认传输带，轮廓的最大高度 0.4 μm，评定长度为 5 个取样长度(默认)，“16%规则”(默认)
2	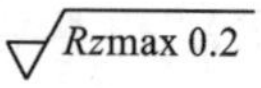 *Rz*max 0.2	表示去除材料，单向上限值，默认传输带，轮廓最大高度的最大值 0.2 μm，评定长度为 5 个取样长度(默认)，“最大规则”
3	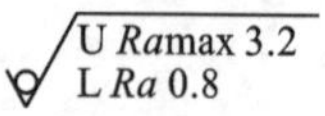 U *Ra*max 3.2 L *Ra* 0.8	表示不允许去除材料，双向极限值，两极限值均使用默认传输带。上限值：算术平均偏差 3.2 μm，评定长度为 5 个取样长度(默认)，“最大规则”。下限值：算术平均偏差 0.8 μm，评定长度为 5 个取样长度(默认)，“16%规则”(默认)
4	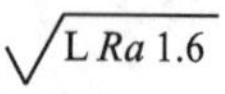 L *Ra* 1.6	表示任意加工方法，单向下限值，默认传输带，算术平均偏差 1.6 μm，评定长度为 5 个取样长度(默认)，“16%规则”(默认)

续表

序号	代号	意义
5	√0.008-0.8/Ra 3.2	表示去除材料，单向上限值，传输带 0.008～0.8 mm，算术平均偏差 3.2 μm，评定长度为 5 个取样长度（默认），“16％规则”（默认）
6	√-0.8/Ra3 3.2	表示去除材料，单向上限值，传输带：根据 GB/T 6062，取样长度 0.8 mm，算术平均偏差 3.2 μm，评定长度包含 3 个取样长度（即 ln＝0.8 mm×3＝2.4 mm），“16％规则”（默认）
7	铣 Ra 0.8 √⊥-2.5/Rz 3.2	表示去除材料，两个单向上限值：①默认传输带和评定长度，算术平均偏差 0.8 μm，“16％规则”（默认）；②传输带为－2.5 mm，默认评定长度，轮廓的最大高度 3.2 μm，“16％规则”（默认）。表面纹理垂直于视图所在的投影面。加工方法为铣削
8	√0.008-4/Ra 50 0.008-4/Ra 6.3	表示去除材料，双向极限值：上限值 Ra＝50 μm，下限值 Ra＝6.3 μm；上、下极限传输带均为 0.008～4 mm；默认的评定长度均为 ln＝4 mm×5＝20 mm；“16％规则”（默认）
9	√ √Y √Z	简化符号：符号及所加字母的含义在图样中标注说明

需要注意的是：表中“上限值”是指表面粗糙度参数的所有实测值中超过规定值的个数少于总数的 16％；“最大值”是指表面粗糙度参数的所有实测值不得超过规定值。

5.3 表面粗糙度的检测

表面粗糙度常用的检测方法有比较法、光切法、干涉法和印模法。

1. 比较法

比较法是将被测表面和表面粗糙度样板直接进行比较，两者的加工方法和材料应尽可能相同，否则将产生较大误差。可用肉眼或借助放大镜、比较显微镜比较，也可用手摸、指甲划动的感觉来判断被测表面的粗糙度。

这种方法多用于车间，评定一些表面粗糙度参数值较大的工件，评定的准确性在很大程度上取决于检验人员的经验。

2. 光切法

应用光切原理来测量表面粗糙度的方法称为光切法。常用的仪器是双管显微镜。该种仪器适于测量用车、铣、刨或其他类似加工方法所加工的零件平面和外圆表面。将所测值按式(5-4)计算可求得 Rz 值。

3. 干涉法

干涉法是利用光波干涉原理来测量表面粗糙度的方法。被测表面直接参与光路，用同一标准反射镜比较，以光波波长来度量干涉条纹弯曲程度，从而测得该表面的粗糙度。

干涉法测量表面粗糙度的仪器是干涉显微镜。目前国内生产的干涉显微镜有6J型、6JA型等。干涉法通常用于测量表面粗糙度参数 Rz 值。

4. 印模法

印模法是指利用石蜡、低熔点合金或其他印模材料，压印在被测零件表面，取得被测表面的复印模型，放在显微镜上间接地测量被检验表面的粗糙度。印模法适合用于对笨重零件及内表面，如孔、横梁等不便用仪器测量的面进行测量。

思考题与练习题

一、思考题

1. 表面粗糙度属于什么误差？对零件的使用性能有哪些影响？
2. 为什么要规定取样长度和评定长度？两者的区别何在？关系如何？
3. Ra 和 Rz 的区别何在？各自的常用范围如何？
4. 国家标准规定了哪些粗糙度评定参数？如何选择？
5. 选择表面粗糙度参数值，是否取得越小越好？

二、练习题

6. 有一轴，其尺寸为 $\phi 40^{+0.016}_{+0.002}$ mm，圆柱度公差为 2.5 μm，试参照尺寸公差和几何公差确定该轴的表面粗糙度评定参数 Ra 的数值。

7. 将下列要求标注在图5-9上，各加工面均采用去除材料的方法获得。

(1) 直径为 ϕ50 mm 的圆柱外表面粗糙度 Ra 的允许值为 3.2 μm。

(2) 左端面的表面粗糙度 Ra 的允许值为 1.6 μm。

(3) 直径为 ϕ50 mm 的圆柱的右端面的表面粗糙度 Ra 的允许值为 1.6 μm。

(4) 内孔表面粗糙度 Ra 的允许值为 0.4 μm。

(5) 螺纹工作面的表面粗糙度 Rz 的最大值为 1.6 μm，最小值为 0.8 μm。

(6) 其余各加工面的表面粗糙度 Ra 的允许值为 25 μm。

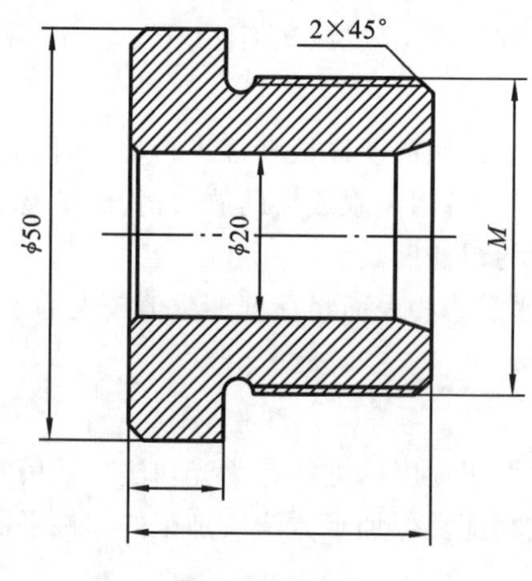

图 5-9 题7图

8. ϕ65H7/d6 与 ϕ65H7/h6 相比，哪种配合应选用较小的表面粗糙度参数值？为什么？

第6章　光滑极限量规

6.1　基本概念

光滑圆柱体工件的检验可用通用测量器具，也可以用光滑极限量规。特别是大批量生产时，通常应用光滑极限量规检验工件。

光滑极限量规是一种没有刻线的专用测量器具。它不能测得工件实际尺寸的大小，而只能确定被测工件的尺寸是否在它的极限尺寸范围内，从而对工件做出合格性判断。光滑极限量规的公称尺寸就是工件的公称尺寸，通常把检验孔径的光滑极限量规叫作塞规，把检验轴径的光滑极限量规称为环规或卡规。

不论是塞规还是环规，都包括两个量规：一个是按被测工件的最大实体尺寸制造的，称为通规，也叫通端；另一个是按被测工件的最小实体尺寸制造的，称为止规，也叫止端。检验时，塞规或环规都必须把通规和止规联合使用。例如使用塞规检验工件孔时（见图 6-1），如果塞规的通规通过被检验孔，说明被测孔径大于孔的下极限尺寸；塞规的止规塞不进被检验孔，说明被测孔径小于孔的上极限尺寸。于是，知道被测孔径大于下极限尺寸且小于上极限尺寸，即孔的作用尺寸和实际尺寸在规定的极限范围内，因此被测孔是合格的。

同理，用卡规的通规和止规检验工件轴径时（见图 6-2），通规通过轴，止规通不过轴，说明被测轴径的作用尺寸和实际尺寸在规定的极限范围内，因此被测轴径是合格的。由此可知，不论是塞规还是卡规，如果通规通不过被测工件，或者止规通过了被测工件，即可确定被测工件是不合格的。

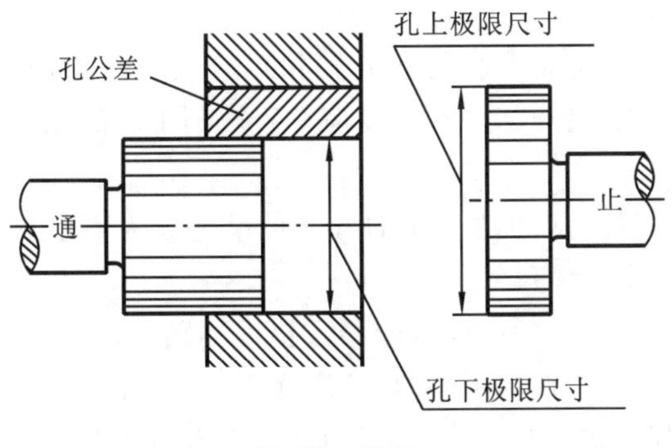

图 6-1　塞规

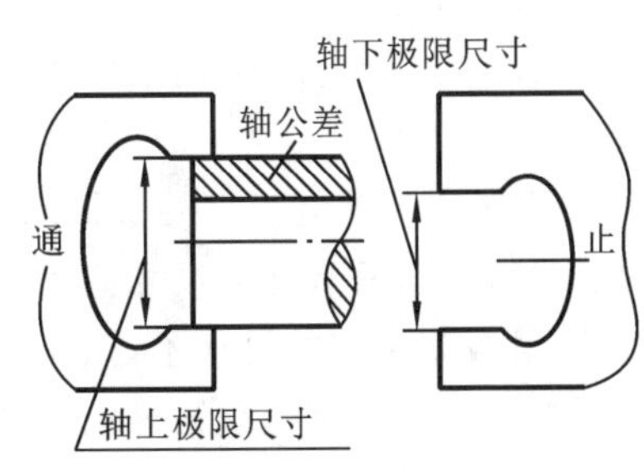

图 6-2　卡规

根据用途不同,量规分为工作量规、验收量规和校对量规三类。

1. 工作量规

工作量规是指工人在加工时用来检验工件的量规。一般用的通规是新制的或磨损较少的量规。工作量规的通规用代号"T"来表示,止规用代号"Z"来表示。

2. 验收量规

验收量规是指检验部门或用户代表验收工件时用的量规。一般来说,检验人员用的通规为磨损较大但未超过磨损极限的旧工作量规;用户代表用的是接近磨损极限尺寸的通规,这样由生产工人自检合格的产品,检验部门验收时也一定合格。

3. 校对量规

校对量规是指用以检验轴用工作量规的量规。它是检查轴用工作量规在制造时是否符合制造公差,在使用中是否已达到磨损极限所用的量规。校对量规可分为三种:

(1)"校通-通"量规(代号为 TT):检验轴用工作量规通规的校对量规。

(2)"校止-通"量规(代号为 ZT):检验轴用工作量规止规的校对量规。

(3)"校通-损"量规(代号为 TS):检验轴用工作量规通规磨损极限的校对量规。

6.2 泰勒原则

加工完的工件,实际尺寸虽经检验合格,但由于形状误差的存在,也有可能出现不能装配、装配困难或即使偶然能装配也达不到配合要求的情况。因此,用量规检验时,为了正确地评定被测工件是否合格、是否能装配,对于遵守包容原则的孔和轴,应按极限尺寸判断原则(即泰勒原则)验收。

泰勒原则是指工件的作用尺寸不超过最大实体尺寸(即孔的作用尺寸应大于或等于其下极限尺寸,轴的作用尺寸应小于或等于其上极限尺寸),工件任何位置的实际尺寸应不超过其最小实体尺寸(即孔任何位置的实际尺寸应小于或等于其上极限尺寸,轴任何位置的实际尺寸应大于或等于其下极限尺寸)。

作用尺寸由最大实体尺寸限制,就把形状误差限制在尺寸公差之内。另外,工件的实际尺寸由最小实体尺寸限制,才能保证工件合格并具有互换性,并能自由装配。也就是说,按泰勒原则验收合格的工件是能保证使用要求的。

符合泰勒原则的光滑极限量规应达到以下要求:

(1) 通规用来控制工件的作用尺寸,它的测量面应具有与孔或轴相对应的完整表面。这种量规称为全形量规,它的尺寸等于工件的最大实体尺寸,且长度应等于被测工件的配合长度。

(2) 止规用来控制工件的实际尺寸,它的测量面应为两点状的。这种量规称为不全形(或两点状)量规,两点间的尺寸应等于工件的最小实体尺寸。

若光滑极限量规的设计不符合泰勒原则,则对工件的检验可能导致错误判断。以图6-3为例,分析量规形状对检验结果的影响:被测工件孔为椭圆形,实际轮廓在 X 方向和 Y 方向都已超出公差带,已属废品。但若用两点状通规检验,可能从 Y 方向通过,若不做多次不同方向检验,则可能发现不了孔已在 X 方向超出公差带。同理,若用全形止规检验,则根本通

不过孔,发现不了孔已在 Y 方向超出公差带。这样,由于量规形状不正确,有可能把该孔误判为合格。实际应用中的量规,由于制造和使用方面的原因,常常偏离泰勒原则。例如,为了用已标准化的量规,允许通规的长度小于工件的配合长度:对于大尺寸的孔、轴,用全形通规检验,既笨重又不便于使用,允许用不全形通规;对于曲轴轴径,由于无法使用全形环规通过,允许用卡规代替。

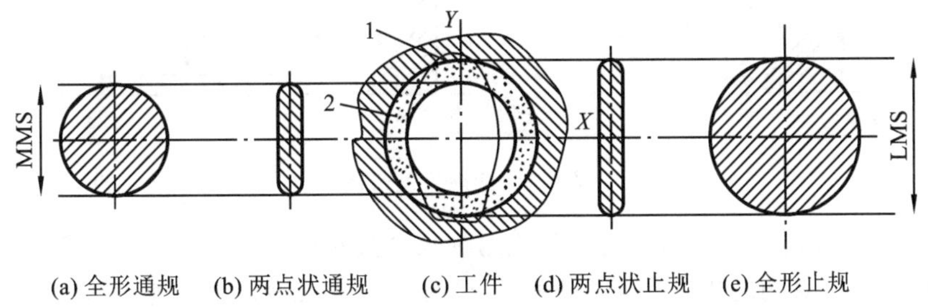

图 6-3　塞规形状对检验结果的影响

1—实际孔;2—孔公差带

对于止规,也不一定全是两点式接触,由于点接触容易磨损,一般常以小平面、圆柱面或球面代替点;检验小孔的止规,常用便于制造的全形塞规;同样,对于刚性差的薄壁件,由于考虑到受力变形,常用完全形的止规。

光滑极限量规的国家标准规定,使用偏离泰勒原则的量规时,应保证被检验的孔、轴的形状误差(尤其是轴线的直线度、圆度)不影响配合性质。

6.3　量规公差带

作为量具的光滑极限量规,本身亦相当于一个精密工件,制造时和普通工件一样,不可避免地会产生加工误差,同样需要规定制造公差。量规制造公差的大小不仅影响量规的制造难易程度,还会影响被测工件加工的难易程度以及对被测工件合格性的判断。为了确保产品质量,国家标准 GB/T 1957—2006 规定量规的尺寸公差不得超出被测工件的公差带。

通规由于经常通过被测工件会有较大的磨损,为了延长使用寿命,除规定了制造公差外还规定了磨损公差。磨损公差的大小,决定了量规的使用寿命。止规不经常通过被测工件,磨损较少,所以不规定磨损公差,只规定制造公差。图 6-4 所示为 GB/T 1957—2006 规定的量规公差带,图中 Z 表示通规尺寸公差带中心到被测孔、轴最大实体尺寸之间的距离。量规的通规、止规公差带均内缩到被测工件的尺寸公差带之内,其工作量规的通规公差带中心位置由 Z 决定,而其磨损极限与被测工件的最大实体尺寸重合。工作量规的止规公差带从工件的最小实体尺寸起,向被测工件的尺寸公差带之内分布,其工作量规的通规公差带中心位置由 Z 决定,而其磨损极限与被测工件的最大实体尺寸重合。采用内缩方式可以大大减少误收现象的发生。图中 T 表示工作量规的制造公差;T_p 表示校对量规的制造公差。

工作量规通规的制造公差带对称于 Z 值且在工件的公差带之内,其磨损极限与工件的最大实体尺寸重合。工作量规止规的制造公差带从工件的最小实体尺寸起,向工件的公差带内分布。校对量规公差带的分布如下:

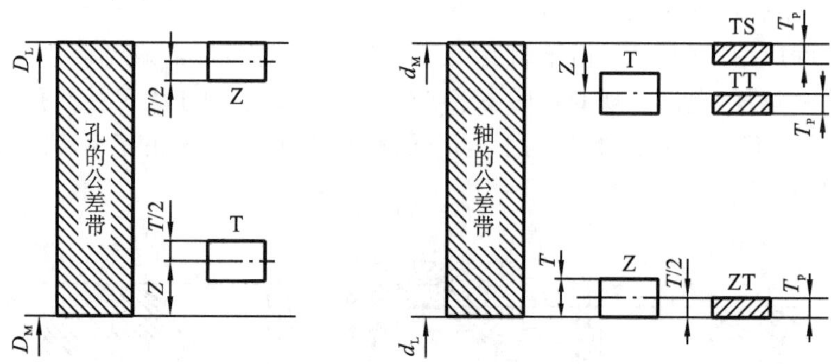

图 6-4　量规公差带图

“校通-通”量规(TT):它的作用是防止通规尺寸过小(制造时过小或自然时效时过小)。检验时应通过被校对的轴用工作量规通规。它的公差带从通规的下极限偏差开始,向轴用工作量规通规的公差带内分布。

“校止-通”量规(ZT):它的作用是防止止规尺寸过小(制造时过小或自然时效时过小)。检验时应通过被校对的轴用工作量规止规。它的公差带从止规的下极限偏差开始,向轴用工作量规止规的公差带内分布。

“校通-损”量规(TS):它的作用是防止通规超出磨损极限尺寸。检验时,若通过了,则说明所校对的轴用工作量规已超过磨损极限,应予报废。它的公差带是从通规的磨损极限开始,向轴用工作量规通规的公差带内分布。

测量极限误差一般允许为被测孔、轴的尺寸公差的 1/10～1/3。对于标准公差等级相同而公称尺寸不同的孔、轴,这个比值基本相同。随着孔、轴的标准公差等级的降低,这个比值减小。量规尺寸公差带的大小和位置就是按照这个原则规定的。

GB/T 1957—2006 对公称尺寸至 500 mm、标准公差等级为 IT6～IT16 的孔和轴规定了通规和止规工作部分定形尺寸的公差及通规尺寸公差带中心到工件最大实体尺寸之间的距离。摘录其中部分数值如表 6-1 所示。

表 6-1　量规尺寸公差 T 值和通规尺寸公差带中心到工件最大实体尺寸之间的距离 Z 值

单位:μm

工件的公称尺寸/mm	IT6			IT7			IT8			IT9			IT10			IT11			IT12		
	IT6	T	Z	IT7	T	Z	IT8	T	Z	IT9	T	Z	IT10	T	Z	IT11	T	Z	IT12	T	Z
>10～18	11	1.6	2.0	18	2.0	2.8	27	2.8	4.0	43	3.4	6	70	4	8	110	6	11	180	7	15
>18～30	13	2.0	2.4	21	2.4	3.4	33	3.4	5.0	52	4.0	7	84	5	9	130	7	13	210	8	18
>30～50	16	2.4	2.8	25	3.0	4.0	39	4.0	6.0	62	5.0	8	100	6	11	160	8	16	250	10	22
>50～80	19	2.8	3.4	30	3.6	4.6	46	4.6	7.0	74	6.0	9	120	7	13	190	9	19	300	12	26
>80～120	22	3.2	3.8	35	4.2	5.4	54	5.4	8.0	87	7.0	10	140	8	15	220	10	22	350	14	30

国家标准还规定,量规工作部分的形状误差应该控制在尺寸公差范围内。量规的几何公差为尺寸公差的 50%。考虑到制造和测量困难,当量规尺寸公差小于或等于 0.002 mm 时,量规的几何公差应取 0.001 mm。

根据被测孔、轴标准公差等级的高低和量规测量面尺寸的大小，量规测量面的表面粗糙度轮廓幅度参数 Ra 的上限值为 0.05～0.80 μm（见表 6-2）。

表 6-2 量规测量面的表面粗糙度轮廓幅度参数 Ra 值

光滑极限量规	量规的基本尺寸/mm		
	≤120	＞120～315	＞315～500
	Ra 值/μm		
IT6 级孔用工作量规	≤0.05	≤0.10	≤0.20
IT7～IT9 级孔用工作量规	≤0.10	≤0.20	≤0.40
IT10～IT12 级孔用工作量规	≤0.20	≤0.40	≤0.80
IT13～IT16 级孔用工作量规	≤0.40	≤0.80	≤0.80
IT6～IT9 级轴用工作量规	≤0.10	≤0.20	≤0.40
IT10～IT12 级轴用工作量规	≤0.20	≤0.40	≤0.80
IT13～IT16 级轴用工作量规	≤0.40	≤0.80	≤0.80
IT6～IT9 级轴用工作环规的校对塞规	≤0.05	≤0.10	≤0.20
IT10～IT12 级轴用工作环规的校对塞规	≤0.10	≤0.20	≤0.40
IT13～IT16 级轴用工作环规的校对塞规	≤0.20	≤0.40	≤0.40

6.4 光滑极限量规设计

光滑极限量规工作部分极限尺寸的设计步骤如下：

(1) 按零件图上被测工件的公差代号查出工件的极限偏差，计算出最大、最小实体尺寸，即可得知通规、止规及校对量规工作部分的尺寸；

(2) 从表 6-1 中查出量规尺寸的公差 T 值和通规尺寸公差带中心到被测工件的最大实体尺寸之间的距离 Z 值，按 T 值确定量规的形状公差和校对量规的制造公差；

(3) 按照图 6-4 所示的形式绘制量规公差带图，确定量规的上、下极限偏差，并计算量规工作部分的极限尺寸。

【例 6-1】 设计 ϕ18H8/f7 孔与轴用的量规。

解 (1) 根据 GB/T 1800.1—2020 查出孔与轴的上、下极限偏差。

$$ES=+0.027\ \text{mm},\quad EI=0\ \text{mm}$$

$$es=-0.016\ \text{mm},\quad ei=-0.034\ \text{mm}$$

(2) 由表 6-1 查出量规尺寸公差 T 值和 Z 值，并确定量规的形状公差和校对量规的制造公差。

塞规：制造公差 $T_1=0.0028$ mm；位置要素 $Z_1=0.004$ mm；形状公差为 $T_1/2=0.0014$ mm。

卡规：制造公差 $T_2=0.002$ mm；位置要素 $Z_2=0.0028$ mm；形状公差为 $T_2/2=$

0.001 mm。

校对量规制造公差：$T_p = T_2/2 = 0.001$ mm。

(3) 计算量规的极限偏差及工作部分的极限尺寸。

①ϕ18H8 孔用塞规。

通规(T)：

$$上极限偏差 = EI + Z_1 + T_1/2 = +0.0054\ \text{mm}$$
$$下极限偏差 = EI + Z_1 - T_1/2 = +0.0026\ \text{mm}$$
$$磨损极限 = EI = 0$$

故通规工作部分的极限尺寸为 $\phi18^{+0.0054}_{+0.0026}$ mm。

止规(Z)：

$$上极限偏差 = ES = +0.027\ \text{mm}$$
$$下极限偏差 = ES - T_1 = +0.0242\ \text{mm}$$

故止规工作部分的极限尺寸为 $\phi18^{+0.027}_{+0.0242}$ mm。

②ϕ18f7 轴用卡规。

通规(T)：

$$上极限偏差 = es - Z_2 + T_2/2 = -0.0178\ \text{mm}$$
$$下极限偏差 = es - Z_2 - T_2/2 = -0.0198\ \text{mm}$$
$$磨损极限 = es = -0.016\ \text{mm}$$

故通规工作部分的极限尺寸为 $\phi18^{-0.0178}_{-0.0198}$ mm。

止规(Z)：

$$上极限偏差 = ei + T_2 = -0.032\ \text{mm}$$
$$下极限偏差 = ei = -0.034\ \text{mm}$$

故止规工作部分的极限尺寸为 $\phi18^{-0.032}_{-0.034}$ mm。

③轴用工作量规卡规的校对量规。

“校通-通”量规(TT)：

$$上极限偏差 = es - Z_2 - T_2/2 + T_p = -0.0188\ \text{mm}$$
$$下极限偏差 = es - Z_2 - T_2/2 = -0.0198\ \text{mm}$$

故“校通-通”量规工作部分的极限尺寸为 $\phi18^{-0.0188}_{-0.0198}$ mm。

“校通-损”量规(TS)：

$$上极限偏差 = es = -0.016\ \text{mm}$$
$$下极限偏差 = es - T_p = -0.017\ \text{mm}$$

故“校通-损”量规工作部分的极限尺寸为 $\phi18^{-0.016}_{-0.017}$ mm。

“校止-通”量规(ZT)：

$$上极限偏差 = ei + T_p = -0.033\ \text{mm}$$
$$下极限偏差 = ei = -0.034\ \text{mm}$$

故“校止-通”量规工作部分的极限尺寸为 $\phi18^{-0.033}_{-0.034}$ mm。

(4) 绘制 ϕ18H8/f7 孔与轴量规公差带图，如图 6-5 所示。

量规宜采用合金工具钢、碳素工具钢、渗碳钢或其他耐磨材料制造，测量面硬度不应小于 60 HRC。量规测量面的表面粗糙度 Ra 及量规的型式详见 GB/T 1957—2006。

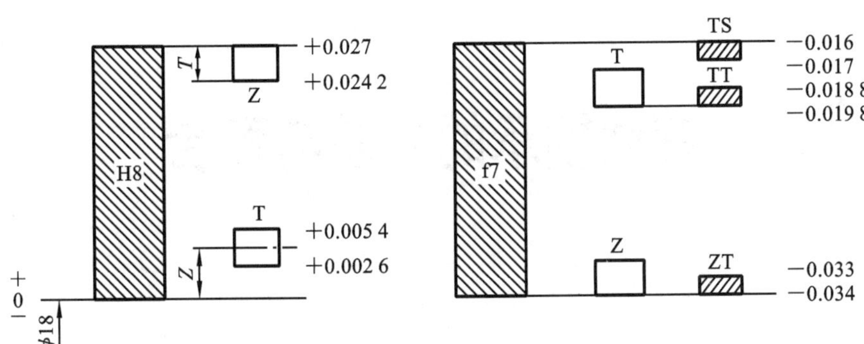

图 6-5　量规公差带图

思考题与练习题

一、思考题

1. 光滑极限量规有何特点？如何用它检验工件是否合格？
2. 量规分几类？各有何用途？孔用工作量规为何没有校对量规？

二、练习题

3. 确定 ϕ18H7/p7 孔、轴用工作量规及校对量规的尺寸并画出量规的公差带图。
4. 有一配合 ϕ45H8/f7，试用泰勒原则分别写出孔、轴尺寸的合格条件。

第7章 滚动轴承的公差与配合

7.1 滚动轴承的精度等级及其应用

7.1.1 滚动轴承的结构与特点

滚动轴承是机器中一种重要的标准化部件，它主要依靠元件间的滚动接触来支撑轴类零件。滚动轴承按其所能承受的载荷方向一般可分为向心轴承和推力轴承。滚动轴承具有摩擦阻力小、润滑简便、易于更换、效率高等优点，因而在各种机械中得到广泛的应用。滚动轴承的基本结构由外圈、内圈、滚动体和保持架组成，如图 7-1 所示。

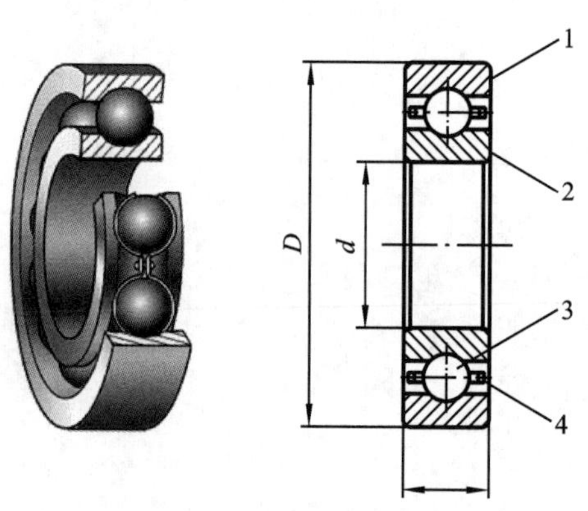

图 7-1 滚动轴承的结构

1—外圈；2—内圈；3—滚动体；4—保持架

滚动轴承的外径 D、内径 d 是配合尺寸，分别与轴承座孔和轴相配合。滚动轴承与轴承座孔及轴的配合属于光滑圆柱体配合，其互换性为完全互换性。但它的结构和性能要求其公差配合与一般光滑圆柱配合要求不同，滚动轴承工作时，要求转动平稳、旋转精度高、噪声小，为了保证滚动轴承的工作性能与使用寿命，除了轴承本身的精度等级之外，还要正确选择轴和轴承座孔与轴承的配合及传动轴和轴承座孔的尺寸精度、几何精度和表面粗糙度等。

7.1.2　滚动轴承的精度等级及其选用

1. 滚动轴承的精度等级

滚动轴承的精度是按其外形尺寸公差和旋转精度分级的。外形尺寸公差是指成套轴承的内径、外径和宽度的尺寸公差；旋转精度包括轴承内、外圈的径向跳动，轴承内、外圈端面对滚道的跳动，内圈基准端面对内孔的跳动，外径表面母线对基准断面的倾斜度变动量等。

GB/T 307.3—2017 规定：向心轴承(圆锥滚子轴承除外)精度共分为普通级、6 级、5 级、4 级和 2 级五个等级，精度依次升高；圆锥滚子轴承精度分为普通级、6X 级、5 级、4 级、2 级共五个等级；推力轴承精度分为普通级、6 级、5 级、4 级共四个等级。

2. 滚动轴承精度等级的选用

普通级滚动轴承在机械中应用最广。它主要用于对旋转精度和运动平稳性要求不高、中等载荷、中等转速的一般旋转机构。例如：减速器的旋转机构；汽车、拖拉机的变速箱；普通机床的变速箱和进给箱；普通电机、水泵、压缩机和汽轮机中的旋转机构。

6 级滚动轴承用于转速较高、旋转精度和运动平稳性要求较高的旋转机构。例如，普通机床的主轴后轴承、精密机床变速箱的轴承等。

5 级、4 级滚动轴承多用于高速、高旋转精度要求的旋转机构。例如，精密机床的主轴轴承、精密仪器仪表的主要轴承等。

2 级滚动轴承用于转速很高、旋转精度要求也特别高的旋转机构。例如，高精度齿轮磨床、精密坐标镗床的主轴轴承，高精度仪器仪表的主要轴承等。

7.2　滚动轴承配合件的公差及选用

7.2.1　滚动轴承的内、外径公差带

滚动轴承的内、外圈均为薄壁型零件，比较容易变形，但在轴承内圈与轴、轴承外圈与轴承座孔装配时，这种微量的变形又能得到一定的矫正。因此，国家标准为了分别控制滚动轴承的配合性质和自由状态下的变形量，对其内、外径尺寸公差做了两种规定：一种是规定了内、外径尺寸的最大值和最小值所允许的偏差(即单一内、外径偏差)，其主要目的是限制自由状态下的变形量；另一种是规定了单一平面平均内、外径偏差(Δd_{mp}、ΔD_{mp})，即轴承套圈任意横截面内测得的最大直径与最小直径的平均值与公称直径之差，目的是保证轴承的配合。

表 7-1 和表 7-2 分别列出了部分向心轴承 Δd_{mp} 和 ΔD_{mp} 的极限值。

滚动轴承是标准件，因此其内圈与轴的配合应采用基孔制，外圈和轴承座孔的配合应采用基轴制。

表 7-1　向心轴承 Δd_{mp} 的极限值　　单位：μm

精度等级		普通级		6 级		5 级		4 级		2 级	
公称尺寸/mm		Δd_{mp} 的极限偏差									
大于	到	上极限偏差	下极限偏差	上极限偏差	下极限偏差	上极限偏差	下极限偏差	上极限偏差	下极限偏差	上极限偏差	下极限偏差
18	30	0	−10	0	−8	0	−6	0	−5	0	−2.5
30	50	0	−12	0	−10	0	−8	0	−6	0	−2.5
50	80	0	−15	0	−12	0	−9	0	−7	0	−4
80	120	0	−20	0	−15	0	−10	0	−8	0	−5
120	150	0	−25	0	−18	0	−13	0	−10	0	−7
150	180	0	−25	0	−18	0	−13	0	−10	0	−7

表 7-2　向心轴承 ΔD_{mp} 的极限值　　单位：μm

精度等级		普通级		6 级		5 级		4 级		2 级	
公称尺寸/mm		ΔD_{mp} 的极限偏差									
大于	到	上极限偏差	下极限偏差	上极限偏差	下极限偏差	上极限偏差	下极限偏差	上极限偏差	下极限偏差	上极限偏差	下极限偏差
18	30	0	−9	0	−8	0	−6	0	−6	0	−4
30	50	0	−11	0	−9	0	−7	0	−7	0	−4
50	80	0	−13	0	−11	0	−9	0	−9	0	−4
80	120	0	−15	0	−13	0	−10	0	−10	0	−5
120	150	0	−18	0	−15	0	−11	0	−11	0	−5
150	180	0	−25	0	−18	0	−13	0	−13	0	−7

轴承装配后起作用的尺寸是单一平面内的平均内径 d_{mp} 和平均外径 D_{mp}。因此，内、外径公差带位置是指平均内、外径的公差带位置。国家标准规定：轴承外圈单一平面平均外径 D_{mp} 的公差带上极限偏差为零，这与一般基轴制规定的公差带位置相同；单一平面平均内径 d_{mp} 的公差带上极限偏差也为零，这和一般基孔制规定的公差带位置正好相反，如图 7-2 所示。这样的规定明显增加了轴承内、外圈与轴、轴承座孔配合时的小过盈配合的种类，符合轴承配合的特殊需要。因为在多数情况下轴承内圈随轴一起转动，二者之间的配合必须有一定过盈，但过盈量又不宜过大，以保证拆卸方便，防止内圈应力过大。

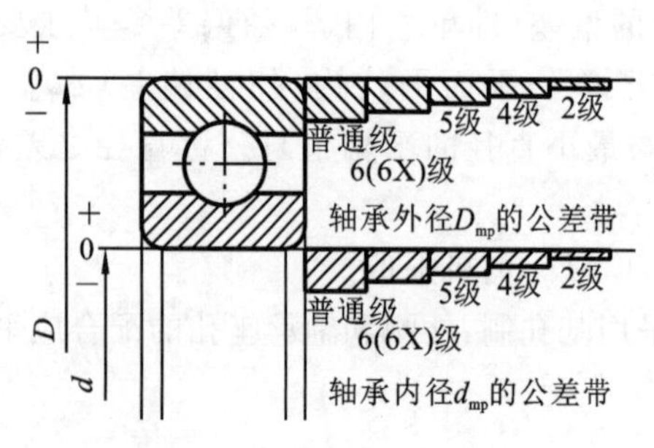

图 7-2　轴承内、外径公差带

7.2.2　轴和轴承座孔与滚动轴承配合的选用

1. 轴和轴承座孔的公差带

国家标准 GB/T 275—2015 对与普通级滚动轴承配合的轴规定了 17 种公差带，对轴承座孔规定了 16 种公差带，如图 7-3 所示。

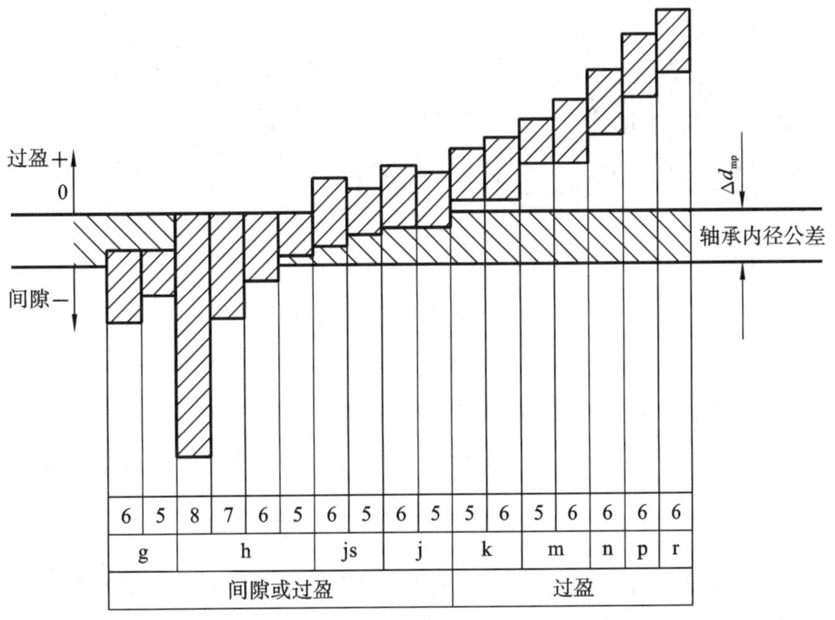

(a) 与轴的配合

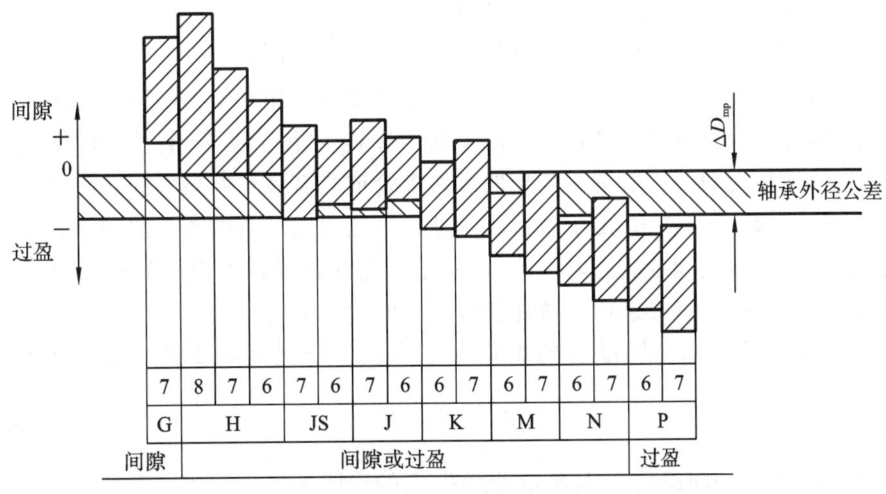

(b) 与轴承座孔的配合

图 7-3　普通级滚动轴承与轴和轴承座孔的配合

2. 滚动轴承与轴和轴承座孔配合的选用

合理地选择轴承与轴及轴承座孔的配合，可以保证机器运转的质量，延长轴承的使用寿命，提高产品制造的经济性。配合的选择就是确定与轴承轴和轴承座孔的公差带，选择时应考虑的主要因素如下。

1）轴承所受载荷的性质

(1）局部载荷。

轴承套圈相对于载荷的方向固定，径向载荷始终作用在套圈滚道的局部区域上，如图7-4(a)中固定的外圈和图7-4(b)中固定的内圈均受到一个方向一定的径向载荷 $\boldsymbol{F}_r$ 的作用。

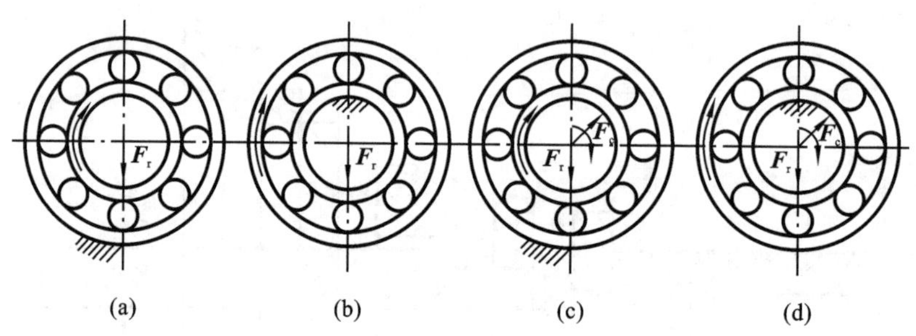

图7-4　轴承套圈承受载荷的类型

(2）循环载荷。

轴承套圈相对于载荷方向旋转，径向载荷相对于套圈旋转，并依次作用在套圈的整个圆周滚道上，如图7-4(a)中的内圈和图7-4(b)中的外圈均受到一个作用位置依次改变的径向载荷 $\boldsymbol{F}_r$ 的作用。

(3）摆动载荷。

轴承套圈相对于载荷方向摆动，大小和方向按一定规律变化的径向载荷作用在套圈的部分滚道上，如图7-4(c)中的外圈和图7-4(d)中的内圈均受到定向载荷 $\boldsymbol{F}_r$ 和较小的旋转载荷 $\boldsymbol{F}_c$ 的同时作用，二者的合成载荷为摆动载荷。

轴承套圈相对于载荷方向不同，配合的松紧程度也应不同。

对于承受局部载荷的轴承，由于载荷方向始终不变地作用在滚道的某局部区域，其配合应选择稍松些，让套圈在振动或冲击下被滚道间的摩擦力矩带动，产生缓慢转位，使磨损均匀，提高轴承的使用寿命。一般选用较松的过渡配合或具有极小间隙的间隙配合。

对于承受旋转载荷的轴承，由于载荷顺次地作用在滚道套圈的整个圆周上，为避免径向跳动引起振动和噪声，其配合应选紧一些，以防止套圈在轴或轴承座孔的配合表面打滑，引起配合表面发热、磨损。一般选用过盈配合或较紧的过渡配合。

承受摆动载荷的轴承套圈配合的松紧程度一般与受循环载荷的轴承套圈相同或稍松些。

2）载荷的大小

载荷的大小可用径向载荷 F_r 与额定动载荷 C_r 的比值来区分，规定：$F_r \leqslant 0.07C_r$ 时，为轻载荷；$0.07C_r < F_r \leqslant 0.15C_r$ 时，为正常载荷；$F_r > 0.15C_r$ 时，为重载荷。额定动载荷 C_r 可从轴承手册中查到。

选择滚动轴承与轴和轴承座孔的配合与载荷大小有关。载荷越大，过盈量应选得越大，因为在重载荷作用下，轴承套圈容易变形，使配合面受力不均匀，引起配合松动。因此，承受冲击载荷的轴承与轴和轴承座孔的配合相比承受平稳载荷的轴承应稍紧一些。

3）工作温度

轴承运转时会发热，由于散热条件不同等原因，轴承内圈的温度往往高于其相配零件的温度，这样，内圈与轴的配合可能变松，外圈与轴承座孔的配合可能变紧，所以在选择配合时，必须考虑轴承工作温度的影响。

4）轴承的旋转精度和旋转速度

旋转精度要求高的轴承容易受到弹性变形和振动的影响，故不宜采用间隙配合，但配合也不宜过紧。对于旋转速度高的场合，应选用较紧的配合。

5）其他因素

剖分式外壳结构的制造和安装误差比整体式外壳结构大，可能会卡住轴承，宜采用较松的配合。既要求装拆方便，又需紧配合时，可采用分离型轴承，或采用内圈带锥孔、带紧定套或退卸套的轴承。

影响滚动轴承配合选用的因素较多，通常难以完全用计算的方法来确定，所以在实际生产中常用类比法。与滚动轴承内、外圈配合的轴和轴承座孔的公差带的选择可以参考表 7-3 和表 7-4。

表 7-3　向心轴承和轴的配合——轴公差带代号（摘自 GB/T 275—2015）

圆柱孔轴承						
载荷情况		举例	深沟球轴承、调心球轴承和角接触球轴承	圆柱滚子轴承和圆锥滚子轴承	调心滚子轴承	公差带
			轴承公称内径/mm			
内圈承受旋转载荷或方向不定载荷	轻载荷	输送机、轻载齿轮箱	≤18	—	—	h5
			>18～100	≤40	≤40	j6[a]
			>100～200	>40～140	>40～100	k6[a]
			—	>140～200	>100～200	m6[a]
	正常载荷	一般通用机械、电动机、泵、内燃机、正齿轮传动装置	≤18	—	—	j5、js5
			>18～100	≤40	≤40	k5[b]
			>100～140	>40～100	>40～65	m5[b]
			>140～200	>100～140	>65～100	m6
			>200～280	>140～200	>100～140	n6
			—	>200～400	>140～280	p6
			—	—	>280～500	r6
	重载荷	铁路机车车辆轴箱、牵引电机、破碎机等	—	>50～140	>50～100	n6[c]
				>140～200	>100～140	p6[c]
				>200	>140～200	r6[c]
				—	>200	r7[c]

续表

圆柱孔轴承							
载荷情况			举例	深沟球轴承、调心球轴承和角接触球轴承	圆柱滚子轴承和圆锥滚子轴承	调心滚子轴承	公差带
				轴承公称内径/mm			
内圈承受固定载荷	所有载荷	内圈需在轴向易移动	非旋转轴上的各种轮子	所有尺寸			f5 g6
		内圈不需在轴向易移动	张紧轮、绳轮				h6 j6
仅有轴向载体			所有尺寸				j6、js6

圆锥孔轴承				
所有载荷	铁路机车车辆油箱	装在退卸套上	所有尺寸	h8(IT6)[d,e]
	一般机械传动	装在紧定套上	所有尺寸	h9(IT7)[d,a]

注：[a] 凡精度要求较高的场合，应用 j5、k5、m5 代替 j6、k6、m6。

[b] 圆锥滚子轴承、角接触球轴承配合对游隙影响不大，可用 k6、m6 代替 k5、m5。

[c] 重载荷下轴承游隙应选大于 N 组。

[d] 凡精度要求较高或转速要求较高的场合，应选用 h7(IT5)代替 h8(IT6)等。

[e] IT6、IT7 表示圆柱度公差数值。

表 7-4　向心轴承和轴承座孔的配合——孔公差带代号(摘自 GB/T 275—2015)

载荷情况		举例	其他状况	公差带[a]	
				球轴承	滚子轴承
外圈承受固定载荷	轻、正常、重	一般机械、铁路机车车辆轴箱	轴向易移动，可采用剖分式轴承座	H7、G7[b]	
	冲击		轴向能移动，可采用整体式或剖分式轴承座	J7、JS7	
方向不定载荷	轻、正常	电机、泵、曲轴主轴承			
	正常、重		轴向不移动，采用整体式轴承座	K7	
	重、冲击	牵引电机		M7	
外圈承受旋转载何	轻	皮带张紧轮		J7	K7
	正常	轮毂轴承		M7	N7
	重			—	N7、P7

注：[a] 并列公差带随尺寸的增大从左至右选择。对旋转精度有较高要求时，可相应提高一个公差等级。

[b] 不适用于剖分式轴承座。

3. 配合表面的几何公差及表面粗糙度

轴或轴承座孔的几何误差会使轴承安装后套圈变形或产生歪斜，因此，为保证轴承正常运转，除了正确地选择轴承与轴及轴承座孔的尺寸公差之外，还应对其配合面的几何公差和表面粗糙度提出相应要求。国家标准 GB/T 275—2015 规定了与各种轴承配合的轴和轴承

座孔表面的圆柱度公差、轴肩及轴承座孔端面的轴向圆跳动公差、各表面的粗糙度要求等，如表 7-5、表 7-6 所示。

表 7-5 轴和轴承座孔的几何公差

单位：μm

公称尺寸/mm		圆柱度 t				轴向圆跳动 t_1			
		轴颈		轴承座孔		轴肩		轴承座孔肩	
		轴承公差等级							
		普通级	6(6X)级	普通级	6(6X)级	普通级	6(6X)级	普通级	6(6X)级
大于	到	公差值							
—	6	2.5	1.5	4	2.5	5	3	8	5
6	10	2.5	1.5	4	2.5	6	4	10	6
10	18	3	2	5	3	8	5	12	8
18	30	4	2.5	6	4	10	6	15	10
30	50	4	2.5	7	4	12	8	20	12
50	80	5	3	8	5	15	10	25	15
80	120	6	4	10	6	15	10	25	15
120	180	8	5	12	8	20	12	30	20
180	250	10	7	14	10	20	12	30	20
250	315	12	8	16	12	25	15	40	25
315	400	13	9	18	13	25	15	40	25
400	500	15	10	20	15	25	15	40	25

表 7-6 配合表面及端面的表面粗糙度

单位：μm

轴或轴承座孔直径/mm		轴或轴承座孔配合表面直径公差等级					
		IT7		IT6		IT5	
		表面粗糙度 Ra					
大于	到	磨	车	磨	车	磨	车
—	80	1.6	3.2	0.8	1.6	0.4	0.8
80	500	1.6	3.2	1.6	3.2	0.8	1.6
端面		3.2	6.3	6.3	6.3	6.3	3.2

7.2.3 滚动轴承配合的标注

在零件图和装配图上标注滚动轴承与轴和轴承座孔的配合时，只需要标注轴和轴承座孔的公差带代号。下面我们举例说明滚动轴承配合的互换性参数选择及其标注。

【例 7-1】 有一圆柱齿轮减速器，小齿轮轴要求有较高的旋转精度，装有普通级单列深沟球轴承，轴承尺寸为 40 mm×80 mm×18 mm，基本额定动载荷 C_r=29 500 N，轴承承受的径向载荷 F_r=3 200 N。试确定轴和轴承座孔的公差带代号，画出公差带图，并确定孔、轴的几何公差值和表面粗糙度，再将它们分别标注在零件图和装配图上。

解 (1) 按照已知条件可以计算

$$F_r/C_r = 3\ 200/29\ 500 \approx 0.108$$

即 $F_r=0.108C_r$,属于正常载荷。

(2) 根据减速器的工作状况可知,轴承内圈承受循环载荷,外圈承受局部载荷,那么内圈与轴的配合应较紧,外圈与轴承座孔的配合应较松。参考表 7-3、表 7-4,考虑轴的旋转精度要求较高,应选用更紧的配合,选用轴公差带为 k5,轴承座孔公差带为 J7。

(3) 由表 7-1、表 7-2 查得普通级轴承内、外圈单一平面平均直径的上、下极限偏差,再由标准公差数值表和轴、孔基本偏差数值表查出 $\phi40$k5 和 $\phi80$J7 的上、下极限偏差,画出公差带图,如图 7-5 所示。

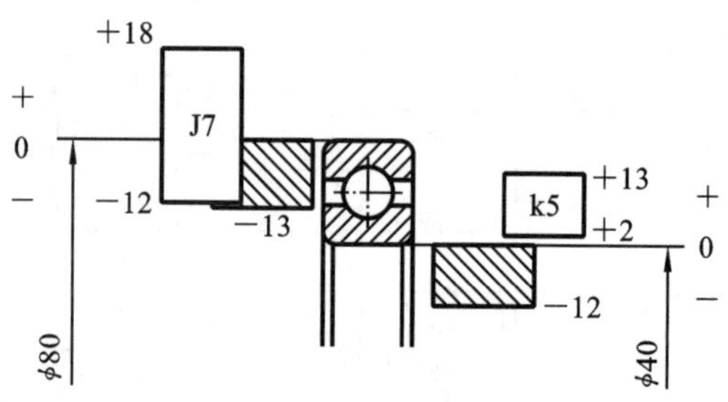

图 7-5 轴承与轴、轴承座孔配合的公差带图

(4) 从图 7-5 公差带关系可知:内圈与轴配合 $Y_{max}=-0.025$ mm,$Y_{min}=-0.002$ mm;外圈与轴承座孔配合 $X_{max}=+0.031$ mm,$Y_{max}=-0.012$ mm。

(5) 按表 7-5 选取几何公差值。圆柱度公差:轴颈为 0.004 mm,轴承座孔为 0.008 mm。轴向圆跳动公差:轴肩为 0.012 mm,轴承座孔肩为 0.025 mm。

(6) 按表 7-6 选取表面粗糙度数值,轴颈表面 $Ra\leqslant0.4$ μm,轴肩端面 $Ra\leqslant6.3$ μm;轴承座孔表面 $Ra\leqslant1.6$ μm,孔肩端面 $Ra\leqslant6.3$ μm。

(7) 将选择的各项公差标注在图上,如图 7-6 所示。

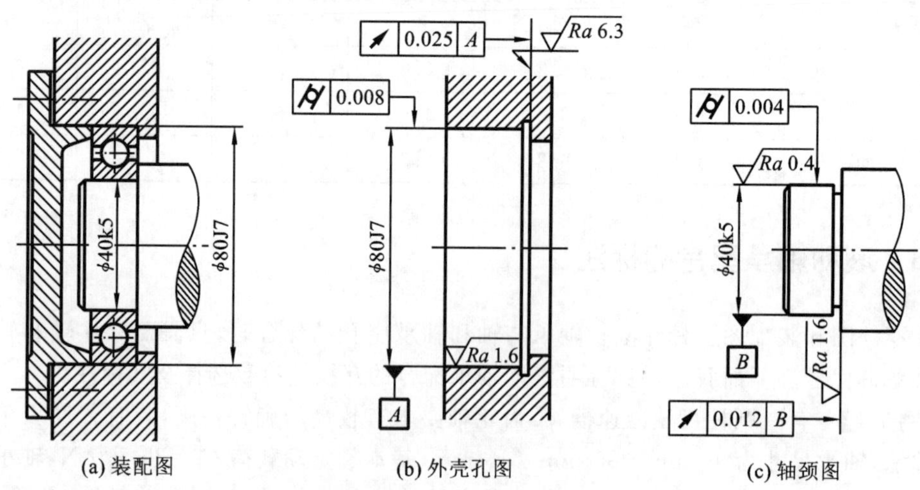

(a) 装配图　(b) 外壳孔图　(c) 轴颈图

图 7-6 轴与轴承座孔公差在图样上标注示例

思考题与练习题

一、思考题

1. 滚动轴承的互换性有何特点？其公差规定与一般圆柱体的公差规定有何不同？

2. 滚动轴承的精度有几级？其代号是什么？用得较多的是哪些级？

3. 滚动轴承内、外圈公差带有什么特点？对与滚动轴承内圈相结合的轴颈应有什么几何公差要求？

4. 滚动轴承受载荷的类型与配合选择有什么关系？

二、练习题

5. 在某一旋转机构中，选用重系列的 6 级单列向心球轴承 310（外径，$\phi 110$ mm；内径，$\phi 50$ mm），额定动载荷 $C_r = 48\ 400$ N，若径向载荷为 5 kN，轴旋转，试确定：

（1）与轴承配合的轴和轴承座孔的公差带；

（2）画出它们的公差与配合示意图；

（3）计算极限间隙（或过盈）及平均间隙（或过盈）。

6. 如图 7-7 所示，车床主轴某处所用的滚动轴承精度等级为 6 级，轻系列，尺寸为：内圈孔径 $d = 65$ mm，外圈外径 $D = 120$ mm，宽度 $B = 23$ mm，圆角半径 $r = 2.5$ mm。已知该轴承的径向载荷为正常载荷，试将配合尺寸标注在装配图上，将与轴承相配合的轴颈和轴承座孔的尺寸极限偏差、形状及位置公差、表面粗糙度等要求标注在零件图上（零件图自画）。

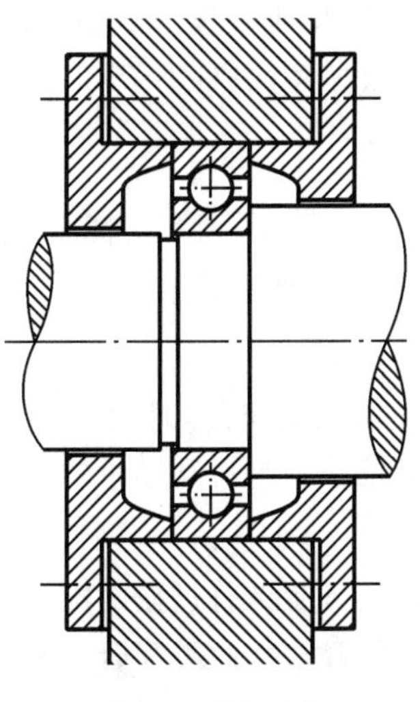

图 7-7　题 6 图

第8章 圆锥的公差与配合

8.1 概述

与圆柱配合相比较，圆锥配合具有同轴度精度高、紧密性好、间隙或过盈可以调整、可利用摩擦力来传递转矩等优点。但是，圆锥配合在结构上比较复杂，影响其互换性的参数较多，加工和检测也较困难。为了满足圆锥配合的使用要求，保证圆锥配合的互换性，我国发布了一系列有关圆锥公差与配合及圆锥公差标注方法的标准，它们分别是《产品几何量技术规范(GPS) 圆锥的锥度与锥角系列》(GB/T 157—2001)、《产品几何量技术规范(GPS) 圆锥公差》(GB/T 11334—2005)、《产品几何量技术规范(GPS) 圆锥配合》(GB/T 12360—2005)、《技术制图 圆锥的尺寸和公差注法》(GB/T 15754—1995)等。

8.1.1 圆锥配合的种类

圆锥配合可分为三类：间隙配合、过渡配合和过盈配合。

1. 间隙配合

间隙配合具有间隙，间隙大小可以调整，零件易拆开，相互配合的内、外圆锥能相对运动。例如机床顶尖、车床主轴的圆锥轴颈与滑动轴承的配合等。

2. 过渡配合(紧密配合)

过渡配合是指可能具有间隙，也可能具有过盈的配合。其中，要求内、外圆锥紧密接触，间隙为零或稍有过盈的配合称为紧密配合，此类配合具有良好的密封性，可以防止漏水和漏气。为了保证良好的密封性，对内、外圆锥的形状精度要求很高，通常将它们配对研磨，这类零件不具有互换性。

3. 过盈配合

过盈配合具有自锁性，过盈量大小可调，用以传递扭矩，而且装卸方便。例如机床主轴锥孔与刀具(钻头、立铣刀等)锥柄的配合。

8.1.2 圆锥配合的主要参数

圆锥分内圆锥(圆锥孔)和外圆锥(圆锥轴)两种，其主要几何参数为圆锥角、圆锥直径和圆锥长度、锥度和基面距，如图 8-1 所示。

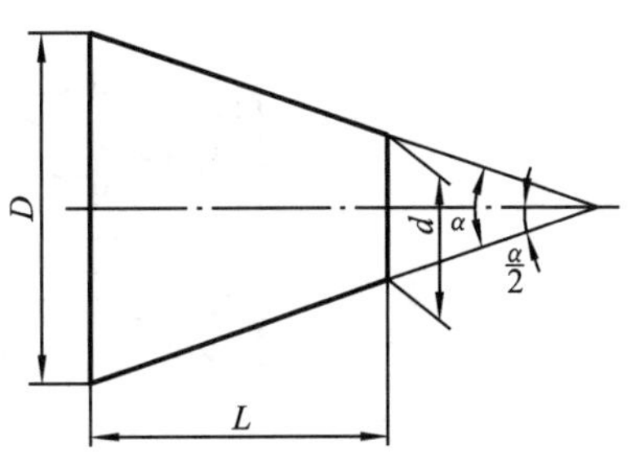

图 8-1　圆锥的主要几何参数

1. 圆锥角 α

圆锥角是指在通过圆锥轴线的截面内，两条素线间的夹角，用符号 α 表示。

圆锥角的一半（$\alpha/2$）称为斜角。

2. 圆锥直径

圆锥直径是指圆锥在垂直于其轴线的截面上的直径，常用的圆锥直径有最大圆锥直径 D 和最小圆锥直径 d。

3. 圆锥长度

圆锥长度 L 是指最大圆锥直径截面与最小圆锥直径截面之间的轴向距离。

4. 锥度

圆锥角的大小有时用锥度表示。锥度 C 是指两个垂直于圆锥轴线的截面上的圆锥直径之差与该两截面间的轴向距离之比。例如最大圆锥直径 D 与最小圆锥直径 d 之差对圆锥长度 L 之比，即

$$C = \frac{D-d}{L} \tag{8-1}$$

锥度 C 与圆锥角 α 的关系为

$$C = 2\tan\frac{\alpha}{2} = 1 : \left(\frac{1}{2}\cot\frac{\alpha}{2}\right) \tag{8-2}$$

锥度一般用比例或分数表示，例如 $C=1:5$ 或 $C=1/5$。光滑圆锥的锥度已标准化（GB/T 157—2001 规定了一般用途和特殊用途的锥度与圆锥角系列）。

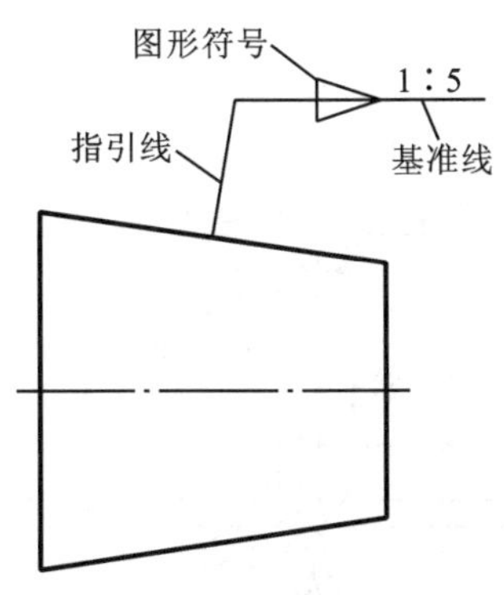

图 8-2　锥度的标注方法

在零件图上，锥度用特定的图形符号和比例（或分数）来标注，如图 8-2 所示。图形符号配置在平行于圆锥轴线的基准线上，并且其方向与圆锥方向一致，在基准线上面标注锥度的数值。用指引线将基准线与圆锥素线相连。在图样上标注了锥度，就不必标注圆锥角了，两者不应重复标注。

对圆锥只要标注了最大圆锥直径 D 和最小圆锥直径 d 中的一个直径及圆锥长度 L、圆锥角 α（或锥度 C），该圆锥就完全确定了。

5. 基面距

基面距是指外圆锥基面（通常为轴肩）与内圆锥基面（通常为端面）之间的距离，用 b 表示。

基面距决定内、外圆锥的轴间相对位置。基面距的位置依圆锥的基本直径而定：若以外圆锥最小的圆锥直径 d_Z 为基本直径，则基面距 b 在圆锥的小端；若以内圆锥最大的圆锥直径 D_K 为基本直径，则基面距 b 在圆锥的大端，如图 8-3 所示。

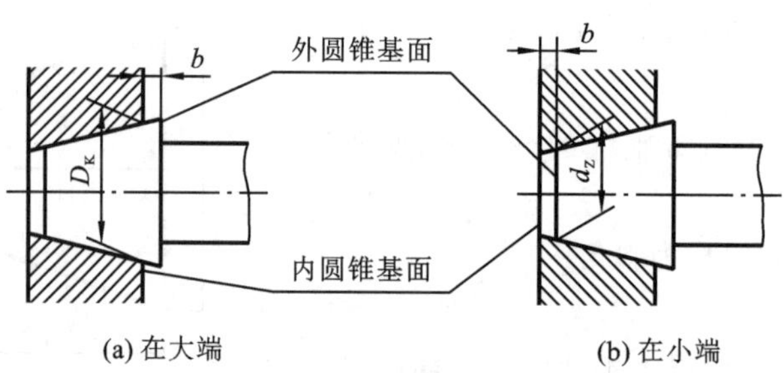

(a) 在大端　　(b) 在小端

图 8-3　基面距

8.2 圆锥配合误差分析

圆锥直径和锥度的制造误差都会引起圆锥配合基面距的变化和表面接触状况的不良。下面分析其影响。

8.2.1 圆锥直径误差对基面距的影响

当内、外圆锥配合时，设以内圆锥的最大圆锥直径 D_K 为配合直径，基面距在大端(见图8-4(a))，内、外圆锥无误差，仅直径有误差。假定内、外圆锥直径误差分别为 ΔD_K、ΔD_Z，则基面距偏差 $\Delta_1 b$ 为

$$\Delta_1 b=-(\Delta D_K-\Delta D_Z)\Big/\left(2\tan\frac{\alpha}{2}\right)=-(\Delta D_K-\Delta D_Z)/C \tag{8-3}$$

式中：$\frac{\alpha}{2}$——斜角(锥角的一半)；

C——锥度，$C=2\tan\frac{\alpha}{2}=1:\left[\frac{1}{2}\cot\frac{\alpha}{2}\right]$。

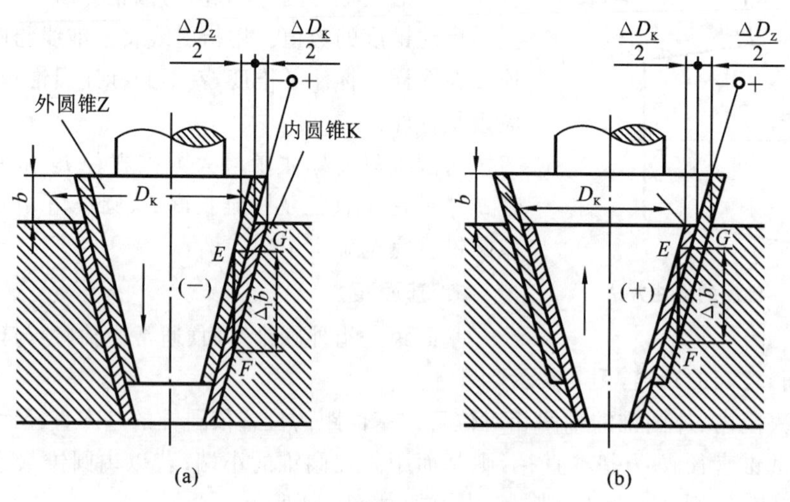

(a)　　(b)

图 8-4　内、外圆锥的配合

由图 8-4(a)可知，当 $\Delta D_K > \Delta D_Z$ 时，$\Delta D_K - \Delta D_Z$ 的值为正，基面距 b 减小，$\Delta_1 b$ 为负值；同理，由图 8-4(b)可知，当 $\Delta D_K < \Delta D_Z$ 时，$\Delta D_K - \Delta D_Z$ 的值为负，基面距 b 增大，$\Delta_1 b$ 为正值。由于 $\Delta_1 b$ 与 $\Delta D_K - \Delta D_Z$ 的符号相反，因此式(8-3)带有负号。

8.2.2　斜角误差对基面距的影响

设基面距仍在大端，内圆锥的最大圆锥直径 D_K 为配合直径，无直径误差，仅斜角有误差，将出现两种情况，现分别讨论如下。

(1) 若外圆锥斜角误差 $\Delta\alpha_Z/2$ 大于内圆锥斜角误差 $\Delta\alpha_K/2$，即 $\alpha_Z/2 > \alpha_K/2$(见图 8-5(a))，内、外圆锥只在大端接触，由斜角误差引起的基面距变化很小，可略去不计。如果斜角误差较大，则接触面小，传递转矩将急剧减小，易磨损，且圆锥轴线可能产生较大倾斜，影响圆锥配合的同轴度。

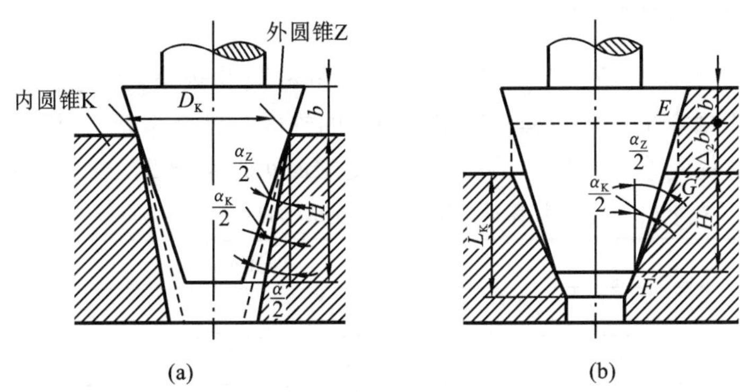

图 8-5　斜角误差对基面距的影响

(2) 若外圆锥斜角误差 $\Delta\alpha_Z/2$ 小于内圆锥斜角误差 $\Delta\alpha_K/2$，即 $\alpha_Z/2 < \alpha_K/2$(见图 8-5(b))，内、外圆锥将在小端接触。若斜角误差引起的基面距变化量为 $\Delta_2 b$，在 $\triangle EFG$ 中，按正弦定律，有

$$\Delta_2 b = EG = FG\sin[\alpha_K/2 - \alpha_Z/2]/\sin(\alpha_Z/2)$$

$$FG = H/\cos(\alpha_K/2)$$

代入得
$$\Delta_2 b = H\sin[\alpha_K/2 - \alpha_Z/2]/[\sin(\alpha_Z/2)\cos(\alpha_K/2)]$$

一般角度误差很小，因而 $\alpha_K/2$ 及 $\alpha_Z/2$ 与斜角 $\alpha/2$ 的差别很小，即

$$\alpha_K/2 \approx \alpha_Z/2 \approx \alpha/2$$

于是有

$$\cos(\alpha_K/2) \approx \cos\left(\frac{\alpha}{2}\right),\quad \sin(\alpha_Z/2) \approx \sin\left(\frac{\alpha}{2}\right)$$

$$\sin[\alpha_K/2 - \alpha_Z/2] \approx \alpha_K/2 - \alpha_Z/2$$

将角度单位化成“分”，得

$$\Delta_2 b = [0.6 \times 10^{-3} H(\alpha_K/2 - \alpha_Z/2)]/\sin\alpha \tag{8-4}$$

当锥角较小时，还可进一步简化，可认为 $\sin\alpha \approx 2\tan\frac{\alpha}{2} = C$，因此有

$$\Delta_2 b = [0.6 \times 10^{-3} H(\alpha_K/2 - \alpha_Z/2)]/C \tag{8-5}$$

一般情况下,直径误差和斜角误差同时存在,当 $\alpha_Z/2<\alpha_K/2$ 时,基面距最大可能变动量为

$$\Delta b=\Delta_1 b+\Delta_2 b=(\Delta D_Z-\Delta D_K)/C+0.0006H(\alpha_K/2-\alpha_Z/2)/\sin\alpha \tag{8-6}$$

或

$$\Delta b=\Delta_1 b+\Delta_2 b=[\Delta D_Z-\Delta D_K+0.0006H(\alpha_K/2-\alpha_Z/2)]/C \tag{8-7}$$

式(8-6)和式(8-7)为圆锥配合中有关参数(直径、角度)之间的一般关系式。根据基面距公差的要求,在确定圆锥角度和圆锥直径时,通常按工艺条件先选定一个参数的公差,再由上式计算另一个参数的公差。基面距公差是根据圆锥配合的具体功能确定的。

8.3 圆锥公差与配合

8.3.1 锥度与锥角系列

为减少加工圆锥工件所用的专用工具、量具的种类和规格,满足生产需要,国家标准GB/T 157—2001 规定了机械工程一般用途圆锥的锥度与锥角系列,适用于光滑圆锥,如表8-1 所示。选用时优先选用系列 1,当不能满足要求时可选系列 2。

表 8-1 一般用途圆锥的锥度与圆锥角(摘自 GB/T 157—2001)

基本值		推算值			
系列 1	系列 2	圆锥角			锥度 C
		/(°)(′)(″)	/(°)	/rad	
120°		—	—	2.049 395 10	1∶0.288 675 1
90°		—	—	1.570 796 33	1∶0.500 000 0
	75°	—	—	1.308 996 94	1∶0.651 612 7
60°		—	—	1.047 197 55	1∶0.866 025 4
45°		—	—	0.785 398 16	1∶1.207 106 8
30°		—	—	0.523 598 78	1∶1.866 025 4
1∶3		18°55′28.719 9″	18.924 644 42°	0.330 297 35	—
	1:4	14°15′0.117 7″	14.250 032 70°	0.248 709 99	—
1∶5		11°25′16.270 6″	11.421 186 27°	0.199 337 30	—
	1∶6	9°31′38.220 2″	9.527 283 38°	0.166 282 46	—
	1∶7	8°10′16.440 8″	8.171 233 56°	0.142 614 93	—
	1∶8	7°9′9.607 5″	7.152 688 75°	0.124 837 62	—
1∶10		5°43′29.317 6″	5.724 810 45°	0.099 916 79	—
	1∶12	4°16′18.797 0″	4.771 888 06°	0.083 285 16	—
	1∶15	3°49′5.897 5″	3.818 304 87°	0.066 641 99	—
1∶20		2°51′51.092 5″	2.864 192 37°	0.049 989 59	—
1∶30		1°54′34.857 0″	1.909 682 51°	0.033 330 25	—

续表

基本值		推算值			
系列 1	系列 2	圆锥角			锥度 C
		/(°)(′)(″)	/(°)	/rad	
1∶50		1°8′45.158 6″	1.145 877 40°	0.019 999 33	—
1∶100		34′22.630 9″	0.572 953 02°	0.009 999 92	—
1∶200		17′11.321 9″	0.286 478 30°	0.004 999 99	—
1∶500		6′52.525 9″	0.144 591 52°	0.002 000 00	—

GB/T 157—2001 的附录 A 中给出了特殊用途圆锥的锥度与锥角系列，摘录其中部分内容，如表 8-2 所示。其中包括我国早已广泛使用的七种莫氏锥度，从 0 号～6 号，0 号尺寸最小，6 号尺寸最大。每个莫氏号的圆锥不但尺寸不同，而且锥度虽然都接近1∶20，但也都不相同，所以，只有相同号的内、外莫氏圆锥才能配合。

表 8-2　部分特殊用途圆锥的锥度与圆锥角（摘自 GB/T 157—2001）

基本值	推算值			用途
	圆锥角 α		锥度 C	
11°54′	—	—	1∶4.797 451 1	纺织机械和附件
8°40′	—	—	1∶6.598 441 5	
7∶24	16°35′39.444 3″	16.594 290 08°	1∶3.428 571 4	机床主轴，工具配合
6∶100	3°26′12.177 6″	3.436 716 00°	—	医疗设备
1∶12.262	4°40′12.151 4″	4.670 042 05°	—	贾各锥度 No. 2
1∶12.972	4°24′52.903 9″	4.414 695 52°	—	贾各锥度 No. 1
1∶15.748	3°38′13.442 9″	3.637 067 47°	—	贾各锥度 No. 33
1∶18.779	3°3′1.207 0″	3.050 335 27°	—	贾各锥度 No. 3
1∶19.264	2°58′24.864 4″	2.973 573 43°	—	贾各锥度 No. 6
1∶20.288	2°49′24.780 2″	2.823 550 06°	—	贾各锥度 No. 0
1∶19.002	3°0′52.395 6″	3.014 554 34°	—	莫氏锥度 No. 5
1∶19.180	2°59′11.725 8″	2.986 590 50°	—	莫氏锥度 No. 6
1∶19.212	2°58′53.825 5″	2.981 618 20°	—	莫氏锥度 No. 0
1∶19.254	2°58′30.421 7″	2.975 117 13°	—	莫氏锥度 No. 4
1∶19.922	2°52′31.446 3″	2.875 401 76°	—	莫氏锥度 No. 3
1∶20.020	2°51′40.796 0″	2.861 332 23°	—	莫氏锥度 No. 2
1∶20.047	2°51′26.928 3″	2.857 480 08°	—	莫氏锥度 No. 1

8.3.2　圆锥公差标准

国家标准（GB/T 11334—2005）规定了四项圆锥公差项目：圆锥直径公差 T_D、圆锥角公

差 AT、圆锥的形状公差 T_F 以及给定截面圆锥直径公差 T_{DS}。

1. 圆锥直径公差

圆锥直径公差 T_D 是指圆锥直径的允许变动量，即允许的最大极限圆锥直径 D_{max}（或 d_{max}）与最小极限圆锥直径 D_{min}（或 d_{min}）之差，用公式表示为

$$T_D = D_{max} - D_{min} = d_{max} - d_{min} \tag{8-8}$$

最大极限圆锥和最小极限圆锥都称为极限圆锥，它与基本圆锥同轴，且圆锥角相等。在垂直于圆锥轴线的任意截面上，该两圆锥直径差都相等。

圆锥直径公差带是在轴切面内最大、最小两个极限圆锥所限定的区域，如图 8-6 所示。

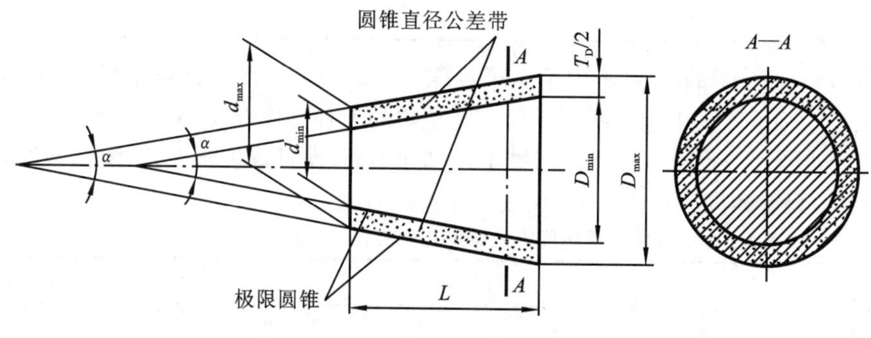

图 8-6　圆锥直径公差带

为了统一和简化公差标准，对圆锥直径公差带的标准公差和基本偏差没有专门制定标准，可根据圆锥配合的使用要求和工艺条件，对于圆锥直径公差 T_D 和给定截面圆锥直径公差 T_{DS}，分别以最大圆锥直径 D 和给定截面圆锥直径 d_x 为公称尺寸，直接从圆柱体公差与配合国家标准 GB/T 1800.1—2020 中选取。圆锥直径公差带用圆柱体公差与配合标准符号表示，其公差等级亦与该标准相同。对于有配合要求的圆锥，推荐采用基孔制；对于没有配合要求的内、外圆锥，最好分别选用基本偏差 JS 和 js。

2. 圆锥角公差

圆锥角公差 AT 是指圆锥角允许的变动量，即允许的最大圆锥角 α_{max} 与最小圆锥角 α_{min} 之差，其公差带如图 8-7 所示。

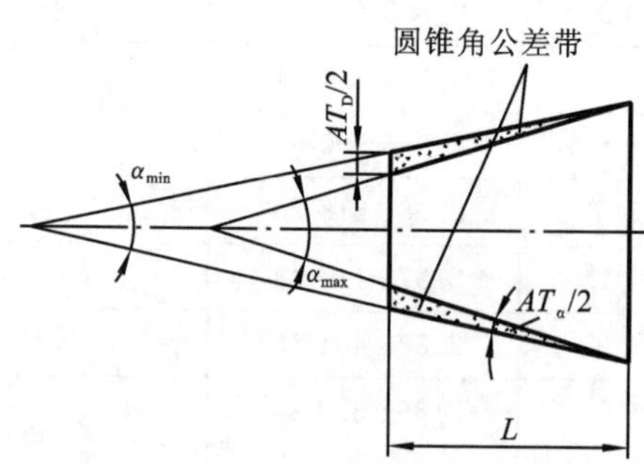

图 8-7　圆锥角公差带

1）圆锥角公差 AT 的表达形式

圆锥角公差 AT 可以用两种形式表达：当以弧度或角度为单位时用 AT_α 表示，当以长度为单位时用 AT_D 表示。AT_α 为以角度单位微弧度[1 μrad≈1/5″]或度、分、秒(°、′、″)表示的

圆锥角公差值。AT_D为以长度单位微米（μm）表示的公差值，它是用与圆锥轴线垂直且距离为 L 的两端直径变动量之差所表示的圆锥角公差。两者之间的关系为

$$AT_D = AT_\alpha \times L \times 10^{-3} \tag{8-9}$$

式中，AT_α单位为 μrad，AT_D单位为 μm，L 单位为 mm。

2）圆锥角公差等级

国家标准规定，圆锥角公差 AT 共分 12 个公差等级，用符号 $AT1$，$AT2$，…，$AT12$ 表示，其中 $AT1$ 为最高公差等级，等级依次降低，$AT12$ 精度最低。《产品几何量技术规范(GPS)　圆锥公差》(GB/T 11334—2005)规定的圆锥角公差的数值如表 8-3 所示。

各级公差应用范围如下：

AT1～AT5：用于高精度的圆锥量规、角度样板等。

AT6～AT8：用于工具圆锥和传递大力矩的摩擦锥体、锥销等。

AT8～AT10：用于中等精度锥体零件。

AT11～AT12：用于低精度零件。

表 8-3　圆锥角公差数值(摘自 GB/T 11334—2005)

公称圆锥长度 L/mm		圆锥角公差等级								
		$AT4$			$AT5$			$AT6$		
		AT_α		AT_D	AT_α		AT_D	AT_α		AT_D
大于	至	/μrad	/(″)	/μm	/μrad	/(″)	/μm	/μrad	/(′)(″)	/μm
16	25	125	26″	>2.0～3.2	200	41″	>3.2～5.0	315	1′05″	>5.0～8.0
25	40	100	21″	>2.5～4.0	160	33″	>4.0～6.3	250	52″	>6.3～10.0
40	63	80	16″	>3.2～5.0	125	26″	>5.0～8.0	200	41″	>8.0～12.5
63	100	63	13″	>4.0～6.3	100	21″	>6.3～10.0	160	33″	>10.0～16.0
100	160	50	10″	>5.0～8.0	80	16″	>8.0～12.5	125	26″	>12.5～20.0

公称圆锥长度 L/mm		圆锥角公差等级								
		$AT7$			$AT8$			$AT9$		
		AT_α		AT_D	AT_α		AT_D	AT_α		AT_D
大于	至	/μrad	/(″)	/μm	/μrad	/(″)	/μm	/μrad	/(′)(″)	/μm
16	25	500	1′43″	>8.0～12.5	800	2′45″	>12.5～20.0	1 250	4′18″	>20.0～32.0
25	40	400	1′22″	>10.0～16.0	630	2′10″	>16.0～20.5	1 000	3′26″	>25.0～40.0
40	63	315	1′05″	>12.5～20.0	500	1′43″	>20.0～32.0	800	2′45″	>32.0～50.0
63	100	250	52″	>16.0～25.0	400	1′22″	>25.0～40.0	630	2′10″	>40.0～63.0
100	160	200	41″	>20.0～32.0	315	1′05″	>32.0～50.0	500	1′43″	>50.0～80.0

各个公差等级所对应的圆锥角公差值的大小与圆锥长度有关。由表 8-3 可以看出，圆锥角公差值随着圆锥长度的增加反而减小，这是因为圆锥长度越大，加工时其圆锥角精度越容易保证。

为了加工和检测方便，圆锥角公差可用角度值 AT_α或线性值 AT_D给定，圆锥角的极限偏差可按单向取值($\alpha^{+AT_\alpha}_{0}$或 $\alpha^{0}_{-AT_\alpha}$)或者双向对称取值($\alpha \pm AT_\alpha/2$)。为了保证内、外圆锥接

触的均匀性,圆锥角公差带通常对称于基本圆锥角分布。

3）圆锥直径公差 T_D与圆锥角公差 AT 的关系

一般情况下,当对圆锥角公差 AT 没有特殊要求时,可不必单独规定圆锥角公差,而是用圆锥直径公差 T_D加以限制。GB/T 11334—2005 的附录 A 中列出了圆锥长度 L 为 100 mm 时圆锥直径公差 T_D所能限制的最大圆锥角误差,实际圆锥角被允许在此范围内变动。数值如表 8-4 所示。当 $L\neq100$ mm 时,应将表中数值乘以 $100/L$,L 的单位是 mm。

表 8-4　$L=100$ mm 的圆锥直径公差 T_D所限制的最大圆锥角误差 $\Delta\alpha_{max}$

(摘自 GB/T 11334—2005)

单位:μrad

圆锥直径公差等级	圆锥直径/mm												
	≤3	>3～6	>6～10	>10～18	>18～30	>30～50	>50～80	>80～120	>120～180	>180～250	>250～315	>315～400	>400～500
IT4	30	40	40	50	60	70	80	100	120	140	160	180	200
IT5	40	50	60	80	90	110	130	150	180	200	230	250	270
IT6	60	80	90	110	130	160	190	220	250	290	320	360	400
IT7	100	120	150	180	210	250	300	350	400	460	520	570	630
IT8	140	180	220	270	330	390	460	540	630	720	810	890	970
IT9	250	300	360	430	520	620	740	870	1 000	1 150	1 300	1 400	1 550
IT10	400	480	580	700	840	1 000	1 200	1 400	1 600	1 850	2 100	2 300	2 500

如果对圆锥角公差有更高的要求(例如圆锥量规等),除规定其直径公差 T_D外,还应给定圆锥角公差 AT。圆锥角的极限偏差可按单向或双向(对称或不对称)取值。

从加工角度考虑,圆锥角公差 AT 与尺寸公差 IT 相应等级的加工难度大体相当,即精度相当。

3. 圆锥的形状公差

圆锥的形状公差包括圆锥素线直线度公差、倾斜度公差和圆度公差等。对于要求不高的圆锥工件,其形状误差一般也用圆锥直径公差 T_D控制。对于要求较高的圆锥工件,应单独按要求给定形状公差 T_F,T_F的数值按《形状和位置公差　未注公差值》(GB/T 1184—1996)选取。

4. 给定截面圆锥直径公差

给定截面圆锥直径公差 T_{DS}是指在垂直圆锥轴线的给定截面内,圆锥直径的允许变动量。给定截面圆锥直径公差带为在给定的圆锥截面内,由两个同心圆所限定的区域,如图 8-8 所示。

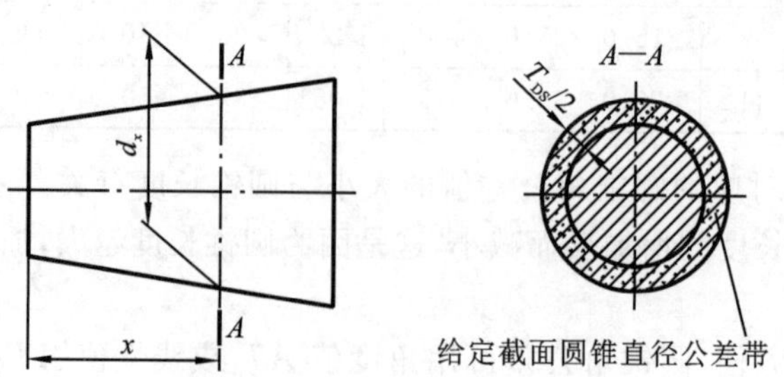

图 8-8　给定截面圆锥直径公差带

一般情况下，不规定给定截面圆锥直径公差 T_{DS}，只有对圆锥工件有特殊要求时才规定此项目。例如阀类零件要求配合圆锥在给定截面上接触良好，以保证其密封性，这时必须同时规定给定截面圆锥直径公差 T_{DS} 及圆锥角公差 AT。

8.3.3　圆锥配合标准

《产品几何量技术规范(GPS)　圆锥配合》(GB/T 12360—2005)适用于锥度 C 从 1∶3 至 1∶500、圆锥长度为 6～630 mm 的光滑圆锥间的配合。

圆锥配合是指基本圆锥相同的内、外圆锥直径之间由于结合不同所形成的相互关系。在标准中规定了两种类型的圆锥配合，即结构型圆锥配合和位移型圆锥配合。

1. 结构型圆锥配合

由圆锥的结构形成的配合称为结构型圆锥配合。图 8-9(a)所示为结构型圆锥配合的第一种，这种配合要求外圆锥的台阶面与内圆锥的端面相贴紧，配合的性质由此确定，图中所示是获得间隙配合的例子。图 8-9(b)所示是第二种由结构形成配合的例子，它要求装配后，内、外圆锥的基准面间的距离(基面距)为 b，配合的性质由此确定，图中所示是获得过盈配合的例子。

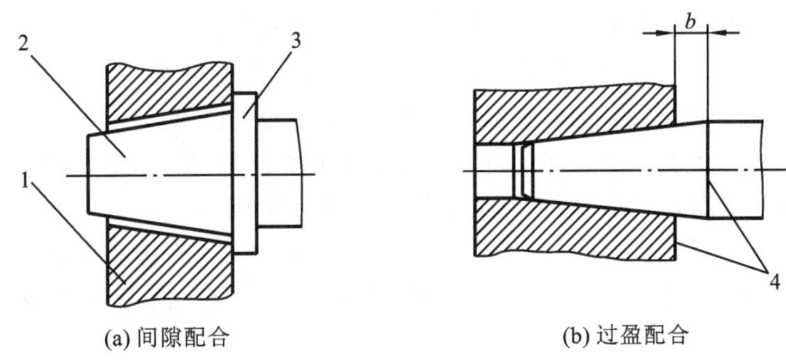

(a) 间隙配合　　(b) 过盈配合

图 8-9　结构型圆锥配合

1—内圆锥；2—外圆锥；3—轴肩；4—基准平面

由圆锥的结构形成的两种配合，选择不同的内、外圆锥直径公差带就可以获得间隙、过盈或过渡配合。

2. 位移型圆锥配合

位移型圆锥配合也有两种方式。第一种如图 8-10(a)所示，内、外圆锥表面接触位置(不施加力)称实际初始位置，从这一位置开始让内、外圆锥相对作一定轴向位移(E_a)，可获得间隙或过盈配合，图示为间隙配合的例子。第二种如图 8-10(b)所示，内、外圆锥表面从实际初始位置开始，施加一定的装配力 $\boldsymbol{F}_s$，使内、外圆锥产生轴向位移，所以这种方式只能产生过盈配合。

8.3.4　圆锥公差的选用

对于一个具体的圆锥工件，并不需要给定四项公差，而是根据工件的不同要求来给公差项目。

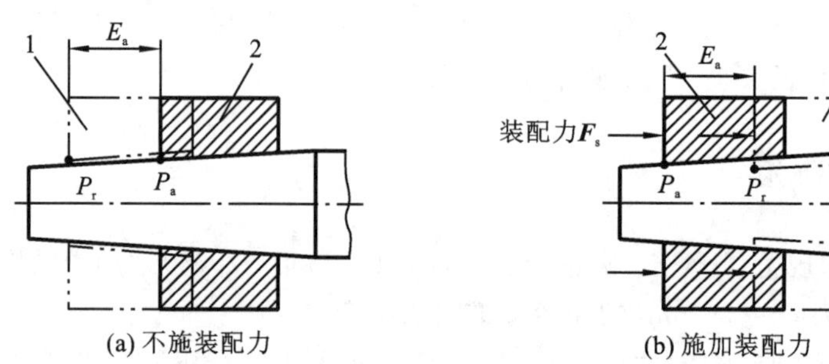

图 8-10 位移型圆锥配合

1—终止位置;2—实际初始位置

1. 圆锥公差给定方法

圆锥公差给定方法有以下两种。

(1) 给出圆锥的理论正确圆锥角 α(或锥度 C)和圆锥直径公差 T_D,由 T_D确定两个极限圆锥,圆锥角误差、圆锥直径误差和形状误差都应控制在此两极限圆锥所限定的区域内,即圆锥直径公差带内。所给出的圆锥直径公差具有综合性,其实质就是包容要求。

当对圆锥角公差和圆锥形状公差有更高要求时,可再加注圆锥角公差 AT 和圆锥的形状公差 T_F,但 AT 和 T_F只能占 T_D的一部分。这种给定方法是设计中常用的一种方法,适用于有配合要求的内、外圆锥,例如圆锥滑动轴承、钻头的锥柄等。

(2) 同时给出给定截面圆锥直径公差 T_{DS}和圆锥角公差 AT。此时,T_{DS}和 AT 是独立的,彼此无关,应分别满足要求,两者的关系相当于独立原则。

当对形状公差有更高要求时,可再给出圆锥的形状公差。该法通常适用于对给定圆锥截面直径有较高要求的情况。例如某些阀类零件中,两个相互结合的圆锥在规定截面上要求接触良好,以保证密封性。

2. 圆锥公差的选用

根据圆锥使用要求的不同,选用圆锥公差。

(1) 对有配合要求的内、外圆锥,按第一种公差给定方法进行圆锥精度设计:选用圆锥直径公差。

圆锥结合的精度设计,一般是在给出圆锥的基本参数后,根据圆锥结合的功能要求,通过计算、类比,选择确定圆锥直径公差带,再确定两个极限圆锥。

通常取基本圆锥的最大圆锥直径为公称尺寸,查取圆锥直径公差 T_D的公差数值。

结构型圆锥的直径误差主要影响实际配合间隙或过盈,为保证配合精度,直径公差一般不低于 9 级。

选用时,根据配合公差 T_{DP}来确定内、外圆锥的直径公差 T_{DK}、T_{DZ},三者存在如下关系:

$$T_{DP} = T_{DK} + T_{DZ} \tag{8-10}$$

对于结构型圆锥配合,推荐优先采用基孔制。

【例 8-1】 某结构型圆锥根据传递扭矩的需要,要求最大间隙 $X_{max}=0.045$ mm,最小过盈量 $X_{min}=0.010$ mm,公称直径(在大端)为 25 mm,锥度为 $C=1:30$,试确定内、外圆锥的直径公差代号。

解　圆锥配合公差

$$T_{DP}=|X_{max}-X_{min}|=|0.045-0.010|\ mm=0.035\ mm$$

查标准公差数值表，得 IT7＝0.021 mm，IT6＝0.013 mm，代入式(8-10)，有 $T_{DP}=(0.021+0.013)$ mm＝0.034 mm＜0.035 mm，符合给定的配合公差要求。

一般孔的精度比轴低一级，且采用基孔制配合，故取内圆锥的直径公差代号为 H7。

查表可确定外圆锥的直径公差代号为 g6。

位移型圆锥主要根据对终止位置基面距的要求和对接触精度的要求来选取直径公差。如果对基面距有要求，公差等级一般在 IT8～IT12 之间选取，必要时，应通过计算来选取和校核内、外圆锥的公差带；若对基面距无严格要求，可选较低的直径公差等级。如果对接触精度要求较高，可用给出圆锥角公差的办法来满足。

(2) 对配合面有较高接触精度要求的内、外圆锥，应按第二种给定方法进行圆锥精度设计：同时给出给定截面圆锥直径公差 T_{DS}和圆锥角公差 AT。

(3) 对于非配合外圆锥，一般选用基本偏差 js。

8.3.5　圆锥公差标注

国家标准《技术制图　圆锥的尺寸和公差注法》(GB/T 15754—1995)规定了光滑正圆锥的尺寸和公差注法。生产中通常采用基本锥度法和公差锥度法进行标注。

1. 基本锥度法

基本锥度法通常适用于有配合要求的结构型内、外圆锥。基本锥度法是表示圆锥要素尺寸与其几何特征具有相互从属关系的一种公差带的标注方法，即由两同轴圆锥面(圆锥要素的最大实体尺寸和最小实体尺寸)形成两个具有理想形状的包容面公差带。

标注方法：按面轮廓度方法标注。

图 8-11 和图 8-12 给出圆锥的理论正确圆锥角 $\boxed{\alpha}$(见图 8-11)和锥度 $\boxed{C}$(见图 8-12)、理论正确圆锥直径($\boxed{D}$或$\boxed{d}$)，并标注面轮廓度公差值。

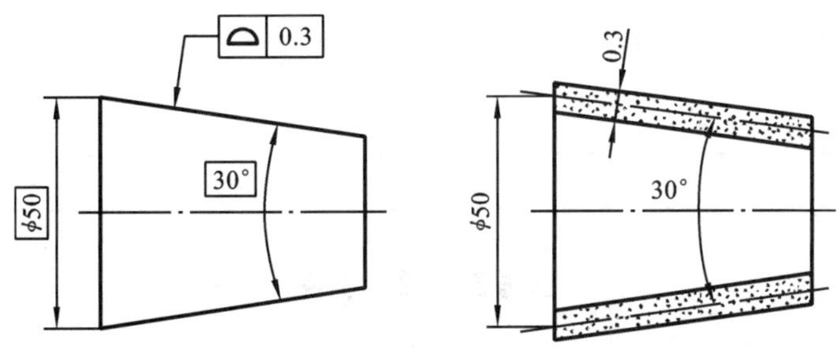

图 8-11　圆锥公差标注示例(一)

2. 公差锥度法

公差锥度法仅适用于对某些给定截面圆锥直径有较高要求的圆锥及密封和非配合圆锥。公差锥度法是直接给定有关圆锥要素的公差，即同时给出圆锥直径公差和圆锥角公差，不构成两个同轴圆锥面公差带的标注方法。图 8-13 所示为公差锥度法标注示例。

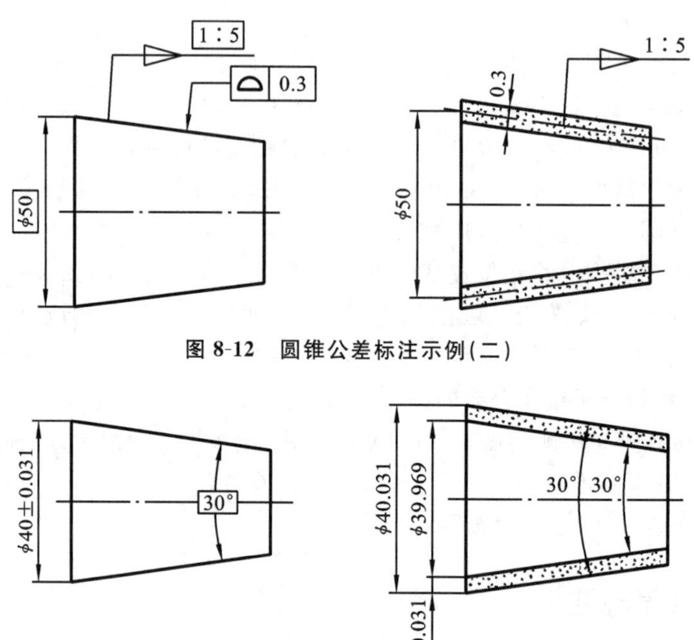

图 8-12　圆锥公差标注示例(二)

图 8-13　圆锥公差标注示例(三)

3. 未注公差角度尺寸的极限偏差

国家标准 GB/T 1804—2000 对于金属切削加工件圆锥角的角度,包括在图样上标注的角度和通常不需标注的角度(如 90°等),规定了未注公差角度的极限偏差(见表 8-5)。该极限偏差值应为一般工艺方法可以保证达到的精度。未注公差角度的公差等级在图样或技术文件上用标准编号和公差等级表示。

表 8-5　未注公差角度的极限偏差(摘自 GB/T 1804—2000)

公差等级	长度分段/mm				
	≤10	>10～50	>50～120	>120～400	>400
f(精密级) m(中等级)	±1°	±30′	±20′	±10′	±5′
c(粗糙级)	±1°30′	±1°	±30′	±15′	±10′
v(最粗级)	±3°	±2°	±1°	±30′	±20′

思考题与练习题

一、思考题

1. 圆锥配合有哪些优点?对圆锥配合有哪些基本要求?

2. 国家标准规定了哪几项圆锥公差项目?对于某一圆锥工件,是否需要将几个公差项目全部标出?

3. 圆锥公差有哪几种给定方法?如何标注?

二、练习题

4. 有一圆锥配合,其锥度 $C=1:20$,结合长度 $H=80$ mm,内、外圆锥角的公差等级均

为 IT9，试按下列不同情况确定内、外圆锥直径的极限偏差：

(1) 内、外圆锥直径公差带均按单向分布，且内圆锥直径下极限偏差 $EI=0$，外圆锥直径上极限偏差 $es=0$；

(2) 内、外圆锥直径公差带均对称于零线分布。

5. 铣床主轴端部锥孔及刀杆锥体以锥孔最大圆锥直径 $\phi70$ mm 为配合直径，锥度 $C=7:24$，配合长度 $H=106$ mm，基面距 $b=3$ mm，基面距极限偏差 $\Delta b=\pm0.4$ mm，试确定直径和圆锥角的极限偏差。

6. 图 8-14 所示为简易组合测量示意图，被测外圆锥锥度 $C=1:50$，锥体长度为 90 mm，标准圆柱直径 $d=\phi10$ mm，试合理确定量块组 L、h 的尺寸。设 a 点读数为 36 μm，b 点读数为 32 μm，试确定该锥体的锥角偏差。

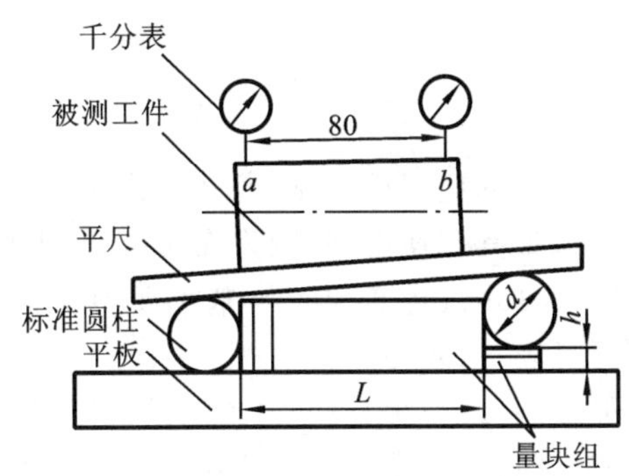

图 8-14　题 6 图

第9章 螺纹公差

9.1 概述

在工业生产中，圆柱螺纹结合的应用很普遍，尤其是普通螺纹结合的应用极为广泛。为了满足普通螺纹的使用要求，保证其互换性，我国发布了一系列普通螺纹国家标准，主要有《螺纹 术语》(GB/T 14791—2013)、《普通螺纹 基本牙型》(GB/T 192—2003)、《普通螺纹 直径与螺距系列》(GB/T 193—2003)、《普通螺纹 公差》(GB/T 197—2018)以及《普通螺纹量规 技术条件》(GB/T 3934—2003)。为了满足机床行业的需要，国家发展和改革委员会发布了《机床梯形丝杠、螺母 技术条件》(JB/T 2886—2008)。

本章结合上述标准，介绍普通螺纹的公差、配合与检测以及梯形螺纹的公差。

9.1.1 螺纹的种类及使用要求

螺纹的种类繁多。按螺纹结合性质和使用要求，螺纹可分为以下三类。

1. 连接螺纹

连接螺纹(普通螺纹)又称紧固螺纹。它的作用是使零件相互连接或紧固成一体，并可拆卸。例如螺栓与螺母连接、螺钉与机体连接、管道连接。这类螺纹多用三角形牙型。对这类螺纹的要求主要是可旋合性和连接可靠性。可旋合性是指相同规格的螺纹易于旋入或拧出，以便装配或拆卸；连接可靠性是指有足够的连接强度，接触均匀，螺纹不易松脱。

2. 传动螺纹

传动螺纹用于传递运动、动力和位移。对它的使用要求是传递动力可靠，传动比稳定，有一定的保证间隙，以便传动和储存润滑油。传动螺纹的牙型常用梯形、锯齿形、矩形和三角形。

3. 密封螺纹

密封螺纹用于密封的螺纹连接，如管螺纹的连接，要求结合紧密，不漏水、不漏气、不漏油。对这类螺纹结合的要求主要是具有良好的旋合性和密封性。

9.1.2 普通螺纹的基本牙型和主要几何参数

如图9-1所示，圆柱螺纹的牙型是指在通过螺纹轴线的剖面上螺纹轮廓的形状，由原始

三角形形成，该三角形的底边平行于螺纹轴线。圆柱螺纹的基本牙型是按规定的高度削平原始三角形顶部和底部后形成的，如图 9-1 所示。

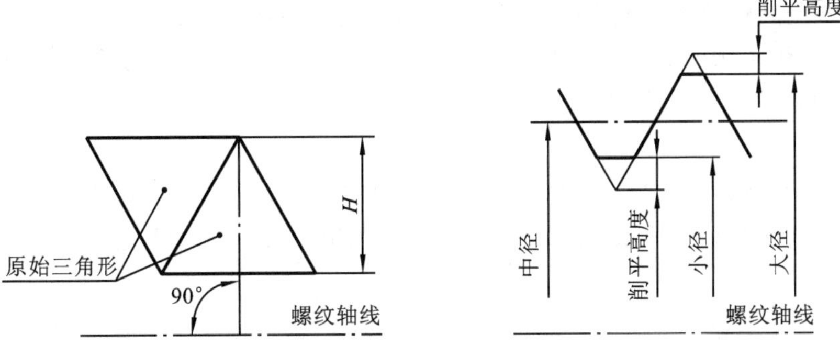

图 9-1　圆柱螺纹牙型形成

圆柱螺纹的几何参数是在过螺纹轴线的剖面上沿径向或轴向计值的。参看图 9-2 和图 9-3，主要参数如下。

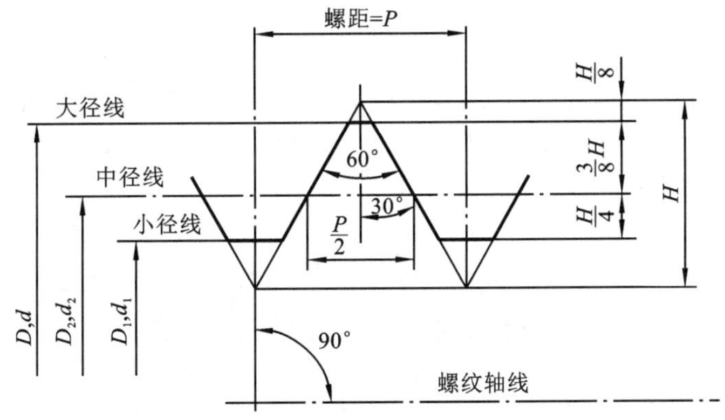

图 9-2　普通螺纹基本牙型

H—原始三角形高度

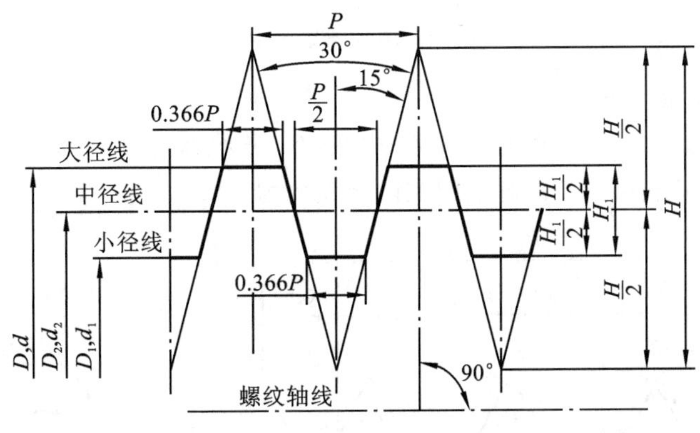

图 9-3　梯形螺纹基本牙型

H—原始三角形高度

1. 大径

大径是指与外螺纹牙顶或内螺纹牙底相切的假想圆柱的直径。内、外螺纹大径的公称

尺寸分别用符号 D 和 d 表示，且 $D=d$。普通螺纹的公称直径即是螺纹大径的公称尺寸。

2. 小径

小径是指与外螺纹牙底或内螺纹牙顶相切的假想圆柱的直径。内、外螺纹小径的公称尺寸分别用 D_1 和 d_1 表示，且 $D_1=d_1$。外螺纹的大径和内螺纹的小径统称顶径，外螺纹的小径和内螺纹的大径统称底径。

3. 中径

中径是一个假想圆柱的直径，该圆柱的母线通过牙型上沟槽和凸起宽度相等的地方，如图 9-4 所示。该假想圆柱称为中径圆柱。内、外螺纹中径的公称尺寸分别用符号 D_2 和 d_2 表示，且 $D_2=d_2$。

4. 螺距

螺距是指相邻两牙在中径线上对应两点间的轴向距离。螺距的基本值用符号 P 表示。

螺距与导程不同，导程是指同一条螺旋线在中径线上相邻两牙对应点之间的轴向距离，用 L 表示。对于单线螺纹，导程 L 和螺距 P 相等。对于多线螺纹，导程 L 等于螺距 P 与螺纹线数 n 的乘积，即 $L=nP$。

5. 单一中径

单一中径是一个假想圆柱的直径，该圆柱的母线通过牙型上沟槽宽度等于螺距基本值的 1/2 的地方，如图 9-4 所示。内、外螺纹的单一中径分别用符号 $D_{2单一}$ 和 $d_{2单一}$ 表示。单一中径可以用三针法测得，以表示螺纹的实际中径。

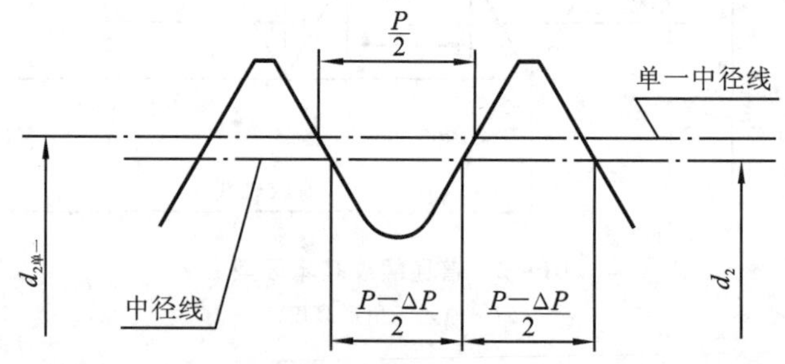

图 9-4　中径与单一中径

6. 牙型角和牙型半角

牙型角是指在螺纹牙型上两相邻牙侧间的夹角，牙型半角为牙型角的一半，如图 9-5 所示。牙型角用符号 α 表示。公制普通螺纹的牙型角为 60°。

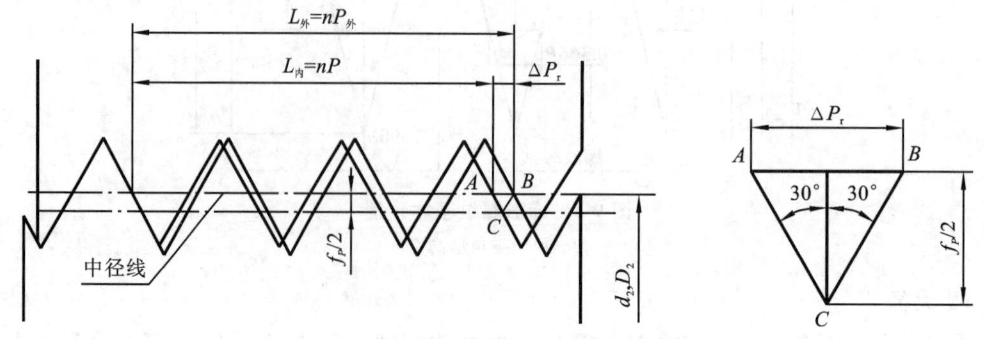

图 9-5　螺距累积误差对可旋合性的影响

7. 牙侧角

牙侧角是指在螺纹牙型上牙侧与螺纹轴线的垂线间的夹角。左、右牙侧角分别用符号 α_1 和 α_2 表示。牙侧角基本值与牙型半角相等，普通螺纹牙侧角基本值为 30°。

8. 牙型高度

牙型高度是指在两个相互配合螺纹的牙型上，它们的牙侧重合部分在垂直于螺纹轴线方向上的距离。普通螺纹牙型高度的基本值等于 $5H/8$，如图 9-2 所示。

9. 螺纹旋合长度

螺纹旋合长度是指两个相互配合的螺纹沿螺纹轴线方向相互旋合部分的长度。

普通螺纹的公称尺寸如表 9-1 所示。

表 9-1　普通螺纹的公称尺寸

公称直径 D、d			螺距 P	中径 $D_2(d_2)$	小径 $D_1(d_1)$
第 1 系列	第 2 系列	第 3 系列			
10			**1.5**	9.026	8.376
			1.25	9.188	8.647
			1	9.350	8.917
			0.75	9.513	9.188
			(0.5)	9.675	9.459
		11	**(1.5)**	10.026	9.376
			1	10.350	9.917
			0.75	10.513	10.188
			0.5	10.675	10.459
12			**1.75**	10.863	10.106
			1.5	11.026	10.376
			1.25	11.188	10.647
			1	11.350	10.917
			(0.75)	11.513	11.188
	14		**2**	12.701	11.835
			1.5	13.026	12.375
			(1.25)	13.188	12.647
			1	13.350	12.917
			(0.75)	13.513	13.188
			(0.5)	13.675	13.459
		15	**1.5**	14.026	13.376
			(1)	14.350	13.917
16			**2**	14.701	13.835
			1.5	15.026	14.376
			1	15.350	14.917
			(0.75)	15.513	15.188
			(0.5)	15.675	15.459
		17	**1.5**	16.026	15.376
			(1)	16.350	15.917
	18		**2.5**	16.376	15.294
			2	16.701	15.835
			1.5	17.026	16.376
			1	17.350	16.917
			(0.75)	17.513	17.188
20			**2.5**	18.376	17.294
			2	18.701	17.835
			1.5	19.026	18.376
			1	19.350	18.917
			(0.75)	19.513	19.188
24			**3**	22.051	20.752
			2	22.701	21.835
			1.5	23.026	22.376
			1	23.350	22.917
			(0.75)	25.513	23.188
		25	2	23.701	22.835
			1.5	24.026	23.376
			(1)	24.350	23.917

注：1. 直径应优先选用第 1 系列，其次为第 2 系列，第 3 系列尽量不用；

2. 括号内的螺距尽可能不用；

3. 黑体数字为粗牙螺距。

9.2 螺纹几何参数误差对螺纹互换性的影响

要实现普通螺纹的互换性,必须满足其使用要求,即保证其可旋合性和连接强度。前者是指相互结合的内、外螺纹能够自由旋入,并获得指定的配合性质;后者是指相互结合的内、外螺纹的牙侧能够均匀接触,具有足够的承载能力。

在加工过程中,螺纹的几何参数不可避免地会产生误差,因而影响其互换性。其中,螺距误差、牙型半角误差和中径误差是影响互换性的主要因素。

9.2.1 螺距误差对互换性的影响

对于紧固螺纹来说,螺距误差主要影响螺纹的可旋合性和连接的可靠性;对于传动螺纹来说,螺距误差直接影响传动精度,影响螺牙上载荷分布的均匀性。

螺距误差包括局部误差(ΔP)和累积误差(ΔP_Σ)。前者与旋合长度无关;后者与旋合长度有关,是主要影响因素。

为了便于分析,假设内螺纹具有理想牙型,外螺纹的中径及牙型角与内螺纹相同,仅存在螺距误差,并假设在旋合长度内,外螺纹有螺距累积误差 ΔP_Σ,如图 9-5 所示。显然,在这种情况下,螺纹因其产生的干涉而无法旋合。

为了使有螺距误差的外螺纹可旋入具有理想牙型的内螺纹,应把外螺纹的中径 d_2 减小一个数值 f_P 至 d_2'。

同理,当内螺纹有螺距误差时,为了保证可旋合性,应把内螺纹的中径加大一个数值 f_P。这个 f_P 值是补偿螺距误差的影响而折算到中径上的数值,被称为螺距误差的中径当量。

根据图 9-5,从△ABC 中可知,

$$f_P = \Delta P_\Sigma \cot \frac{\alpha}{2}$$

对于牙型角 $\alpha=60°$的普通螺纹,

$$f_P = 1.732\,|\Delta P_\Sigma| \tag{9-1}$$

9.2.2 牙型半角误差对互换性的影响

牙型半角误差是指实际牙型半角与理论牙型半角之差。它是螺纹牙侧相对于螺纹轴线的方向误差,对螺纹的可旋合性和连接强度均有影响。

假设内螺纹具有基本牙型,外螺纹中径及螺距与内螺纹相同,仅牙型半角有误差。此时,内、外螺纹旋合时牙侧将发生干涉,导致不能旋合,如图 9-6 所示。为了保证可旋合性,必须将内螺纹的中径增大一个数值 $f_{\frac{\alpha}{2}}$,或者将外螺纹的中径减小一个数值 $f_{\frac{\alpha}{2}}$。这个数值 $f_{\frac{\alpha}{2}}$是补偿牙型半角误差的影响而折算到中径上的数值,被称为牙型半角误差的中径当量。

在图 9-6(a)中,外螺纹的 $\Delta\frac{\alpha}{2}=\frac{\alpha}{2}(外)-\frac{\alpha}{2}(内)<0$,其牙顶部分的牙侧有干涉现象。此时,中径当量 $f_{\frac{\alpha}{2}}$为

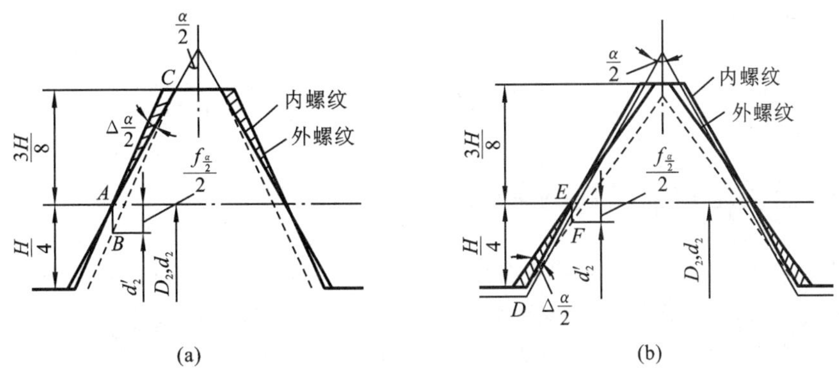

图 9-6　牙型半角误差对可旋合性的影响

$$f_{\frac{\alpha}{2}}=0.44H\Delta\frac{\alpha}{2}/\sin\alpha \tag{9-2}$$

对于普通螺纹，$\alpha=60°$，$H=0.866P$，则

$$f_{\frac{\alpha}{2}}=0.44P\Delta\frac{\alpha}{2}$$

在图 9-6(b)中，外螺纹的 $\Delta\frac{\alpha}{2}=\frac{\alpha}{2}(外)-\frac{\alpha}{2}(内)>0$，其牙根部分的牙侧有干涉现象。此时，中径当量 $f_{\frac{\alpha}{2}}$ 为

$$f_{\frac{\alpha}{2}}=0.291H\Delta\frac{\alpha}{2}/\sin\alpha$$

对于普通螺纹，有

$$f_{\frac{\alpha}{2}}=0.291P\Delta\frac{\alpha}{2} \tag{9-3}$$

式中：H——原始三角形高度，就是原始三角形的高，单位为 mm；

$\frac{\alpha}{2}$——单位为分(′)(1 分＝0.291×10^{-3}弧度)；

$f_{\frac{\alpha}{2}}$——单位为微米(μm)。

实际中经常是左、右半角误差不相同，而且可能一边半角误差为正，另一边半角误差为负。因此中径当量应取平均值。根据不同情况，普通螺纹按下列公式之一计算。

当 $\Delta\frac{\alpha}{2}(左)>0$，$\Delta\frac{\alpha}{2}(右)>0$ 时，

$$f_{\frac{\alpha}{2}}=\frac{0.291P}{2}\left(\left|\Delta\frac{\alpha}{2}(左)\right|+\left|\Delta\frac{\alpha}{2}(右)\right|\right) \tag{9-4}$$

当 $\Delta\frac{\alpha}{2}(左)<0$，$\Delta\frac{\alpha}{2}(右)<0$ 时，

$$f_{\frac{\alpha}{2}}=\frac{0.44P}{2}\left(\left|\Delta\frac{\alpha}{2}(左)\right|+\left|\Delta\frac{\alpha}{2}(右)\right|\right) \tag{9-5}$$

当 $\Delta\frac{\alpha}{2}(左)>0$，$\Delta\frac{\alpha}{2}(右)<0$ 时，

$$f_{\frac{\alpha}{2}}=\frac{P}{2}\left(0.291\left|\Delta\frac{\alpha}{2}(左)\right|+0.44\left|\Delta\frac{\alpha}{2}(右)\right|\right) \tag{9-6}$$

当$\Delta\frac{\alpha}{2}$(左)<0,$\Delta\frac{\alpha}{2}$(右)>0时,

$$f_{\frac{\alpha}{2}}=\frac{P}{2}\left(0.44\left|\Delta\frac{\alpha}{2}(左)\right|+0.291\left|\Delta\frac{\alpha}{2}(右)\right|\right) \tag{9-7}$$

9.2.3 中径误差对互换性的影响

螺纹中径在制造过程中不可避免会出现一定的误差,即单一实际中径对其公称中径之差。如果仅考虑中径的影响,那么只要外螺纹中径小于内螺纹中径就能保证内、外螺纹的可旋合性,反之就不能旋合。但如果外螺纹中径过小,内螺纹中径又过大,则会降低连接的可靠性和紧密性,降低连接强度。所以,为了确保螺纹的可旋合性,中径误差必须加以控制。

9.2.4 螺纹作用中径和中径合格性判断原则

1. 作用中径的概念

实际生产中,螺距误差ΔP、牙型半角误差$\Delta\frac{\alpha}{2}$和中径误差$\Delta d_2(\Delta D_2)$总是同时存在的。前两项可折算成中径当量(f_P、$f_{\frac{\alpha}{2}}$),即折算成中径误差的一部分。因此,即使螺纹测得的中径合格,由于有ΔP和$\Delta\frac{\alpha}{2}$,仍不能确定螺纹是否合格。

当外螺纹存在螺距误差和牙型半角误差时,只能与一个中径较大的内螺纹旋合,其效果相当于外螺纹的中径增大了。这个增大了的假想中径称为外螺纹的作用中径$d_{2作用}$。其值为

$$d_{2作用}=d_{2实际}+(f_P+f_{\frac{\alpha}{2}}) \tag{9-8}$$

同理,当内螺纹存在螺距误差和牙型半角误差时,只能与一个中径较小的外螺纹旋合,其效果相当于内螺纹的中径减小了。这个减小了的假想中径称为内螺纹的作用中径$D_{2作用}$。其值为

$$D_{2作用}=D_{2实际}-(f_P+f_{\frac{\alpha}{2}}) \tag{9-9}$$

显然,为了使相互结合的内、外螺纹能自由旋合,应保证:$D_{2作用}\geqslant d_{2作用}$。

国际标准对作用中径的定义为:螺纹的作用中径是指在规定的旋合长度内,恰好包容实际螺纹的一个假想螺纹的中径。此假想螺纹具有基本牙型的螺距、半角及牙型高度,并在牙顶和牙底处留有间隙,以保证不与实际螺纹的大、小径发生干涉。因此,作用中径是螺纹旋合时实际起作用的小径。外螺纹作用中径如图 9-7 所示。

对于普通螺纹来说,国际没有单独规定螺距和牙型半角公差,只规定了内、外螺纹的中径公差(T_{D2}、T_{d2}),通过中径公差同时限制实际中径、螺距及牙型半角三个参数的误差,如图 9-8 所示。

2. 螺纹中径合格性的判断原则

根据以上分析,螺纹中径是衡量螺纹互换性的主要指标。螺纹中径合格性的判断原则与光滑工件极限尺寸判断原则(泰勒原则)类同,即实际螺纹的作用中径不能超出最大实体牙型的中径,实际螺纹上任意部位的单一中径不能超出最小实体牙型的中径。

外螺纹:作用中径不大于中径上极限尺寸;任意位置的单一中径不小于中径下极限尺

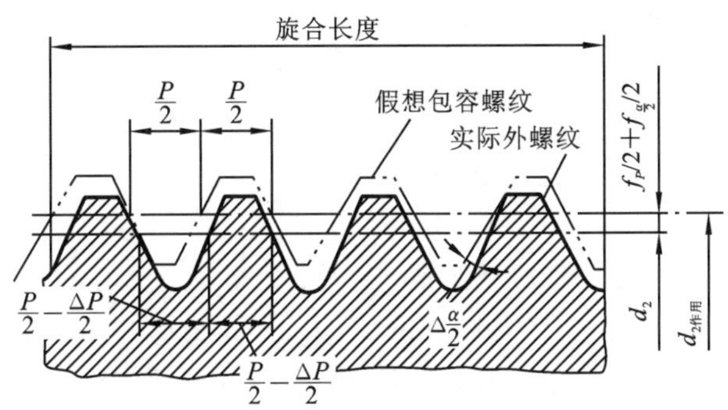

图 9-7　外螺纹作用中径

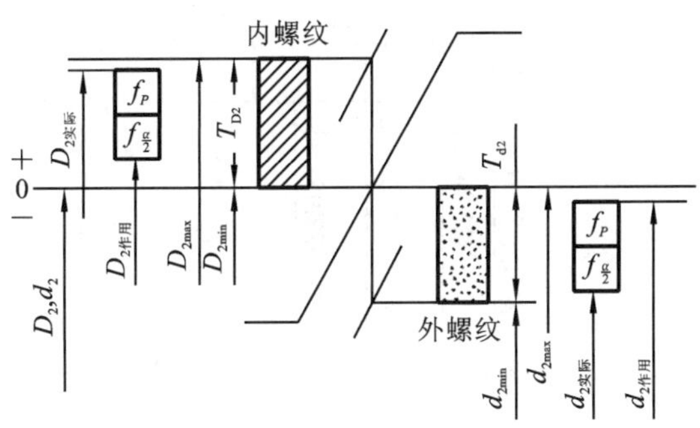

图 9-8　螺纹中径合格性判断示意图

寸，即

$$d_{2作用} \leqslant d_{2\max}, \quad d_{2单一} \geqslant d_{2\min}$$

内螺纹：作用中径不小于中径下极限尺寸；任意位置的单一中径不大于中径上极限尺寸，即

$$D_{2作用} \geqslant D_{2\min}, \quad D_{2单一} \leqslant D_{2\max}$$

【例 9-1】 有一螺母，大径为 24 mm，螺距为 3 mm，螺母中径的公差带为 6H。加工后测得尺寸为：单一中径 $D_{2单一}=22.285$ mm，螺距累积误差 $\Delta P_{\Sigma}=+50$ μm，牙型半角误差 $\Delta\frac{\alpha}{2}(左)=-80'$，$\Delta\frac{\alpha}{2}(右)=+60'$。试画出公差带图，并判断该螺母是否合格。

解　根据已知条件由表 9-1、表 9-5(在 9.3 节)、表 9-4(在 9.3 节)查得 $D_2=22.051$ mm，基本偏差 $EI=0$，中径公差 $T_{D2}=265$ μm，则中径的上极限偏差 $ES=EI+T_{D2}=+265$ μm。因此

$$D_{2\max}=D_2+T_{D2}=(22.051+0.265)\ \text{mm}=22.316\ \text{mm}$$

$$D_{2\min}=D_2=22.051\ \text{mm}$$

由式(9-1)、式(9-7)可分别计算螺距误差和牙型半角误差的中径当量，为

$$f_P=1.732\left|\Delta P_{\Sigma}\right|=1.732\times 50\ \mu\text{m}=86.6\ \mu\text{m}\approx 0.087\ \text{mm}$$

$$\begin{aligned} f_{\frac{\alpha}{2}} &= \frac{P}{2}\left(0.44\left|\Delta\frac{\alpha}{2}(左)\right|+0.291\left|\Delta\frac{\alpha}{2}(右)\right|\right) \\ &= \frac{3}{2}\times(0.44\times 80+0.291\times 60)\ \mu\text{m} \\ &= 78.99\ \mu\text{m}\approx 0.079\ \text{mm} \end{aligned}$$

由式(9-9)可计算螺母的作用中径,为

$$D_{2作用}=D_{2实际}-(f_P+f_{\frac{\alpha}{2}})$$
$$=[22.285-(0.087+0.079)]\ \text{mm}$$
$$=22.119\ \text{mm}$$

因为

$$D_{2单一}=22.285\ \text{mm}<D_{2\max}=22.316\ \text{mm}$$
$$D_{2作用}=22.119\ \text{mm}>D_{2\min}=22.051\ \text{mm}$$

所以该螺母合格,满足互换性要求。其公差带图如图 9-9 所示。

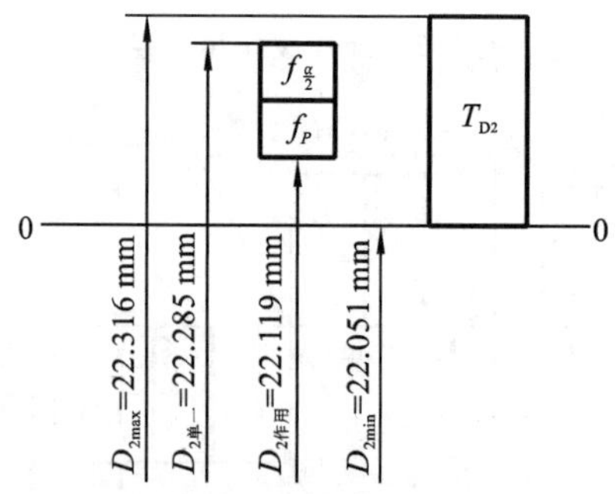

图 9-9　例 9-1 螺母的公差带图

9.3　普通螺纹的公差与配合

GB/T 197—2018 对基本大径为 1～355 mm、螺距基本值为 0.2～8 mm 的普通螺纹规定了配合最小间隙为零以及具有保证间隙的螺纹公差带、旋合长度和公差精度。螺纹的公差带由公差带的位置和公差带的大小决定;螺纹的公差精度由公差带和旋合长度决定,如图 9-10 所示。

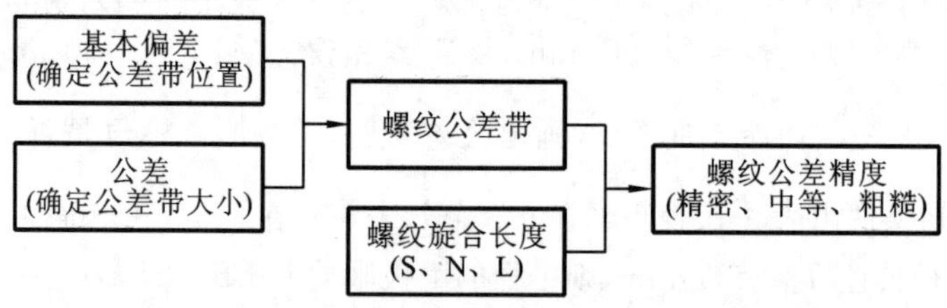

图 9-10　普通螺纹公差带与公差精度的构成

9.3.1　普通螺纹的公差带

螺纹公差带是沿基本牙型的牙侧、牙顶和牙底分布的公差带,由公差等级和基本偏差两个要素构成,在垂直于螺纹轴线的方向计量其大、中、小径的公差值和极限偏差。

1. 螺纹的公差等级

螺纹公差带的大小由公差值确定,并且螺纹按公差值大小分为若干等级,如表 9-2 所示。

表 9-2　螺纹公差等级

螺纹直径	公差等级	螺纹直径	公差等级
外螺纹中径 d_2	3、4、5、6、7、8、9	内螺纹中径 D_2	4、5、6、7、8
外螺纹大径 d	4、6、8	内螺纹小径 D_1	4、5、6、7、8

其中：6 级是基本级；3 级公差值最小，精度最高；9 级精度最低。各级公差值如表 9-3 和表 9-4 所示。

表 9-3　内螺纹小径公差和外螺纹大径公差

螺距 P/mm	公差等级							
	4	5	6	7	8	4	6	8
	内螺纹小径公差 T_{D1}/μm					外螺纹大径公差 T_d/μm		
0.75	118	150	190	236	—	90	140	—
0.8	125	160	200	250	315	95	150	236
1	150	190	236	300	375	112	180	280
1.25	170	212	265	335	425	132	212	335
1.5	190	236	300	375	475	150	236	375
1.75	212	265	335	425	530	170	265	425
2	236	300	375	475	600	180	280	450
2.5	280	355	450	560	710	212	335	530
3	315	400	500	630	800	236	375	600

国家标准对内螺纹的大径和外螺纹的小径均不规定具体公差值，而只规定内、外螺纹牙底实际轮廓的任何点均不能超过按基本偏差所确定的最大实体牙型。

表 9-4　普通螺纹中径公差

公称直径 D/mm		螺距 P/mm	公差等级											
			4	5	6	7	8	3	4	5	6	7	8	9
>	≤		内螺纹中径公差 T_{D2}/μm					外螺纹中径公差 T_{d2}/μm						
5.6	11.2	0.5	71	90	112	140	—	42	53	67	85	106	—	—
		0.75	85	106	132	170	—	50	63	80	100	125	—	—
		1	95	118	150	190	236	56	71	90	112	140	180	224
		1.25	100	125	160	200	250	60	75	95	118	150	190	236
		1.5	112	140	180	224	280	67	85	106	132	170	212	295

续表

公称直径 D/mm		螺距 P/mm	公差等级											
			4	5	6	7	8	3	4	5	6	7	8	9
>	≤		内螺纹中径公差 T_{D2}/μm					外螺纹中径公差 T_{d2}/μm						
11.2	22.4	0.5	75	95	118	150	—	45	56	71	90	112	—	—
		0.75	90	112	140	180	—	53	67	85	106	132	—	—
		1	100	125	160	200	250	60	75	95	118	150	190	236
		1.25	112	140	180	224	280	67	85	106	132	170	212	265
		1.5	118	150	190	236	300	71	90	112	140	180	224	280
		1.75	125	160	200	250	315	75	95	118	150	190	236	300
		2	132	170	212	265	335	80	100	125	160	200	250	315
		2.5	140	180	224	280	355	85	106	132	170	212	265	335
22.4	45	0.75	95	118	150	190	—	56	71	90	112	140	—	—
		1	106	132	170	212	—	63	80	100	125	160	200	250
		1.5	125	160	200	250	315	75	95	118	150	190	236	300
		2	140	180	224	280	355	85	106	132	170	212	265	335
		3	170	212	265	335	425	100	125	160	200	250	315	400
		3.5	180	224	280	355	450	106	132	170	212	265	335	425
		4	190	236	300	375	475	112	140	180	224	280	355	450
		4.5	200	250	315	400	500	118	150	190	236	300	375	475

2. 螺纹的基本偏差

螺纹的基本偏差是指公差带两极限偏差中靠近零线的那个偏差。它确定了公差带相对基本牙型的位置。内螺纹的基本偏差是下极限偏差(EI),外螺纹的基本偏差是上极限偏差(es)。

国家标准对普通内螺纹规定了两种基本偏差,其代号为G、H,如图9-11(a)、(b)所示。国家标准对普通外螺纹规定了八种基本偏差,其代号为a、b、c、d、e、f、g、h,如图9-11(c)、(d)所示。

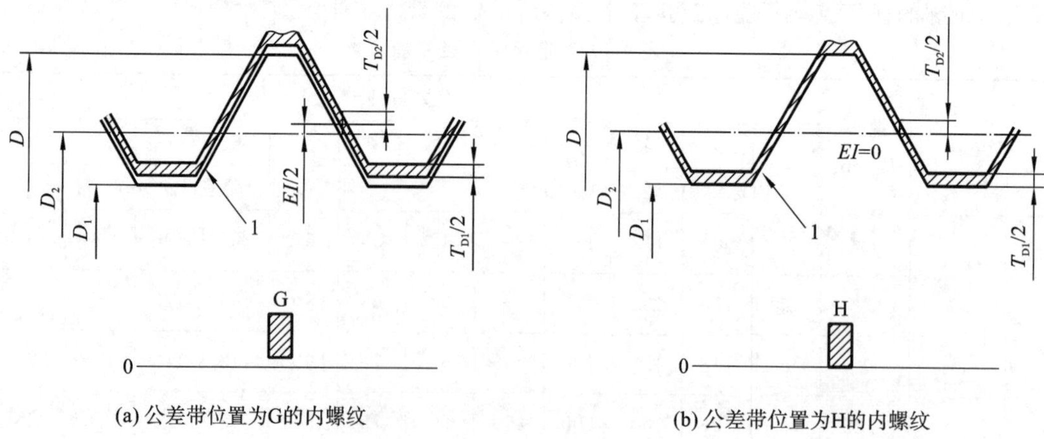

(a) 公差带位置为G的内螺纹　　(b) 公差带位置为H的内螺纹

图 9-11　普通螺纹的基本偏差

1—基本牙型

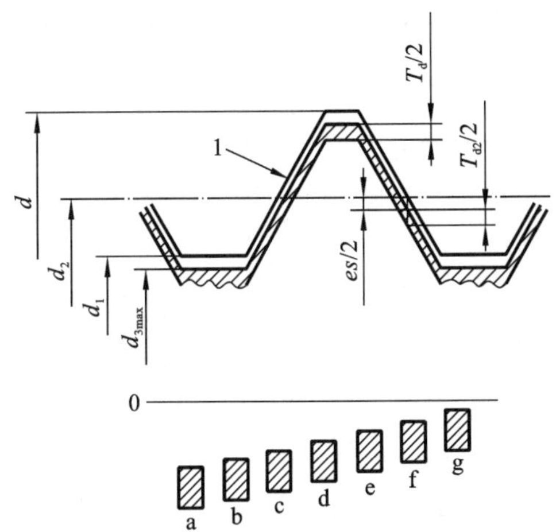

(c) 公差带位置为a、b、c、d、e、f和g的外螺纹

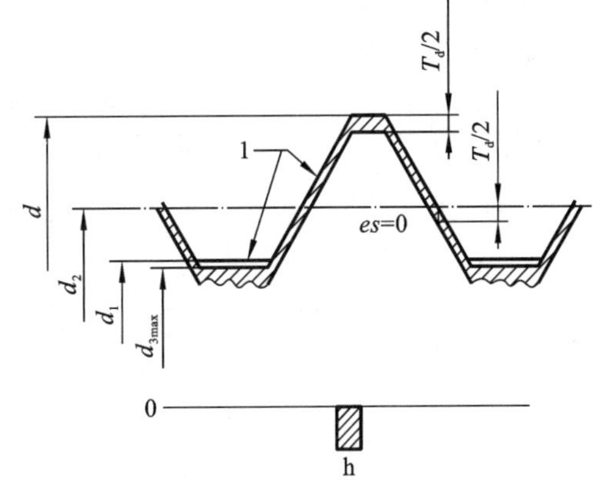

(d) 公差带位置为h的外螺纹

续图 9-11

普通内、外螺纹基本偏差值如表 9-5 所示。

表 9-5　普通内、外螺纹基本偏差(摘自 GB/T 197—2018)

螺距 P/mm	内螺纹		外螺纹							
	G	H	a	b	c	d	e	f	g	h
	基本偏差/μm									
	EI		es							
0.75	+22	0	—	—	—	—	−56	−38	−22	0
0.8	+24	0	—	—	—	—	−60	−38	−24	0
1	+26	0	−290	−200	−130	−85	−60	−40	−26	0
1.25	+28	0	−295	−205	−135	−90	−63	−42	−28	0
1.5	+32	0	−300	−212	−140	−95	−67	−45	−32	0
1.75	+34	0	−310	−220	−145	−100	−71	−48	−34	0
2	+38	0	−315	−225	−150	−105	−71	−52	−38	0
2.5	+42	0	−325	−235	−160	−110	−80	−58	−42	0
3	+48	0	−335	−245	−170	−115	−85	−63	−48	0
3.5	+53	0	−345	−255	−180	−125	−90	−70	−53	0
4	+60	0	−355	−265	−190	−130	−95	−75	−60	0

9.3.2　螺纹的旋合长度与精度等级及其选用

1. 螺纹的旋合长度及其选用

螺纹的旋合长度是指两个相互配合的螺纹，沿螺纹轴线方向相互旋合部分的长度。国家标准按螺纹公称直径和螺距规定了长、中、短三种旋合长度，分别用代号 L、N、S 表示。其数值如表 9-6 所示。设计时,一般选用中等旋合长度 N;只有当结构或强度上需要时,才选用短旋合长度 S 或长旋合长度 L。

表 9-6　螺纹的旋合长度

公称直径 D、d		螺距 P	旋合长度			
			S	N		L
>	≤		≤	>	≤	>
5.6	11.2	0.5	1.6	1.6	4.7	4.7
		0.75	2.4	2.4	7.1	7.1
		1	3	3	9	9
		1.25	4	4	12	12
		1.5	5	5	15	15
11.2	22.4	0.5	1.8	1.8	5.4	5.4
		0.75	2.7	2.7	8.1	8.1
		1	3.8	3.8	11	11
		1.25	4.5	4.5	13	13
		1.5	5.6	5.6	16	16
		1.75	6	6	18	18
		2	8	8	24	24
		2.5	10	10	30	30

公称直径 D、d		螺距 P	旋合长度			
			S	N		L
>	≤		≤	>	≤	>
22.4	45	0.75	3.1	3.1	9.4	9.4
		1	4	4	12	12
		1.5	6.3	6.3	19	19
		2	8.5	8.5	25	25
		3	12	12	36	36
		3.5	15	15	45	45
		4	18	18	53	53
		4.5	21	21	63	63

2. 螺纹的精度等级及其选用

螺纹的精度不仅与螺纹直径的公差等级有关,而且与螺纹的旋合长度有关。当公差等级一定时,旋合长度越长,加工时产生的螺距累积误差和牙型半角误差就可能越大,加工就越困难。因此,公差等级相同而旋合长度不同的螺纹精度等级也不相同。

GB/T 197—2018 按螺纹的公差等级和旋合长度规定了三种精度等级,分别称为精密级、中等级和粗糙级。精密级用于精密螺纹;中等级用于一般用途螺纹;粗糙级用于制造螺纹有困难的场合,例如在热轧棒料上和深盲孔内加工螺纹。

螺纹精度等级的高低,代表了螺纹加工的难易程度。同一精度等级,随着旋合长度的增加,螺纹的公差等级相应降低,如表 9-7 所示。

9.3.3　螺纹公差带与配合的选用

按不同的公差带位置(G、H、a、b、c、d、e、f、g、h)及不同的公差等级(3～9)可以组成不同的公差带。公差带代号由表示公差等级的数字和表示基本偏差的字母组成,如 6H、5g 等。

在生产中,为了减少刀具、量具的规格和数量,对公差带的种类应加以限制。GB/T 197—2018 规定了常用的公差带,如表 9-7 所示。除有特殊要求,不应选择标准规定以外的公差带。在表 9-7 中:只有一个公差带代号的,表示中径和顶径公差带是相同的;有两个公差带代号的,前者表示中径公差带,后者表示顶径公差带。

表 9-7　普通螺纹的推荐公差带(摘自 GB/T 197—2018)

内螺纹						
精度	公差带位置 G			公差带位置 H		
	旋合长度					
	S	N	L	S	N	L
精密	—	—	—	4H	5H	6H
中等	(5G)	6G*	(7G)	5H*	6H*	7H*
粗糙	—	(7G)	(8G)	—	7H	8H

外螺纹												
精度	公差带位置 e			公差带位置 f			公差带位置 g			公差带位置 h		
	旋合长度											
	S	N	L	S	N	L	S	N	L	S	N	L
精密	—	—	—	—	—	—	—	(4g)	(5g4g)	(3h4h)	4h*	(5h4h)
中等	—	6e*	(7e6e)	—	6f*	—	(5g6g)	6g*	(7g6g)	(5h6h)	6h	(7h6h)
粗糙	—	(8e)	(9e8e)	—	—	—	—	8g	(9g8g)	—	—	—

注:带星号"*"的公差带应优先选用,其次是不带星号"*"的公差带;括号内的公差带尽量不用;大量生产的精制紧固螺纹,推荐采用带方框的公差带。

表 9-7 中所列的内螺纹公差带和外螺纹公差带可任意组成各种配合。但为了保证足够的接触高度,内、外螺纹最好组成 H/g、H/h 或 G/h 的配合。选择时主要考虑以下几种情况。

(1) 为了保证可旋合性,内、外螺纹应具有较高的同轴度,并有足够的接触高度和结合强度,通常采用最小间隙为零的配合(H/h)。

(2) 要求拆卸容易的螺纹,可选用较小间隙的配合(H/g 或 G/h)。

(3) 需要镀层的螺纹,其基本偏差按所需镀层厚度确定。需要涂镀的外螺纹,当镀层厚度为 10 μm 时可采用 g,当镀层厚度为 20 μm 时可采用 f,当镀层厚度为 30 μm 时可采用 e。当内、外螺纹均需要涂镀时,采用 G/e 或 G/f 的配合。

(4) 在高温条件下工作的螺纹,可根据装配时和工作时的温度来确定适当的间隙和相应的基本偏差,留有间隙以防螺纹卡死。一般常用基本偏差 e。温度相对较低时,可用基本偏差 g。

9.3.4　螺纹在图样上的标注

完整的螺纹标记由螺纹代号、公称直径、螺距、螺纹公差带代号和螺纹旋合长度代号(或数值)组成,各代号间用"-"隔开。螺纹公差带代号包括中径公差带代号和顶径公差带代号。若中径公差带代号和顶径公差带代号不同,则应分别注出,前者为中径公差带代号,后者为顶径公差带代号。若中径公差带代号和顶径公差带代号相同,则合并标注一个即可。旋合长度代号除“N”不注出外,对于短或长旋合长度,应注出代号“S”或“L”。也可直接用数值注出旋合长度值。基本偏差代号小写为外螺纹,大写为内螺纹。

螺纹的标注示例如下。

1. 在零件图上

内螺纹:

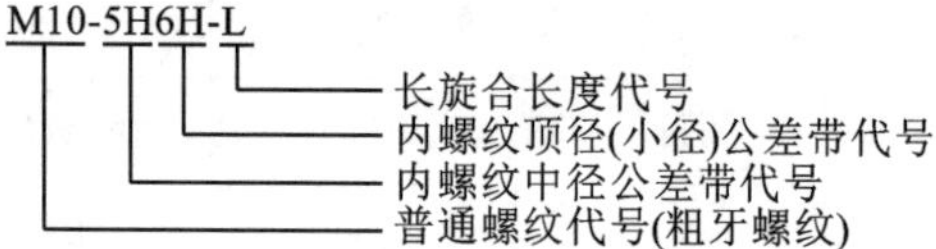

外螺纹:

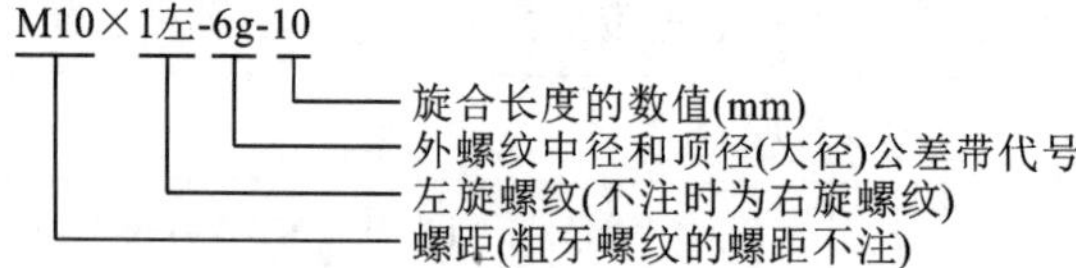

2. 在装配图上

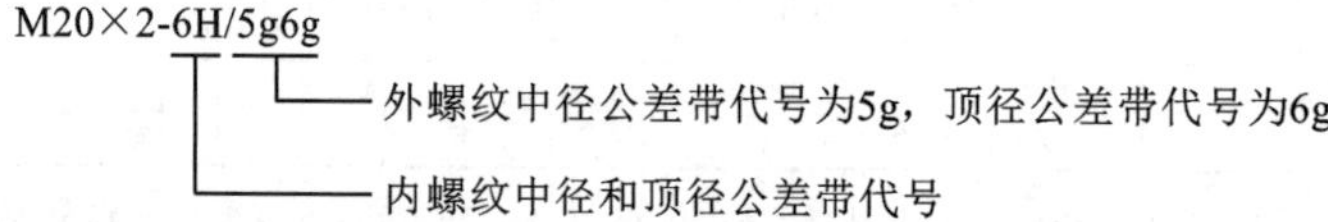

螺纹在图样上标注时,应标注在螺纹的公称直径(大径)的尺寸线上。

【例 9-2】 查出 M20×2-7g6g 螺纹的上、下极限偏差。

解 螺纹代号 M20×2 表示细牙普通螺纹,公称直径为 20 mm,螺距为 2 mm;公差带代号 7g6g 表示外螺纹中径公差带代号为 7g,大径公差带代号为 6g。

由表 9-5 知,g 的基本偏差(es)$=-38$ μm。

由表 9-4 知,公差等级为 7 时,中径公差 $T_{d2}=200$ μm。

由表 9-3 知,公差等级为 6 时,大径公差 $T_{d}=280$ μm。

因此,中径上极限偏差(es)$=-38$ μm;

中径下极限偏差(ei)$=es-T_{d2}=-238$ μm;

大径上极限偏差(es)$=-38$ μm;

大径下极限偏差(ei)$=es-T_{d}=-318$ μm。

9.4 梯形丝杠的公差

机床采用梯形丝杠和螺母作传动和定位用。所用螺纹是牙型角为 30°的单线梯形螺纹。丝杠和螺母中径的公称尺寸相同;为了储存润滑油,在丝杠与螺母的顶径之间和底径之间分别留有间隙,所以螺母的大径和小径的公称尺寸分别大于丝杠的大径和小径的公称尺寸。《机床梯形丝杠、螺母 技术条件》(JB/T 2886—2008)规定了与机床梯形丝杠、螺母有关的术语、定义及验收技术条件与检验方法。

9.4.1　对梯形丝杠的精度要求

1. 螺旋线公差

螺旋线误差是指在中径线上，实际螺旋线相对于理论螺旋线偏离的最大代数差。螺旋线误差分为：

(1) 丝杠一转内螺旋线误差；

(2) 丝杠在指定长度上的螺旋线误差；

(3) 丝杠全长的螺旋线误差。

螺旋线误差较全面地反映了丝杠的位移精度，但由于测量螺旋线误差的动态测量仪器尚未普及，标准只对 3、4、5、6 级的丝杠规定了螺旋线公差。

2. 螺距公差

螺距误差是指螺距的实际尺寸相对于公称尺寸的最大代数差值。螺距公差是指螺距的实际尺寸相对于公称尺寸允许的变动量。

标准规定了各级精度丝杠的螺距公差。螺距误差可以分为以下几种。

(1) 单个螺距误差(ΔP)：在螺纹全长上，任意单个实际螺距与公称螺距之差，如图9-12所示。

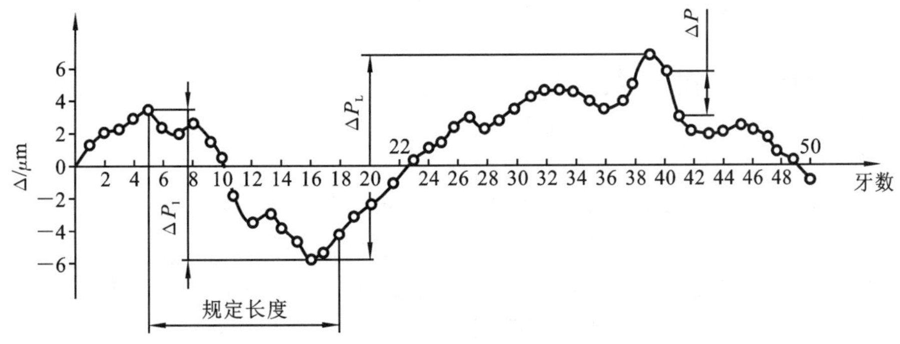

图 9-12　梯形丝杠的螺距误差

(2) 螺距累积误差(ΔP_l和 ΔP_L)：在规定的螺纹长度 l 内或在螺纹的全长 L 上，实际累积螺距与其公称尺寸的最大差值，如图 9-12 所示。

(3) 分螺距误差($\Delta P/n$)：在梯形丝杠的若干等分转角内，螺旋面在中径线上的实际轴向位移与公称轴向位移之差，如图 9-13 所示。

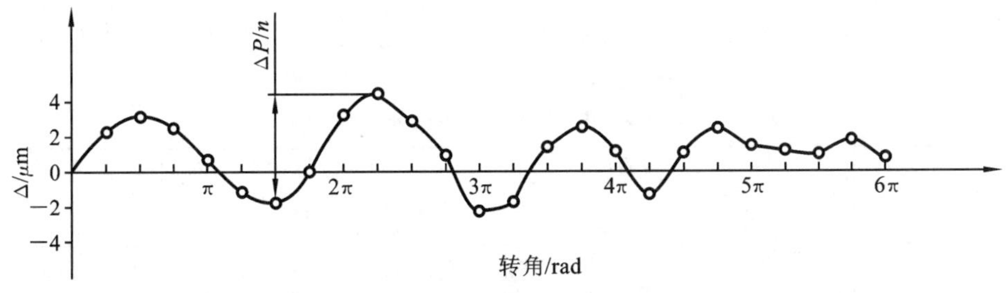

图 9-13　梯形丝杠的分螺距误差

分螺距误差近似地反映了一转内的螺旋线误差,标准对3、4、5、6级丝杠规定了分螺距公差,并规定分螺距误差应在单个螺距误差最大处测量3转,每转内的等分数 n 不少于表9-8中的规定。

表9-8　测量分螺距的每转等分数

螺距/mm	2～5	5～10	10～20
等分数 n	4	6	8

3. 牙型半角的极限偏差

对于3、4、5、6、7、8、9级的丝杠,标准规定有牙型半角极限偏差。

4. 大径、中径和小径公差

为了使丝杠易于存储润滑油和便于旋转,大径、中径和小径处都有间隙。大径、中径和小径公差值的大小,从理论上只影响配合的松紧程度,不影响传动精度,故对大径、中径和小径均规定了较大的公差值。

5. 丝杠全长上中径尺寸变动量公差

中径尺寸变动会影响丝杠与螺母配合间隙的均匀性及丝杠螺母副两螺旋面的一致性,应规定公差。对于中径尺寸变动量,标准规定在同一轴向截面内进行测量。

6. 丝杠中径跳动公差

为了控制丝杠与螺母的配合偏心,提高位移精度,标准规定了丝杠的中径跳动公差。

9.4.2 对螺母的精度要求

1. 中径公差

螺母的螺距和牙型角很难测量,标准未单独规定公差,而是由中径公差来综合控制,所以螺母的中径公差是一个综合公差。对于高精度丝杠螺母副(6级以上),在生产中主要按丝杠配做螺母。为了提高合格率,标准规定中径公差带对称于公称尺寸零线分布。非配做螺母,中径下极限偏差为零,上极限偏差为正值。

2. 大径和小径公差

在螺母的大径和小径处均有较大的间隙,对其尺寸无严格要求,因而公差值较大,选取方法同丝杠。在梯形螺纹标准GB/T 5796.4—2005中,对内螺纹的大径、中径和小径规定了一种公差带位置H,基本偏差为零;对外螺纹大径和小径规定了一种公差带位置h,基本偏差为零;对外螺纹的中径规定了两种公差带位置e和c,基本偏差为负值,以满足不同的传动要求。

表9-9所示为内、外螺纹的中径公差带。表9-10所示为梯形螺纹大径、中径和小径的公差等级。

表9-9　内、外螺纹的中径公差带

公差精度	内螺纹		外螺纹	
	N	L	N	L
中等	7H	8H	7e	8e
粗糙	8H	9H	8c	9c

表 9-10　梯形螺纹的大径、中径和小径公差等级

螺纹直径	公差等级	螺纹直径	公差等级
内螺纹小径 D_1	4	外螺纹中径 d_2	7、8、9
内螺纹中径 D_2	7、8、9	外螺纹小径 d_1	7、8、9
外螺纹大径 d	4		

9.4.3　螺纹标记

梯形螺纹的标记由梯形螺纹代号、公差带代号及旋合长度代号组成。

当旋合长度为中等旋合长度时，不标注旋合长度代号。当旋合长度为长旋合长度时，应将组别代号“L”写在公差带代号的后面，并用“-”隔开。

在装配图中，梯形螺纹的公差带要分别注出内、外螺纹的公差带代号。前面是内螺纹公差带代号，后面是外螺纹公差带代号，中间用斜线分开，如 Tr40×7-7H/7e。

内螺纹：

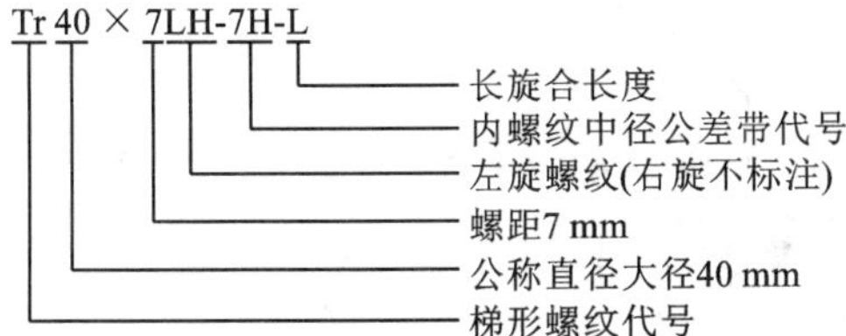

梯形螺纹副的标记如下：

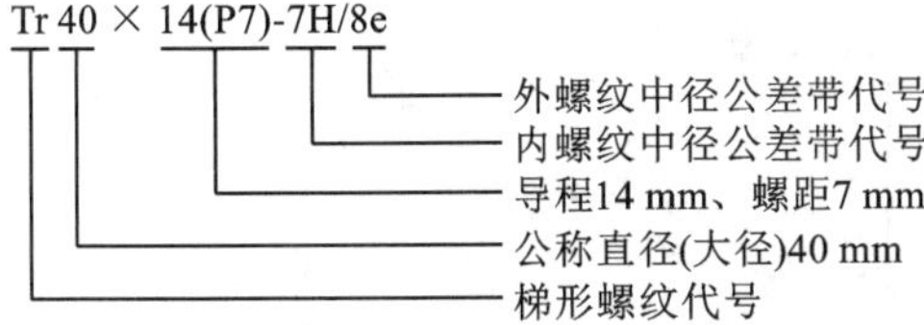

9.5　普通螺纹的检测

测量螺纹的方法有两类：综合检验和单项测量。综合检验是指一次同时检验螺纹的几个参数，以几个参数的综合误差来判断螺纹的合格性。生产上广泛应用螺纹极限量规综合检验螺纹的合格性。单项测量是指用指示量仪测量螺纹的实际值，每次只测量螺纹的一项几何参数，并以所得的实际值来判断螺纹的合格性。

综合检验生产率高，适用于成批生产中精度不太高的螺纹件。单项测量精度高，主要用于精密螺纹、螺纹刀具及螺纹量规的测量或生产中分析形成各参数误差的原因。

9.5.1　普通螺纹的综合检验

对螺纹进行综合检验时使用的是光滑极限量规和螺纹量规，它们都是由通规（通端）和

止规(止端)组成的。光滑极限量规用于检验内、外螺纹顶径尺寸的合格性;螺纹量规的通规用于检验内、外螺纹的作用中径及底径的合格性,止规用于检验内、外螺纹单一中径的合格性。检验内螺纹用的螺纹量规称为螺纹塞规。检验外螺纹用的螺纹量规称为螺纹环规。

螺纹量规按极限尺寸判断原则设计。螺纹量规的通规体现的是最大实体牙型尺寸,具有完整的牙型,并且其长度等于被检螺纹的旋合长度。若被检螺纹的作用中径未超过螺纹的最大实体牙型中径,且被检螺纹的底径也合格,那么螺纹量规的通规就会在旋合长度内与被检螺纹顺利旋合。

螺纹量规的止规用于检验被检螺纹的单一中径。为了避免牙型半角误差和螺距累积误差对检验结果的影响,止规的牙型常做成截短形牙型,以使止端只在单一中径处与被检螺纹的牙侧接触,并且止端的牙扣只做出几牙。图 9-14 所示为检验外螺纹的示例。用卡规先检验外螺纹顶径的合格性,再用螺纹环规的通端检验,若外螺纹的作用中径合格,且底径(外螺纹小径)没有大于其上极限尺寸,通端应能在旋合长度内与被检螺纹旋合。若被检螺纹的单一中径合格,螺纹环规的止端不应通过被检螺纹,但允许旋进 2～3 牙。

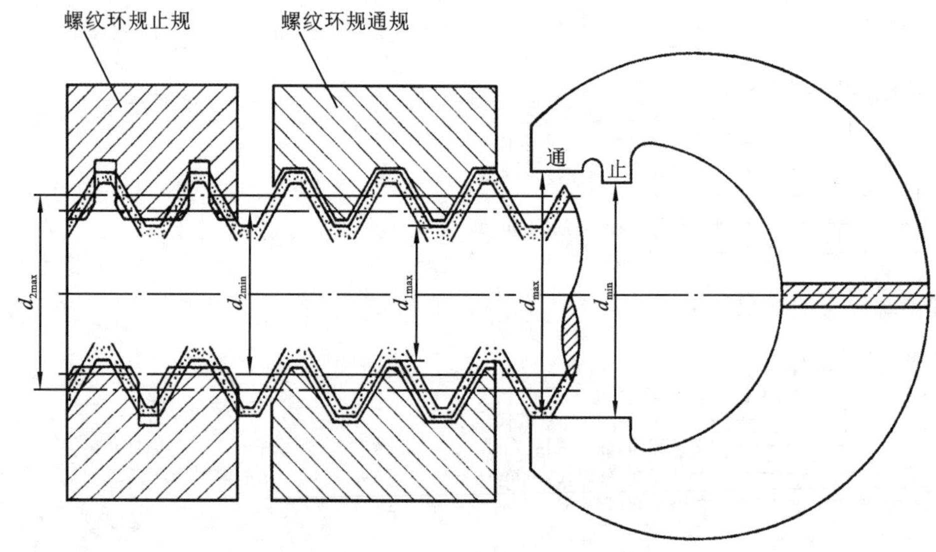

图 9-14 外螺纹的综合检验

图 9-15 所示为检验内螺纹的示例。用光滑极限量规(塞规)检验内螺纹顶径的合格性,再用螺纹塞规的通端检验内螺纹的作用中径和底径,若作用中径合格且内螺纹的底径(内螺纹大径)不小于其下极限尺寸,通端应能在旋合长度内与被检螺纹旋合。若被检螺纹的单一中径合格,螺纹塞规的止端就不能通过,但允许旋进 2～3 牙。

9.5.2 普通螺纹的单项测量

1. 用螺纹千分尺测量

螺纹千分尺是测量低精度外螺纹中径的常用量具。它的结构与一般外径千分尺相似,所不同的是测量头,它有成对配套的、适用于不同牙型和不同螺距的测头,如图 9-16 所示。

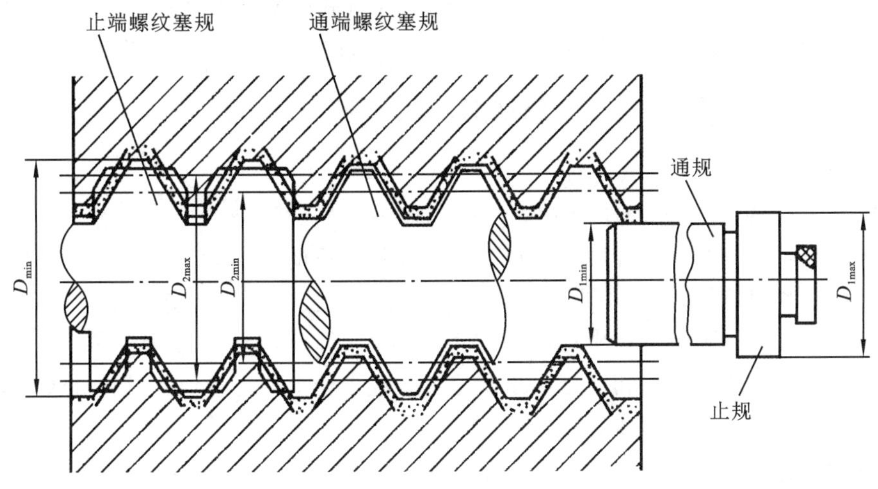

图 9-15　内螺纹的综合检验

2. 用三针法测量

三针法具有精度高、测量简便的特点，可用来测量精密螺纹和螺纹量规。三针法是一种间接测量方法。如图 9-17 所示，将三根直径相等的量针分别放在螺纹两边的牙槽中，用接触式量仪测出针距尺寸 M。

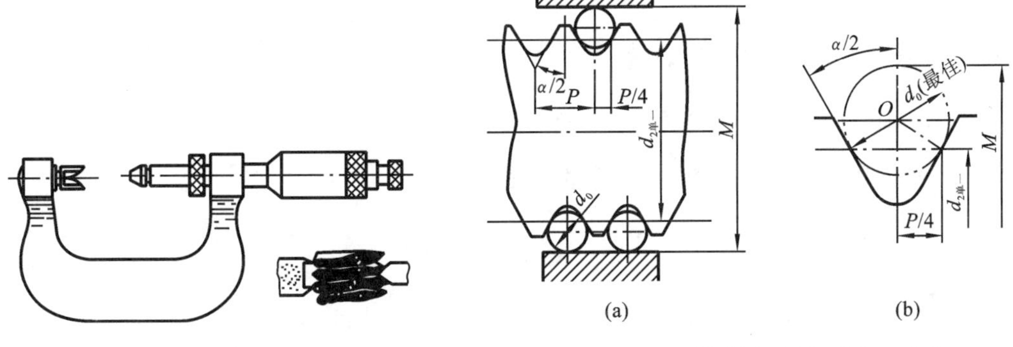

图 9-16　螺纹千分尺　　　　图 9-17　用三针法测量螺纹的单一中径

当螺纹升角不大时，根据已知螺距 P、牙型半角 $\frac{\alpha}{2}$ 及量针直径 d_0，可用下面的公式计算螺纹的单一中径 $d_{2单一}$：

$$d_{2单一}=M-d_0\left(1+\frac{1}{\sin\frac{\alpha}{2}}\right)+\frac{P}{2}\cot\frac{\alpha}{2} \tag{9-10}$$

普通螺纹 $\alpha=60°$，最佳量针直径 $d_0=\dfrac{P}{2\cos\frac{\alpha}{2}}$，故有

$$d_{2单一}=M-3d_0+0.866P \tag{9-11}$$

3. 影像法测量外螺纹几何参数

影像法测量外螺纹几何参数是指用工具显微镜将被测外螺纹牙型轮廓放大成像，按被

测外螺纹的影像来测量其螺距、牙侧角和中径，也可测量其大径和小径。在计量室里常在工具显微镜上采用影像法测量精密螺纹的各几何参数，供生产上进行工艺分析用。

思考题与练习题

一、思考题

1. 螺纹中径、单一中径和作用中径三者有何种区别和联系？

2. 普通螺纹结合中，内、外螺纹中径公差是如何构成的？如何判断中径的合格性？

3. 对普通紧固螺纹，标准中为什么不单独规定螺距公差与牙型半角公差？

4. 普通螺纹的实际中径在中径极限尺寸内，中径是否就合格？为什么？

5. 为什么要把螺距误差和牙型半角误差折算成中径上的当量值？其计算关系如何？

6. 影响螺纹互换性的参数有哪几项？

二、练习题

7. 查表确定螺母 M24×2-6H、螺栓 M24×2-6h 的小径和中径、大径和中径的极限尺寸，并画出公差带图。

8. 有一螺栓 M24-6h，其公称螺距 $P=3$ mm，公称中径 $d_2=22.051$ mm，加工后测得 $d_{2实际}=21.9$ mm，螺距累积误差 $\Delta P_{\Sigma}=+0.05$ mm，牙型半角误差 $\Delta\frac{\alpha}{2}=52'$，问此螺栓的中径是否合格？

9. 有一螺母 M20-7H，其公称螺距 $P=2.5$ mm，公称中径 $D_2=18.376$ mm，测得其实际中径 $D_{2实际}=18.61$ mm，螺距累积误差 $\Delta P_{\Sigma}=+40$ μm，牙型实际半角 $\frac{\alpha}{2}$(左)$=30°30'$，$\frac{\alpha}{2}$(右)$=29°10'$，问此螺母的中径是否合格？

10. 试说明下列螺纹标注中各代号的含义：

(1) M24-6H；

(2) M36×2-5g6g-20；

(3) M30×2-6H/5g6g。

第10章 键和花键的公差与配合

键和花键是一种可拆连接，通常应用于轴与轴上的旋转零件（齿轮、皮带轮等）或摆动零件（摇臂等）的连接。在连接中，通过键进行轴毂间的周向固定并传递扭矩，或者以键作为导向件。键连接具有紧凑、简单、可靠、拆装方便、易加工等特点，故在各种机械中得到广泛使用。

10.1 单键连接的公差与配合

键又称单键，主要类型有平键、半圆键和楔形键等几种，其中平键应用最为广泛，故这里仅讨论平键的互换性。平键的剖面尺寸参数如图 10-1 所示。

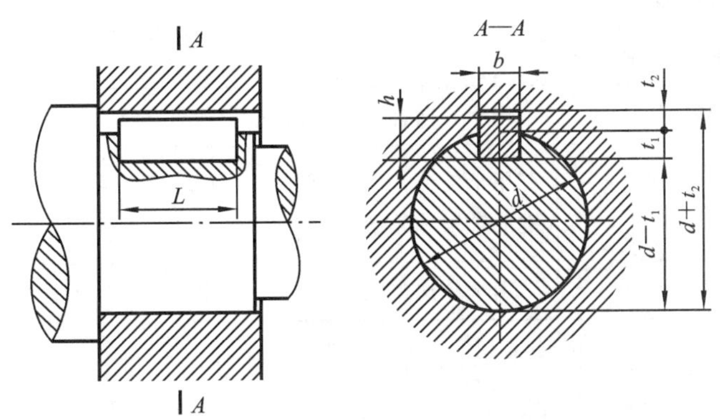

图 10-1　平键的剖面尺寸参数

10.1.1 平键连接的特点

平键连接是通过键的侧面分别与轴槽和轮毂槽的侧面相互接触来传递运动和扭矩的，如图 10-1 所示。因此，键宽和键槽宽 b 是决定配合性质的主要参数，是配合尺寸，为了保证键与键槽侧面接触良好而又便于拆装，键与键槽配合的过盈量或间隙量应小；而键的高度 h 和长度 L 以及轴槽深度 t_1 和轮毂槽深度 t_2 均为非配合尺寸，它们的公差范围也较大。键连接中，键为标准件，所以键连接采用基轴制配合。此外，在键连接中，几何误差的影响较大，也应加以限制。

10.1.2 平键连接的公差与配合

国家标准 GB/T 1095—2003 及 GB/T 1096—2003 规定了平键和键槽的剖面尺寸和极限偏差。国家标准对键宽只规定了一种公差带 h9,对轴槽与轮毂槽各规定了三种公差带,可以得到三种松紧程度不同的配合,如图 10-2 所示。各种配合可适用于不同场合,如表 10-1 所示。

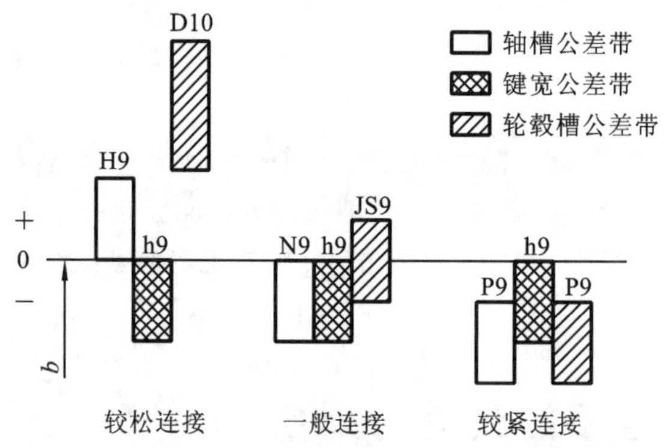

图 10-2 键宽与轴槽及轮毂槽的公差带图

表 10-1 键与键槽的公差与配合

配合	尺寸 b 的公差带			适用范围
	键	轴槽	轮毂槽	
较松	h9	H9	D10	用于导向键连接,连接中轮毂可在轴上滑动,也用于薄型平键
一般		N9	JS9	用于传递一般载荷的普通平键或半圆键,也用于薄型平键、楔形键的轴槽和轮毂槽
较紧		P9		用于传递重载和冲击载荷,以及双向传递扭矩,也用于薄型平键

在平键连接其他尺寸的公差带中,键高 h 的公差带为 h11,键长 L 的公差带为 H14。轴槽深 t_1 和轮毂槽深 t_2 的公差带如表 10-2 所示,t_1 和 t_2 的公差也适用于 $d-t_1$ 和 $d+t_2$ 尺寸,但应注意对 $d-t_1$ 的极限偏差应取相反符号。

键连接中的几何误差限制主要是轴槽与轮毂槽对轴线的对称度公差,根据不同的功能需求,可按本书中表 4-12 中对称度的公差 7～9 级选用。当键长 L 与键宽 b 之比大于或等于 8 时,应规定键宽 b 的两工作侧面在长度方向上的平行度要求。当 $b \leqslant 6$ mm 时,公差等级取 7 级;当 $b \geqslant 8 \sim 36$ mm 时,公差等级取 6 级;当 $b \geqslant 40$ mm 时,公差等级取 5 级。

键和键槽配合面的表面粗糙度参数值一般取 $Ra=1.6 \sim 6.3$ μm,非配合面的表面粗糙度参数值取 $Ra=6.3 \sim 12.5$ μm。

键槽尺寸及尺寸公差、几何公差图样标注如图 10-3 所示,图 10-3(a)为轴槽,图 10-3(b)为轮毂槽。

表 10-2　普通型平键键槽尺寸及极限偏差(摘自 GB/T 1095—2003)　　单位:mm

键尺寸 $b\times h$	键槽											
	宽度 b						深度				半径 r	
	公称尺寸	极限偏差					轴 t_1		毂 t_2			
		一般连接		较紧连接	较松连接		公称尺寸	极限偏差	公称尺寸	极限偏差		
		轴 N9	毂 JS9	轴和毂 P9	轴 H9	毂 D10					min	max
4×4	4	0 −0.030	±0.015	−0.012 −0.042	+0.030 0	+0.078 +0.030	2.5	+0.1 0	1.8	+0.1 0	0.8	0.16
5×5	5						3.0		2.3		0.16	0.25
6×6	6						3.5		2.8			
8×7	8	0 −0.036	±0.018	−0.015 −0.051	+0.036 0	+0.098 +0.040	4.0	+0.2 0	3.3	+0.2 0		
10×8	10						5.0		3.3		0.25	0.40
12×8	12	0 −0.043	±0.022	−0.018 −0.061	+0.043 0	+0.120 +0.050	5.0		3.3			
14×9	14						5.5		3.8			
16×10	16						6.0		4.3			
18×11	18						7.0		4.4			
20×12	20	0 −0.052	±0.026	−0.022 −0.074	+0.052 0	+0.149 +0.065	7.5		4.9		0.40	0.60
22×14	22						9.0		5.4			
25×14	25						9.0		5.4			
28×16	28						10.0		6.4			

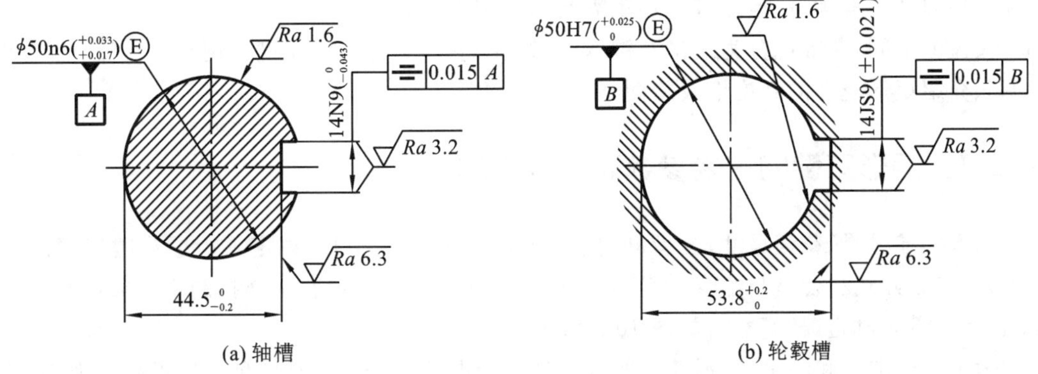

(a) 轴槽　　(b) 轮毂槽

图 10-3　键槽尺寸及公差的标注示例

10.1.3　平键的检测

键和键槽的尺寸测量比较简单,需要检测的项目有键宽、轴槽和轮毂槽的宽度、深度以

及槽的对称度。

在单件小批量生产时，一般采用通用测量器具(如游标卡尺、内径千分尺或外径千分尺等)测量键宽和键槽的宽度、深度；键槽对称度可用分度头和百分表测量。在大批量生产时，可采用量规检测。对于键宽和键槽的宽度、深度等尺寸，采用光滑极限量规检测；对于位置误差，可用位置量规检测，如图 10-4 所示。

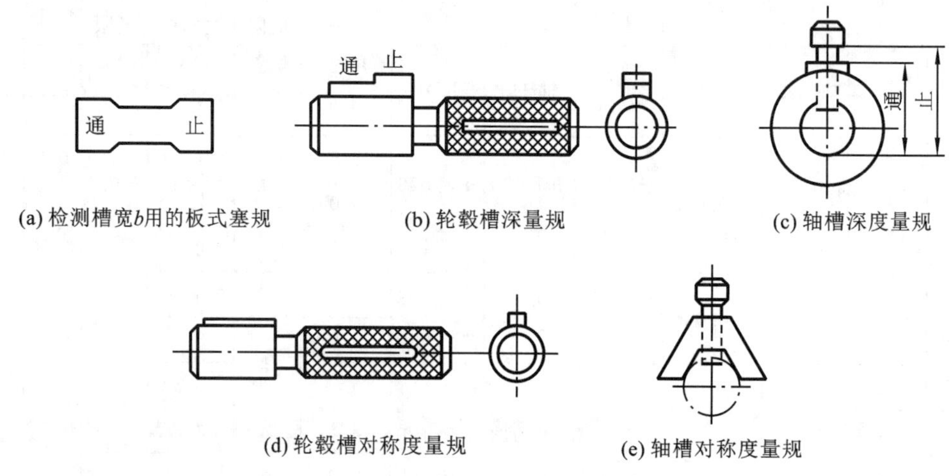

图 10-4 键槽检测用量规

10.2 矩形花键连接的互换性及检测

由轴和轮毂孔上的多个键齿组成的连接称为花键连接。这种连接一般应用于轴与轮毂连接传递的载荷较大或对定心精度要求较高的场合，所以花键连接具有承载能力强、定心精度高和导向性好等优点，但花键的加工需要用专用设备。

按齿形不同，花键可分为矩形花键、渐开线花键等，其中矩形花键应用较为广泛，故这里我们只介绍矩形花键的互换性及检测。

10.2.1 矩形花键的主要参数和定心方式

国家标准《矩形花键尺寸、公差和检验》(GB/T 1144—2001)规定了矩形花键连接的尺寸系列、定心方式和公差与配合、标注方法以及检测规则。矩形花键连接的主要参数有大径 D、小径 d、键宽和键(槽)宽 B，如图 10-5 所示。

为了便于加工和测量，矩形花键的键数规定为偶数，有 6、8、10 三种。按承载能力不同，矩形花键可分为中、轻两个系列。中系列的矩形花键键高尺寸较大，承载能力强；轻系列的矩形花键键高尺寸较小，承载能力较低。矩形花键的公称尺寸系列如表 10-3 所示。

由图 10-5 可以看出，矩形花键的结合面有三个，即大径结合面、小径结合面和键侧结合面。要求这三个结合面都达到高精度的配合是非常困难的，而且也无此必要。因此，三个结合面中只需要选择一个结合面作为主要配合面，要求与其相关的尺寸达到较高的精度，作为主要配合尺寸，由此来确定内、外花键的配合性质，并起定心作用，该表面称为定心表面。

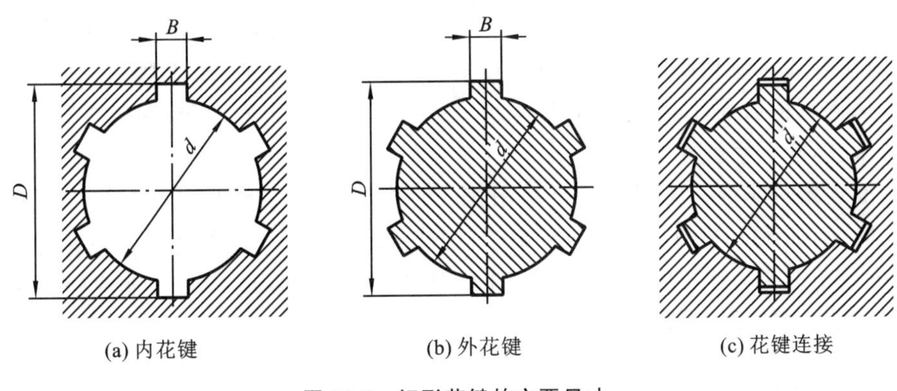

(a) 内花键　(b) 外花键　(c) 花键连接

图 10-5　矩形花键的主要尺寸

表 10-3　矩形花键的公称尺寸系列(摘自 GB/T 1144—2001)　单位：mm

小径 (d)	轻系列				中系列			
	规格 (N×d×D×B)	键数 (N)	大径 (D)	键宽 (B)	规格 (N×d×D×B)	键数 (N)	大径 (D)	键宽 (B)
11					6×11×14×3	6	14	3
13					6×13×16×3.5	6	16	3.5
16					6×16×20×4	6	20	4
18					6×18×22×5	6	22	5
21					6×21×25×5	6	25	5
23	6×23×26×6	6	26	6	6×23×28×6	6	28	6
26	6×26×30×6	6	30	6	6×26×32×6	6	32	6
28	6×28×32×7	6	32	7	6×28×34×7	6	34	7
32	6×32×36×6	6	36	6	8×32×38×6	8	38	6
36	8×36×40×7	8	40	7	8×36×42×7	8	42	7
42	8×42×46×8	8	46	8	8×42×48×8	8	48	8
46	8×46×50×9	8	50	9	8×46×54×9	8	54	9
52	8×52×58×10	8	58	10	8×52×60×10	8	60	10
56	8×56×62×10	8	62	10	8×56×65×10	8	65	10
62	8×62×68×12	8	68	12	8×62×72×12	8	72	12
72	10×72×78×12	10	78	12	10×72×82×12	10	82	12
82	10×82×88×12	10	88	12	10×82×92×12	10	92	12
92	10×92×98×14	10	98	14	10×92×102×14	10	102	14
102	10×102×108×16	10	108	16	10×102×112×16	10	112	16
112	10×112×120×18	10	120	18	10×112×125×18	10	125	18

矩形花键的定心方式有三种:按大径 D 定心、按小径 d 定心和按键宽 B 定心。国家标准《矩形花键尺寸、公差和检验》(GB/T 1144—2001)明确规定了矩形花键以小径 d 作为定心方式,对小径 d 采用较高的公差等级。其原因是采用小径定心,对于热处理后的变形,可用磨削方法进行精加工,所以定心精度高,定心稳定性好,使用寿命长,利于提高产品质量,简化加工工艺,降低生产成本。

该标准规定对非定心尺寸大径 D 采用较低的公差等级,一般非定心直径结合表面间留有较大的间隙,如图 10-5(c)所示,以保证它们不接触,从而可获得更高的定心精度。需要注意的是,由于矩形花键连接中的扭矩是由键和键槽的侧面传递的,因此对非定心尺寸键宽 B 应要求较高的公差等级,确保配合精度。

10.2.2 矩形花键的公差与配合

矩形花键连接的主要参数大径 D、小径 d、键宽和键槽宽 B 的公差带选择如表 10-4 所示。

表 10-4 矩形内、外花键的尺寸公差带(摘自 GB/T 1144—2001)

内花键				外花键			装配形式
d	D	B		d	D	B	
		拉削后不热处理	拉削后热处理				
一般用							
H7	H10	H9	H11	f7	a11	d10	滑动
				g7		f9	紧滑动
				h7		h10	固定
精密传动用							
H5	H10	H7、H9		f5	a11	d8	滑动
				g5		f7	紧滑动
				h5		h8	固定
H6				f6		d8	滑动
				g6		f7	紧滑动
				h6		h8	固定

注:1. 精密传动用的内花键,当需要控制键侧配合间隙时,槽宽可选 H7,一般情况下可选 H9;

2. 小径 d 为 H6 和 H7 的内花键,允许与高一级的外花键配合。

矩形花键的配合精度按其使用要求分为一般用和精密传动用两种,在选用时关键是确定连接精度和配合松紧程度。首先根据定心精度要求和传递扭矩大小选用连接精度:精密传动用的花键用于机床变速箱中,其定心精度要求高或传递扭矩较大;一般传动用的花键适用于汽车、拖拉机的变速箱中。

为了减少加工和检验内花键的花键拉刀和花键量规的规格和数量，矩形花键连接采用基孔制，按不同的松紧程度，分为较大间隙滑动、紧滑动和固定三种配合。根据内、外花键之间是否有轴向移动来确定配合的松紧程度：较大间隙滑动连接用于内、外花键有相对移动且移动距离长、频率高的场合，如汽车变速箱；紧滑动连接用于内、外花键间有相对滑动，但定心要求高或传递扭矩大的场合；固定连接用于内、外花键无轴向移动，仅传递扭矩的场合。

由于矩形花键连接表面复杂，键长与键宽比值较大，因而几何误差是影响连接质量的重要因素，必须对其加以控制。国家标准 GB/T 1144—2001 规定，对小径表面所对应的轴线采用包容要求，即用小径的尺寸公差控制小径表面的形状误差。

在大批量生产时，对花键的键（键槽）宽采用最大实体要求，对键和键槽规定位置度公差，公差值如表 10-5 所示，图样标注如图 10-6 所示。

表 10-5　矩形花键位置度公差值 t_1（摘自 GB/T 1144—2001）　　单位：mm

键槽宽或键宽 B		3	3.5～6	7～10	12～18
		t_1			
键槽宽		0.010	0.015	0.020	0.25
键宽	滑动、固定	0.010	0.015	0.020	0.025
	紧滑动	0.006	0.010	0.013	0.016

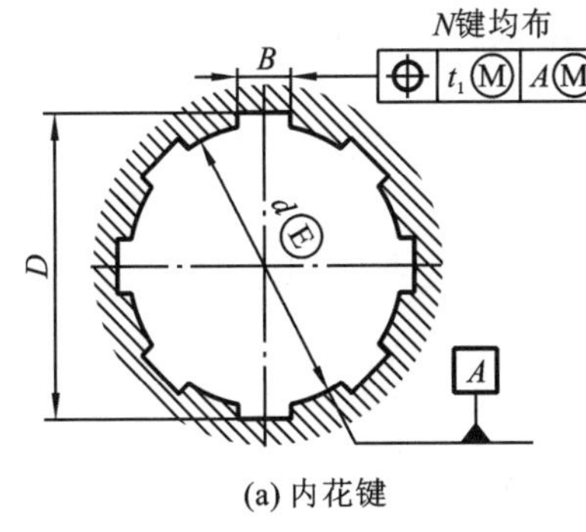

(a) 内花键

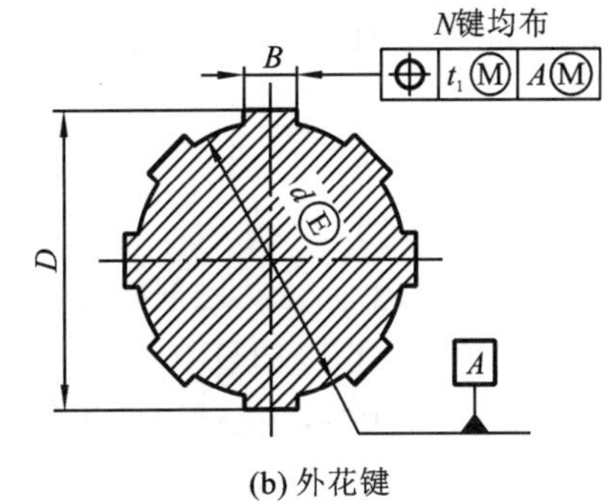

(b) 外花键

图 10-6　矩形花键位置度公差标注示例

在单件小批量生产时，对键（键槽）宽规定对称度公差，并遵守独立原则，对称度公差值如表 10-6 所示，图样标注如图 10-7 所示。

表 10-6　矩形花键对称度公差值 t_2（摘自 GB/T 1144—2001）　　单位：mm

键槽宽或键宽 B		3	3.5～6	7～10	12～18
t_2	一般用	0.010	0.012	0.015	0.018
	精密传动用	0.006	0.008	0.009	0.011

矩形花键各结合面的表面粗糙度推荐值如表 10-7 所示。

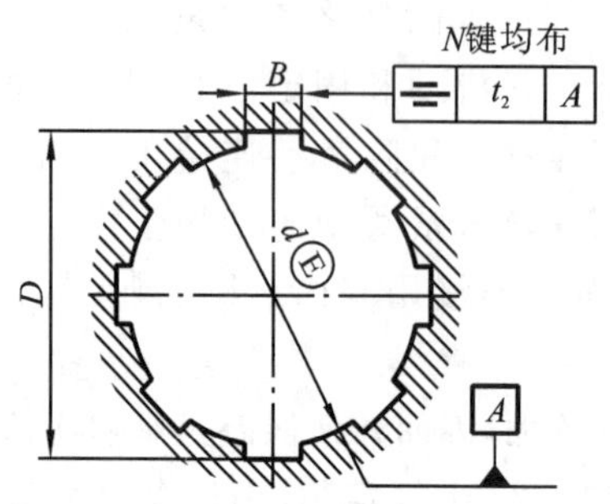

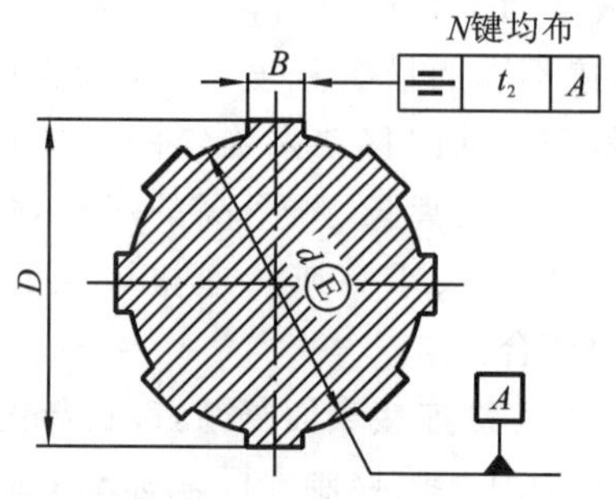

图 10-7　矩形花键对称度公差标注示例

表 10-7　矩形花键表面粗糙度推荐值

单位:μm

加工表面	内花键	外花键
	Ra 不大于	
大径	6.3	3.2
小径	1.6	0.8
键侧	6.3	1.6

矩形花键的标注代号按顺序表示为键数 N、小径 d、大径 D、键(键槽)宽 B,其各自的公差带代号或配合代号标注于各公称尺寸之后。

【例 10-1】 某矩形花键连接,各参数为键数 $N=8$,小径 $d=40$ mm,配合为 H6/f6;大径 $D=54$ mm,配合为 H10/a11;键(键槽)宽 $B=9$ mm,配合为 H9/d8。

标注如下:

花键规格:$N\times d\times D\times B$

8×40×54×9

花键副:在装配图上标注花键规格和代号。

8×40H6/f6×54H10/a11×9H9/d8　GB/T 1144—2001

内花键:在零件图上标注花键规格和尺寸公差带代号。

8×40H6×54H10×9H9　GB/T 1144—2001

外花键:在零件图上标注花键规格和尺寸公差带代号。

8×40f6×54a11×9d8　GB/T 1144—2001

10.2.3　矩形花键的检测

矩形花键检测的主要目的是保证工件符合图纸规定的要求,确保花键连接的互换性。

花键检测一般有两种方法,即单项检测法和综合检测法。单件、小批量生产的单项检测主要用游标卡尺、千分尺等通用量具分别对各尺寸和几何误差进行测量,以保证尺寸偏差及几何误差在其公差范围内。大批量生产的单项检测常用专用量具,如图 10-8 所示。

综合检测适用于大批量生产,所用量具是花键综合量规,如图 10-9 所示。花键综合量规用于控制被测花键的最大实体边界,即综合检验小径、大径及键(槽)宽的关联作用尺寸,

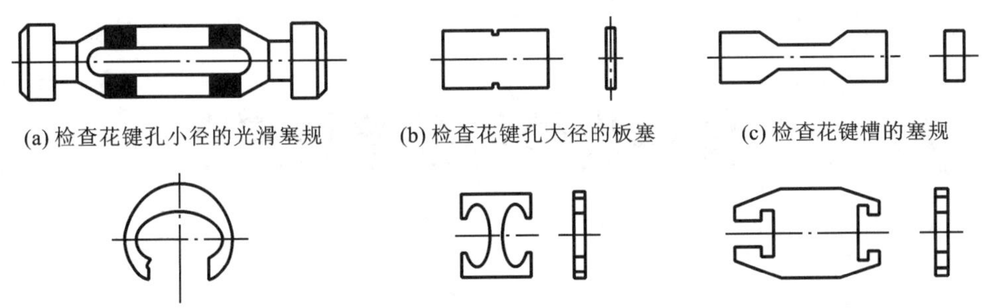

(a) 检查花键孔小径的光滑塞规　(b) 检查花键孔大径的板塞　(c) 检查花键槽的塞规

(d) 检查花键轴大径的光滑卡规　(e) 检查花键轴小径的卡规　(f) 检查花键轴键宽的卡规

图 10-8　花键专用塞规和卡规

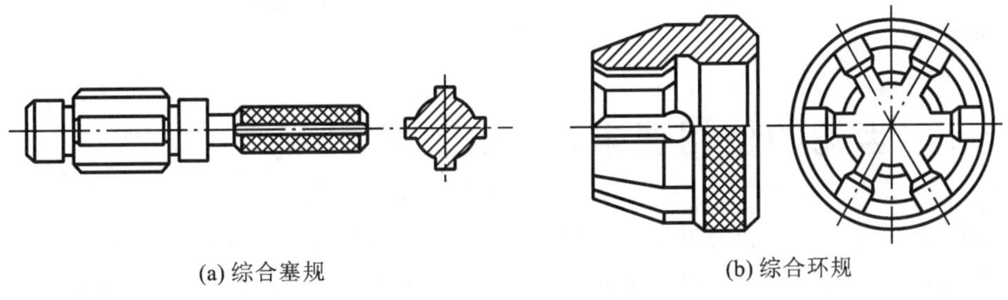

(a) 综合塞规　(b) 综合环规

图 10-9　花键综合量规

使其控制在最大实体边界内。然后用单项止规量规分别检验小径、大径及键(槽)宽的实际尺寸是否超其最小实体尺寸。检验时,花键综合量规能通过工件,单项止规通不过工件,则工件合格。

思考题与练习题

一、思考题

1. 平键连接的配合采用哪种基准制?花键连接采用哪种基准制?

2. 平键与轴槽及轮毂槽的配合有何特点?可分为哪几类?应该如何选择?

3. 矩形花键连接的定心方式有哪几种?应如何选择?小径定心有什么特点?

二、练习题

4. 用平键 $b=16$ mm 连接 ϕ58k6 轴与 ϕ58H7 轮毂孔以传递扭矩,连接方式为一般连接,试查表确定并绘制孔与轴的剖面图标注:

(1) 键槽的有关尺寸和公差;

(2) 键槽的几何公差;

(3) 键槽各表面的粗糙度。

5. 某机床变速箱中有一个 6 级精度齿轮的花键孔与花键轴连接,花键规格为 6×26×30×6,花键孔长 30 mm,花键轴长 75 mm,齿轮花键孔经常需要相对花键轴作轴向运动,要求定心精度较高。

(1) 试确定在装配图和零件图中的标记;

(2) 试确定小径、大径、键(键槽)宽的极限偏差;

(3) 试绘制公差带图。

第11章 圆柱齿轮的公差与配合

齿轮广泛应用于各种机电产品中，它的制造经济性、工作性能、寿命与齿轮设计和制造精度密切相关。

11.1 齿轮的使用要求及加工误差分类

齿轮传动在机器和仪器仪表中应用极为广泛，是一种重要的机械传动形式，通常用来传递运动或动力。齿轮传动的质量与齿轮的制造精度和装配精度密切相关。因此，为了保证齿轮传动质量，就要规定相应的公差，并进行合理的检测。渐开线圆柱齿轮应用最广，故本章主要介绍渐开线圆柱齿轮的精度设计及检测方法。2008 年国家发布了《圆柱齿轮　精度制　第 1 部分：轮齿同侧齿面偏差的定义和允许值》(GB/T 10095.1—2008)及《圆柱齿轮　精度制　第 2 部分：径向综合偏差与径向跳动的定义和允许值》(GB/T 10095.2—2008)。本章仅介绍齿轮的加工误差和齿轮副安装误差对传动精度的影响。

11.1.1 齿轮传动的使用要求

由于齿轮传动的类型很多，应用又极为广泛，因此对齿轮传动的使用要求也是多方面的。归纳起来，齿轮传动的使用要求可分为传动精度和齿侧间隙两个方面，一般有以下几个方面的要求。

1. 传递运动的准确性

传递运动的准确性就是要求齿轮在一转范围内，实际速比相对于理论速比的变动量应限制在允许的范围内，以保证从动齿轮与主动齿轮的运动准确、协调。

2. 传递运动的平稳性

传递运动的平稳性就是要求齿轮在一个齿距范围内的转角误差的最大值限制在一定范围内，使齿轮副瞬时传动比变化小，以保证传动的平稳性。

3. 载荷分布的均匀性

载荷分布的均匀性就是要求齿轮啮合时，齿面接触良好，使齿面上的载荷分布均匀，避免载荷集中于局部齿面，使齿面磨损加剧，影响齿轮的使用寿命。

4. 齿轮副侧隙的合理性

侧隙即齿侧间隙，齿轮副侧隙的合理性就是要求啮合轮齿的非工作齿面间应留有一定的侧隙，以提供正常润滑的贮油间隙，以及补偿传动时的热变形和弹性变形，防止咬死。但是，侧隙也不宜过大，对于经常需要正反转的传动齿轮副，侧隙过大会引起换向冲击，产生空程。所以，应合理确定侧隙的数值。

虽然对齿轮传动的使用要求是多方面的，但根据齿轮传动的用途和具体的工作条件的不同又有所侧重。例如，用于测量仪器的读数齿轮和精密机床的分度齿轮，特点是传动功率小、模数小和转速低，主要要求是齿轮传动的准确性，对接触精度的要求就低一些。这类齿轮一般要求在齿轮一转中的转角误差不超过 $1'\sim2'$，甚至是几秒。如果齿轮需正反转，还应尽量减小传动侧隙。对于高速动力齿轮，如汽轮机上的高速齿轮，由于圆周速度高，三个方面的精度要求都是很严格的，而且要有足够大的齿侧间隙，以便润滑油畅通，避免因温度升高而咬死。汽车、机床的变速齿轮，对工作平稳性有极严格的要求。对于低速动力齿轮，如轧钢机、矿山机械和起重机用的齿轮，特点是载荷大、传动功率大、转速低，主要要求啮合齿面接触良好、载荷分布均匀，而对传递运动的准确性和传动平稳性的要求，则相对可以低一些。

11.1.2　齿轮加工误差的来源与分类

1. 齿轮加工误差的来源

齿轮的加工方法很多，按齿廓形成原理可分为仿形法和展成法。仿形法可用成形铣刀在铣床上铣齿；展成法可用滚刀或插齿刀在滚齿机或插齿机上与齿坯作啮合滚切运动，加工出渐开线齿轮。齿轮通常采用展成法加工。

在各种加工方法中，齿轮的加工误差都来源于组成工艺系统的机床、夹具、刀具、齿坯本身的误差及其安装、调整等误差。现以滚刀在滚齿机上加工齿轮（见图 11-1）为例，分析加工误差的主要原因。

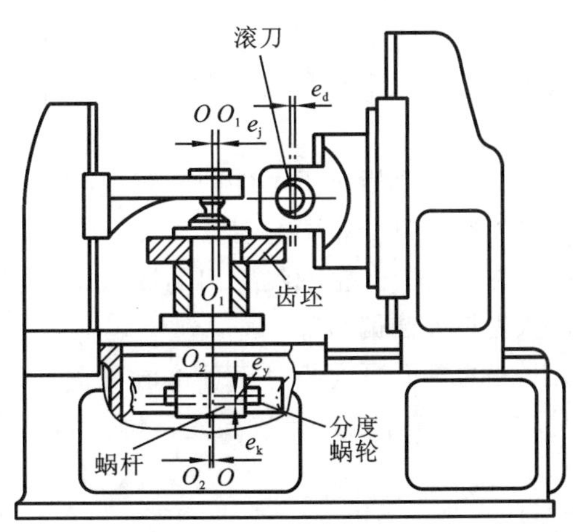

图 11-1　滚切齿轮

1）几何偏心 e_j

加工时，齿坯基准孔轴线 O_1 与滚齿机工作台旋转轴线 O 不重合而发生偏心，其偏心量为 e_j。几何偏心的存在使得在齿轮加工工程中，齿坯相对于滚刀的距离发生变化，切出的齿一边短而肥，一边瘦而长。当以齿轮基准孔定位进行测量时，在齿轮一转内产生周期性的齿圈径向跳动误差，同时齿距和齿厚也产生周期性变化。

有几何偏心的齿轮装在传动机构中之后，就会引起周期性的速比变化，产生时快时慢的现象。对于齿坯基准孔较大的齿轮，为了消除此偏心带来的加工误差，工艺上有时采用液性塑料可胀芯轴安装齿坯。设计上，为了避免由几何偏心带来的径向误差，齿轮基准孔和轴的配合一般采用过渡配合或过盈量不大的过盈配合。

2）运动偏心 e_y

运动偏心是由于滚齿机分度蜗轮加工误差和分度蜗轮轴线 O_2 与工作台旋转轴线 O 有安装偏心 e_k 引起的。运动偏心的存在使齿坯相对于滚刀的转速不均匀，忽快忽慢，破坏了齿坯与刀具之间的正常滚切运动，从而使被加工齿轮的齿廓在切线方向上产生位置误差。这时，齿廓在径向位置上没有变化。这种偏心，一般称为运动偏心，又称为切向偏心。

3）机床传动链的高频误差

加工直齿轮时，受分度传动链的传动误差（主要是分度蜗杆的径向跳动和轴向窜动）的影响，蜗轮（齿坯）在一周范围内转速发生多次变化，加工出的齿轮产生齿距偏差、齿形误差。加工斜齿轮时，除了分度传动链误差外，还受差动传动链的传动误差的影响。

4）滚刀的安装误差和加工误差

滚刀的安装偏心 e_d 使被加工齿轮产生径向误差。滚刀刀架导轨或齿坯轴线相对于工作台旋转轴线的倾斜及轴向窜动，使滚刀的进刀方向与轮齿的理论方向不一致，直接造成齿面沿轴向方向歪斜，产生齿向误差。

滚刀的加工误差主要指滚刀的径向跳动、轴向窜动和齿形角误差等，它们将使加工出来的齿轮产生基节偏差和齿形误差。

2. 齿轮加工误差的分类

1）按表现特征分类

齿轮加工误差按其表现特征可分为以下四类。

(1) 齿廓误差：指加工出来的齿廓不是理论的渐开线。其原因主要有刀具本身的切削刃轮廓误差及齿形角偏差、滚刀的轴向窜动和径向跳动、齿坯的径向跳动以及在每转一齿距角内转速不均等。

(2) 齿距误差：指加工出来的齿廓相对于工件的旋转中心分布不均匀。其原因主要有齿坯安装偏心、机床分度蜗轮齿廓本身分布不均匀及其安装偏心等。

(3) 齿向误差：指加工后的齿面沿齿轮轴线方向的形状误差和位置误差。其原因主要有刀具进给运动的方向偏斜、齿坯安装偏斜等。

(4) 齿厚误差：指加工出来的轮齿厚度相对于理论值在整个齿圈上不一致。其原因主要有刀具的铲形面相对于被加工齿轮中心的位置误差、刀具齿廓的分布不均匀等。

2）按方向特征分类

齿轮加工误差按其方向特征可分为以下三类。

(1) 径向误差：沿被加工齿轮直径方向（齿高方向）的误差，由切齿刀具与被加工齿轮之间径向距离的变化引起。

(2) 切向误差：沿被加工齿轮圆周方向（齿厚方向）的误差，由切齿刀具与被加工齿轮之间分齿滚切运动误差引起。

(3) 轴向误差：沿被加工齿轮轴线方向（齿向方向）的误差，由切齿刀具沿被加工齿轮轴

线移动的误差引起。

3）按周期或频率特征分类

齿轮加工误差按其周期或频率特征可分为以下两类。

（1）长周期误差：在被加工齿轮转过一周的范围内，误差出现一次最大值和最小值，如由偏心引起的误差。长周期误差也称为低频误差。

（2）短周期误差：在被加工齿轮转过一周的范围内，误差曲线上的峰、谷多次出现，如由滚刀的径向跳动引起的误差。短周期误差也称为高频误差。

当齿轮只有长周期误差时，误差曲线如图 11-2(a)所示，将产生运动不均匀，长周期误差是影响齿轮运动准确性的主要误差；但在低速情况下，齿轮传动还是比较平稳的。当齿轮只有短周期误差时，误差曲线如图 11-2(b)所示。这种在齿轮一转中多次重复出现的高频误差将引起齿轮瞬时传动比的变化，使齿轮传动不平稳，在高速运转中，将产生冲击、振动和噪声。因而，对这类误差必须加以控制。实际上，齿轮运动误差曲线是一条复杂的周期函数曲线，如图 11-2(c)所示，它既包含有短周期误差，也包含有长周期误差。

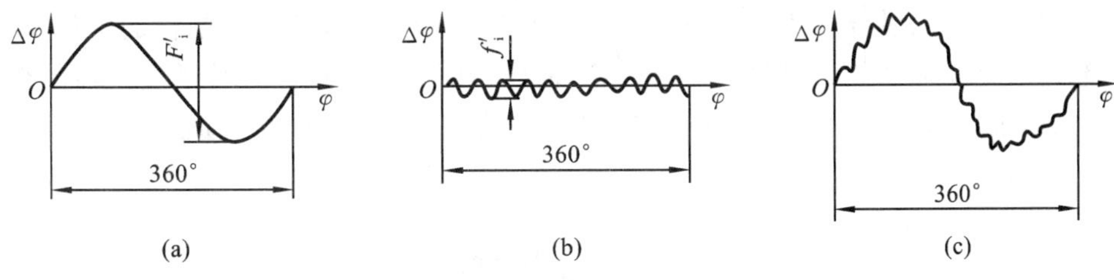

图 11-2　齿轮的周期性误差

齿轮误差的存在会使齿轮的各设计参数发生变化，影响传动质量。为此，国家出台和实施了新标准，即《圆柱齿轮　精度制　第 1 部分：轮齿同侧齿面偏差的定义和允许值》(GB/T 10095.1—2008)和《圆柱齿轮　精度制　第 2 部分：径向综合偏差与径向跳动的定义和允许值》(GB/T 10095.2—2008)，并把有关齿轮检验方法的说明和建议以指导性技术文件的形式，与 GB/T 10095 的第 1 部分和第 2 部分一起，组成了一个标准和指导性技术文件的体系。

11.2　单个齿轮的评定指标及其检测

11.2.1　传递运动准确性的检测项目

1. 切向综合总偏差 F_i'

切向综合总偏差(tangential composite deviation)是指被测齿轮与测量齿轮单面啮合时，被测齿轮一转内，齿轮分度圆上实际圆周位移与理论圆周位移的最大差值(见图 11-3)。

切向综合总偏差反映齿轮一转中的转角误差，说明齿轮运动的不均匀性，在一转过程中，齿轮转速忽快忽慢，做周期性的变化。

切向综合总偏差既反映切向误差，又反映径向误差，是评定齿轮运动准确性较为完善的综合性指标。当切向综合总误差小于或等于所规定的允许值时，表示齿轮可以满足传递运

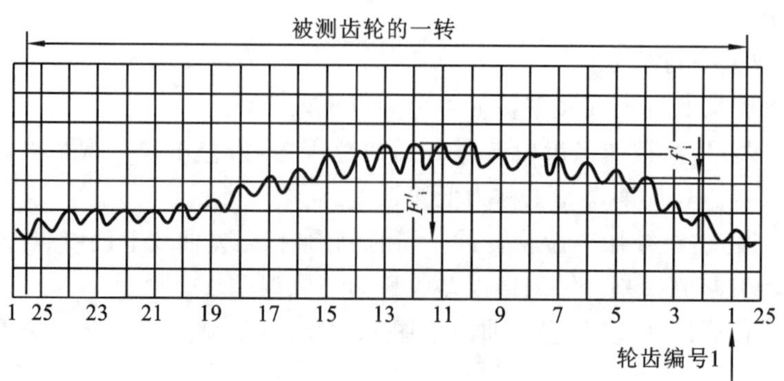

图 11-3 切向综合偏差

动准确性的使用要求。

测量切向综合总偏差,可在单啮仪上进行。被测齿轮在适当的中心距(有一定的侧隙)下与测量齿轮单面啮合,同时要加上一轻微而足够的载荷。根据比较装置的不同,单啮仪可分为机械式、光栅式、磁分度式和地震仪式等。图 11-4 所示为光栅式单啮仪的工作原理图。它由两光栅盘建立标准传动,被测齿轮与标准蜗杆单面啮合形成实际传动。仪器的传动链是:电动机通过传动系统带动标准蜗杆和圆光栅盘Ⅰ转动,标准蜗杆带动被测齿轮及其同轴上的圆光栅盘Ⅱ转动。

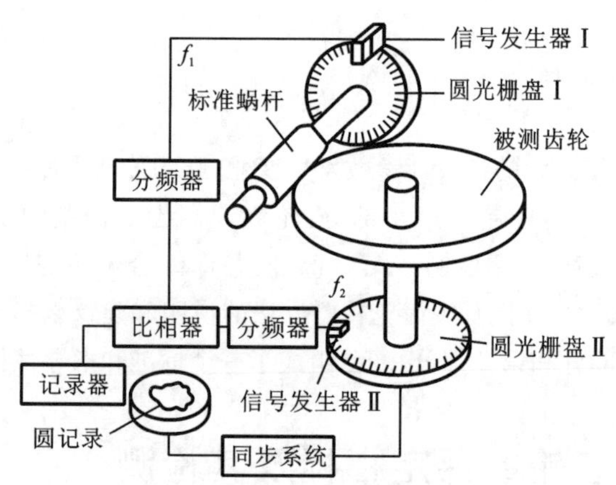

图 11-4 光栅式单啮仪工作原理

圆光栅盘Ⅰ和圆光栅盘Ⅱ分别通过信号发生器Ⅰ和信号发生器Ⅱ将标准蜗杆和被测齿轮的角位移转变成电信号,并根据标准蜗杆的头数 K 及被测齿轮的齿数 z,通过分频器将高频电信号 f_1 作 z 分频,将低频电信号 f_2 作 K 分频,于是将圆光栅盘Ⅰ和圆光栅盘Ⅱ发出的脉冲信号变为同频信号。

当被测齿轮有误差时,将引起被测齿轮的回转角误差,此回转角的微小角位移误差变为两电信号的相位差,两电信号输入比相器进行比相后输出,再输入电子记录器并记录,便可得出被测齿轮误差曲线,最后根据定标值读出误差值。

2. 齿距累积总偏差 F_p

齿距累积偏差 F_{pk} 是指在端平面上,在接近齿高中部的与齿轮轴线同心的圆上,任意 k 个齿距的实际弧长与理论弧长的代数差,如图 11-5 所示。理论上,它等于这 k 个齿距的各

单个齿距偏差的代数和。除另有规定外，齿距累积偏差 F_{pk} 被限定在不大于 1/8 的圆周上评定。因此，F_{pk} 的允许值适用于齿距数 k 为 2 到小于 $z/8$ 的弧段内。通常，F_{pk} 取 $k=z/8$ 就足够了，对于特殊的应用（如高速齿轮），还需检验较小弧段，并规定相应的 k 值。

齿距累积总偏差 F_p（total accumulative pitch deviation）是指齿轮同侧齿面任意弧段（$k=1\sim z$）内的最大齿距累积偏差。它表现为齿距累积偏差曲线的总幅值，如图 11-6 所示。

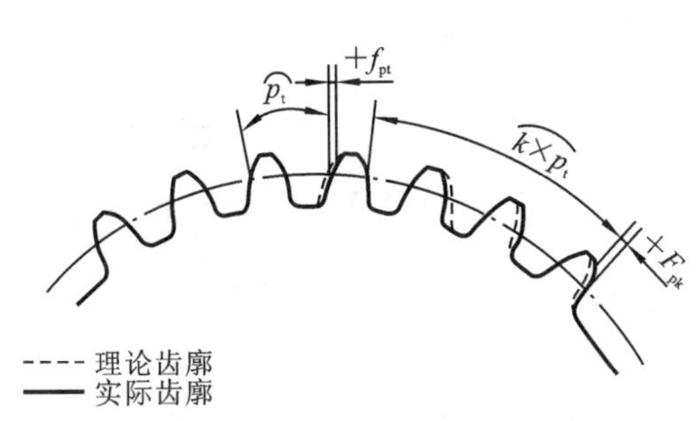

图 11-5　齿距偏差与齿距累积偏差

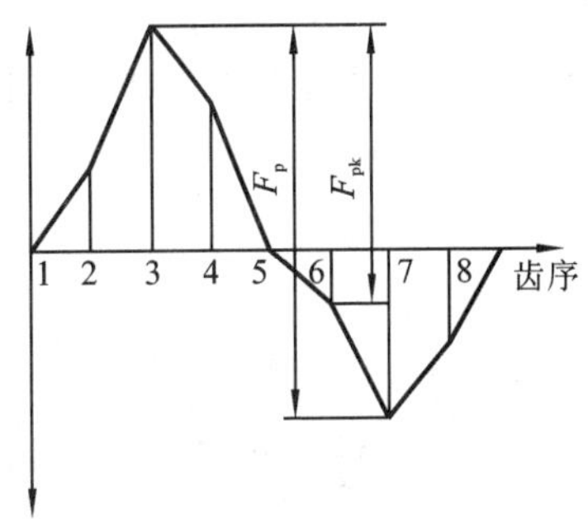

图 11-6　齿距累积总偏差

齿距累积总偏差能反映齿轮一转中偏心误差引起的转角误差，故齿距累积总误差可代替切向综合总偏差 F_i' 作为评定齿轮传递运动准确性的项目。但齿距累积总偏差只是有限点的误差，而切向综合总偏差可反映齿轮瞬间传动比的变化。显然，齿距累积总偏差在反映齿轮传递运动准确性方面不及切向综合总偏差那样全面。因此，齿距累积总偏差仅作为切向综合总偏差的代用指标。

齿距累积总偏差和齿距累积偏差的测量可分为绝对测量和相对测量。其中，以相对测量应用较广，中等模数的齿轮多采用这种方法。测量仪器有齿距仪（可测 7 级精度以下齿轮，如图 11-7 所示）和万能测齿仪（可测 4 级到 6 级精度齿轮，如图 11-8 所示）。这种相对测量以齿轮上任意一齿距为基准，把仪器指示表调整为零，然后依次测出其余各齿距相对于基

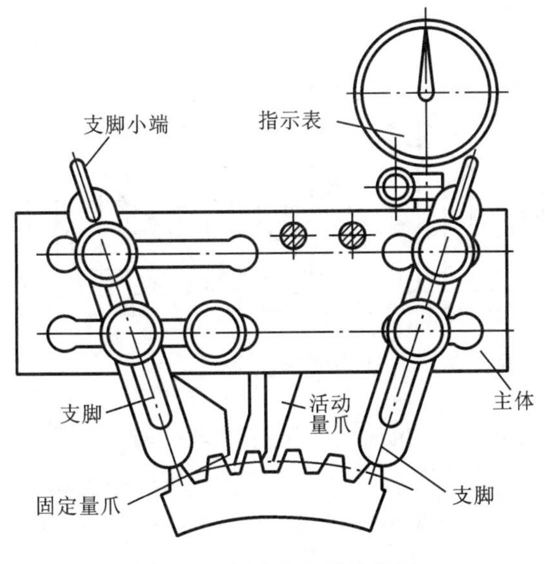

图 11-7　用齿距仪测量齿距

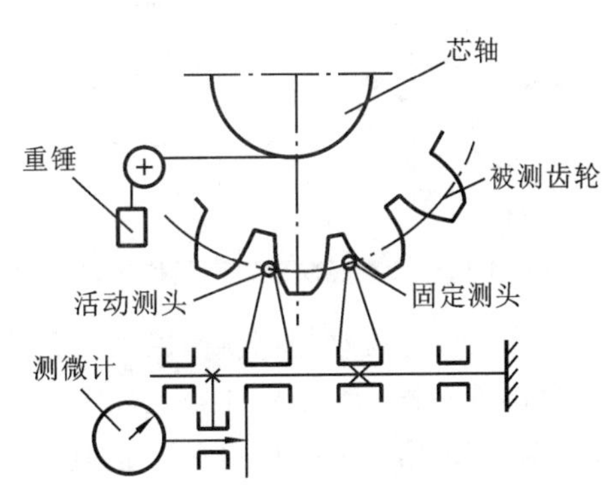

图 11-8　用万能测齿仪测量齿距

准齿距之差,称为相对齿距偏差。然后将相对齿距偏差逐个累加,计算出最终累加值的平均值,并将平均值的相反数与各相对齿距偏差相加,获得绝对齿距偏差(实际齿距相对于理论齿距之差)。最后将绝对齿距偏差累加,累加值中的最大值与最小值之差即为被测齿轮的齿距累积总偏差。k 个绝对齿距偏差的代数和是 k 个齿距的齿距累积偏差。

按定位基准不同,相对测量可分为以齿顶圆、齿根圆和孔为定位基准三种,如图 11-9 所示。以齿顶圆定位时,由于齿顶圆相对于齿圈中心可能有偏心,因此将引起测量误差。用齿根圆定位时,齿根圆与齿圈同时切出,不会因偏心而引起测量误差。在万能测齿仪上进行测量,可用齿轮的装配基准孔作为测量基准,这样可免除定位误差。

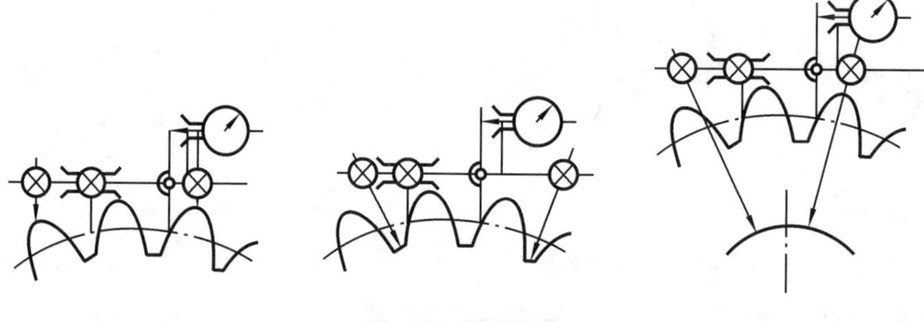

图 11-9　测量齿距

3. 径向跳动 F_r

径向跳动(teeth radial run-out)是指测头(球形、圆柱形)相继置于被测齿轮的每个齿槽内时,从它到齿轮轴线的最大和最小径向距离之差。

径向跳动可用齿圈径向跳动测量仪测量,测头做成球形或圆锥形插入齿槽中,也可做成 V 形测头卡在轮齿上(见图 11-10),与齿高中部双面接触,被测齿轮一转所测得的相对于轴线径向距离的总变动幅度值,即是齿轮的径向跳动,如图 11-11 所示。在图 11-11 中,偏心量是径向跳动的一部分。

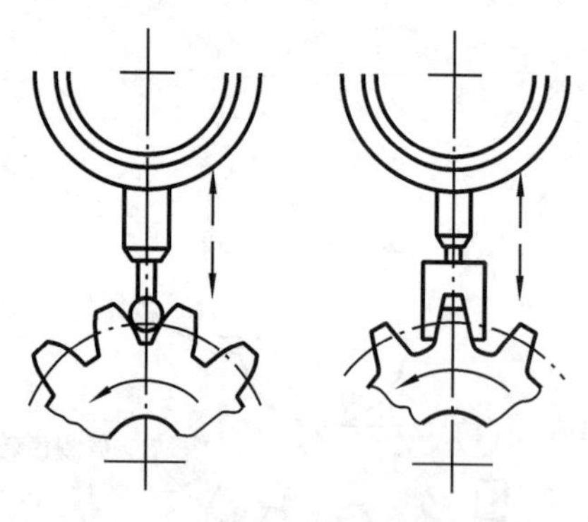

图 11-10　齿圈径向跳动测量仪测量

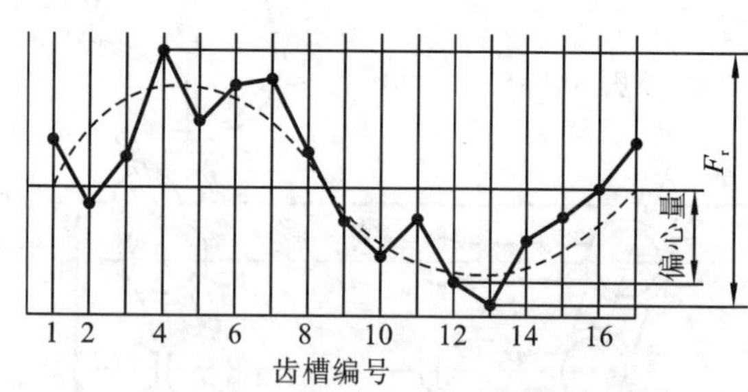

图 11-11　一个齿轮的径向跳动

由于径向跳动的测量是以齿轮孔的轴线为基准的,只反映径向误差,齿轮一转中最大误差只出现一次,是长周期误差,它仅作为影响传递运动准确性中属于径向性质的单项性指标,因此,采用这一指标必须与能揭示切向误差的单项性指标组合,才能评定传递运动准确性。

4. 径向综合总偏差 F_i''

径向综合总偏差(radial composite deviation)是指在径向(双面)综合检验时，被测齿轮的左右齿面同时与测量齿轮接触，并转过一整圈时出现的中心距最大值和最小值之差，如图 11-12 所示。

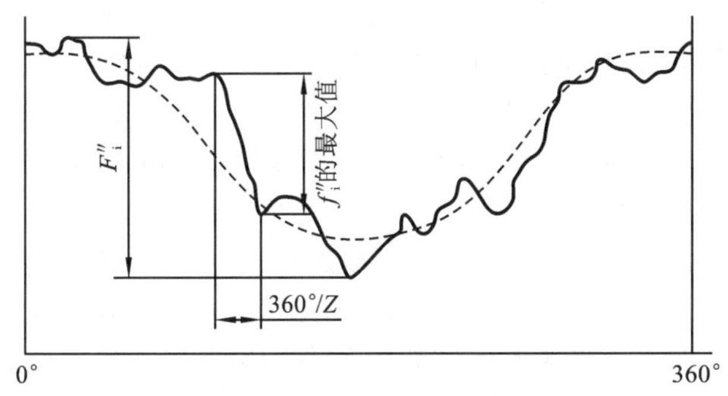

图 11-12　径向综合总偏差

径向综合总偏差是在齿轮双面啮合综合检查仪上进行测量的，如图 11-13 所示。

将被测齿轮与基准齿轮分别安装在双面啮合检查仪的两平行芯轴上，在弹簧作用下，两齿轮作紧密无侧隙的双面啮合。使被测齿轮回转一周，被测齿轮一转中指示表的最大读数差值(即双啮中心距的总变动量)即为被测齿轮的径向综合总偏差 F_i''。由于其中心距变动主要反映径向误差，也就是说径向综合总偏差 F_i''主要反映径向误差，它可代替径向跳动 F_r，并且可综合反映齿形、齿厚均匀性等误差在径向上的影响，因此，径向综合总偏差 F_i''也是作为影响传递运动准确性指标中属于径向性质的单项性指标。

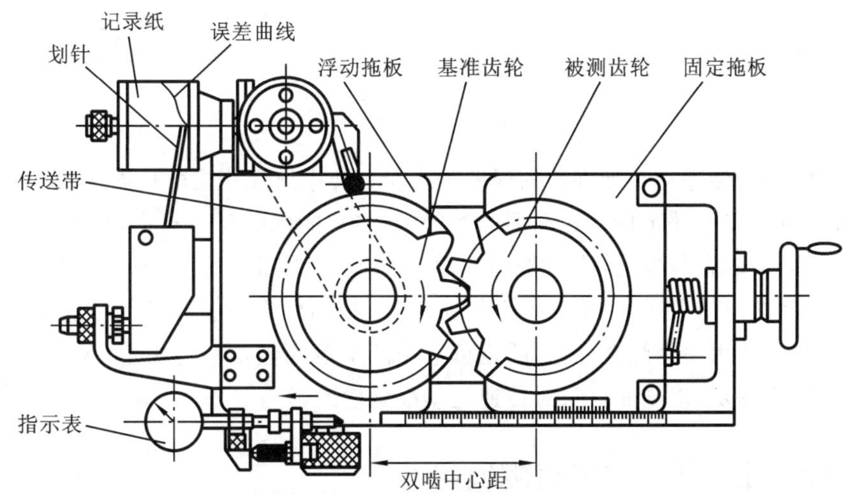

图 11-13　齿轮双面啮合综合检查仪测量

用齿轮双面啮合综合检查仪测量径向综合总偏差，测量状态与齿轮的工作状态不一致时，测量结果同时受左、右两侧齿廓和测量齿轮的精度以及总重合度的影响，不能全面地反映齿轮运动的准确性要求。由于仪器测量时的啮合状态与切齿时的状态相似，能够反映齿坯和刀具的安装误差，且仪器结构简单，环境适应性好，操作方便，测量效率高，因此在大批

量生产中常用此项指标。

5. 公法线长度变动 ΔF_W

公法线即基圆的切线。渐开线圆柱齿轮的公法线长度 W 是指跨越 k 个齿的两异侧齿廓的平行切线间的距离，理想状态下公法线应与基圆相切。公法线长度变动是指在齿轮一周范围内，实际公法线长度最大值与最小值之差，如图 11-14 所示。国家标准对此无定义。考虑到该评定指标的实用性和科研工作的需要，对其评定理论和测量方法仍加以介绍。

公法线长度变动 ΔF_W(base tangent length variation)一般可用公法线千分尺或万能测齿仪进行测量。公法线千分尺用相互平行的圆盘测头，插入齿槽中进行公法线长度变动的测量，如图 11-15 所示。$\Delta F_W = W_{max} - W_{min}$。若被测齿轮轮齿分布疏密不均，则实际公法线的长度就会有变动。但公法线长度变动的测量不是以齿轮基准孔轴线为基准，它反映齿轮加工时的切向误差，不能反映齿轮的径向误差，可作为影响传递运动准确性指标中属于切向性质的单项性指标。

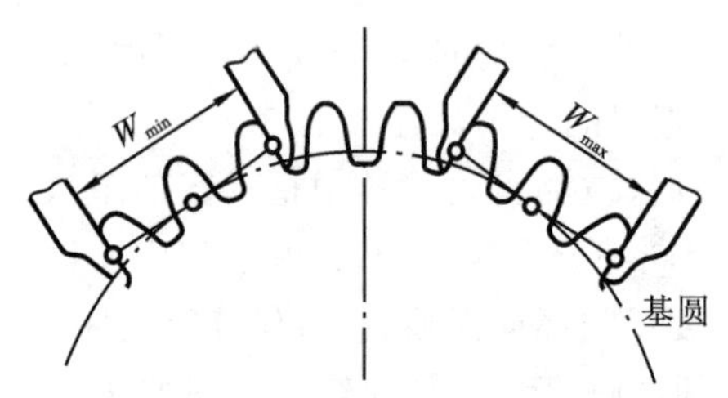

图 11-14　公法线长度变动

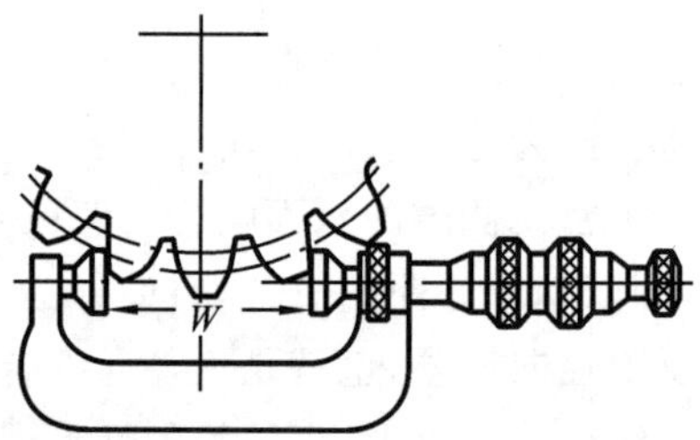

图 11-15　公法线长度变动的测量

必须注意，测量时应使量具的量爪测量面与轮齿的齿高中部接触。为此，测量所跨的齿数 K 应按下式计算：

$$K = \frac{z}{9} + 0.5$$

综上所述，影响传递运动准确性的误差为齿轮一转中出现一次的长周期误差，主要包括径向误差和切向误差。评定传递运动准确性的指标中，能同时反映径向误差和切向误差的综合性指标有切向综合总偏差 F_i'、齿距累积总偏差 F_p(齿距累积偏差 F_{pk})，只反映径向误差或切向误差两者之一的单项性指标有径向跳动 F_r、径向综合总偏差 F_i''和公法线长度变动 ΔF_W。使用时，可选用一个综合性指标，也可选用两个单项性指标的组合(径向指标与切向指标各选一个)来评定，以全面反映对传递运动准确性的影响。

11.2.2　传动工作平稳性的检测项目

1. 一齿切向综合偏差 f_i'

一齿切向综合偏差(tangential tooth-to-tooth composite deviation)是指齿轮在一个齿距角内的切向综合总偏差，即在切向综合总偏差记录曲线上小波纹的最大幅度值(见图 11-3)。一齿切向综合偏差是国家标准规定的检验项目，但不是必检项目。

齿轮每转过一个齿距角，都会引起转角误差，即出现许多小的峰谷。在这些短周期误差

中，峰谷的最大幅度值即为一齿切向综合偏差 f'_i。f'_i既反映了短周期的切向误差，又反映了短周期的径向误差，是评定齿轮传动平稳性较全面的指标。

一齿切向综合偏差 f'_i是在齿轮单面啮合综合检查仪上，测量切向综合总偏差的同时测出的。

2. 一齿径向综合偏差 f''_i

一齿径向综合偏差(radial tooth-to-tooth composite error)是指当被测齿轮与测量齿轮啮合一整圈时，对应一个齿距(360°/z)的径向综合偏差值，即在径向综合总偏差记录曲线上小波纹的最大幅度值(见图 11-12)，其波长常常为齿距角。一齿径向综合偏差是国家标准规定的检验项目。

一齿径向综合偏差 f''_i也反映齿轮的短周期误差，但与一齿切向综合偏差 f'_i是有差别的。f''_i只反映刀具制造和安装误差引起的径向误差，而不能反映机床传动链短周期误差引起的周期切向误差。因此，用一齿径向综合偏差评定齿轮传动的平稳性不如用一齿切向综合偏差评定完善。但由于齿轮双面啮合综合检查仪结构简单，操作方便，在成批生产中仍广泛采用，因此一般用一齿径向综合偏差作为评定齿轮传动平稳性的代用综合性指标。

一齿径向综合偏差 f''_i是在齿轮双面啮合综合检查仪上，在测量径向综合总偏差的同时测出的。

3. 齿廓偏差

齿廓偏差(tooth profile deviation)是指实际齿廓对设计齿廓的偏离量。它在端平面内且垂直于渐开线齿廓的方向计值。

(1) 齿廓总偏差 F_α(tooth profile total deviation)。齿廓总偏差是指在计值范围内，包容实际齿廓的两条设计齿廓迹线间的距离，如图 11-16(a)所示。

(2) 齿廓形状偏差 $f_{f\alpha}$(form deviation of tooth profile)。齿廓形状偏差是指在计值范围内，包容实际齿廓迹线的两条与平均齿廓迹线完全相同的曲线间的距离，且两条曲线与平均齿廓迹线的距离为常数，如图 11-16(b)所示。

(3) 齿廓倾斜偏差 $f_{H\alpha}$(angle deviation of tooth profile)。齿廓倾斜偏差是指在计值范围内，两端与平均齿廓迹线相交的两条设计齿廓迹线间的距离，如图 11-16(c)所示。

齿廓偏差的存在，使两齿面啮合时产生传动比的瞬时变动。如图 11-17 所示，两理想齿廓应在啮合线上的 a 点接触，齿廓偏差使接触点由 a 点变到 a'点，引起瞬时传动比的变化。这种接触点偏离啮合线的现象在一对轮齿啮合转齿过程中要多次发生，使齿轮一转内的传动比发生高频率、小幅度的周期性变化，产生振动和噪声，从而影响齿轮运动的平稳性。因此，齿廓偏差是影响齿轮传动平稳性中属于转齿性质的单项性指标。它必须与揭示换齿性质的单项性指标组合，才能评定齿轮传动平稳性。

渐开线齿轮的齿廓总误差可在专用的单圆盘渐开线检查仪上进行测量。该仪器的工作原理如图 11-18 所示。被测齿轮与一直径等于该齿轮基圆直径的基圆盘同轴安装，当用手轮移动纵拖板时，直尺与由弹簧力紧压其上的基圆盘互作纯滚动，位于直尺边缘上的量头与被测齿廓接触点相对于基圆盘的运动轨迹是理想渐开线。若被测齿廓不是理想渐开线，测量头摆动，经杠杆在指示表上读出其齿廓总偏差。

单圆盘渐开线检查仪结构简单，传动链短，若装调适当，可获得较高的测量精度。但测量不同基圆直径的齿轮时，必须配换与其直径相等的基圆盘。所以，单圆盘渐开线检查仪适

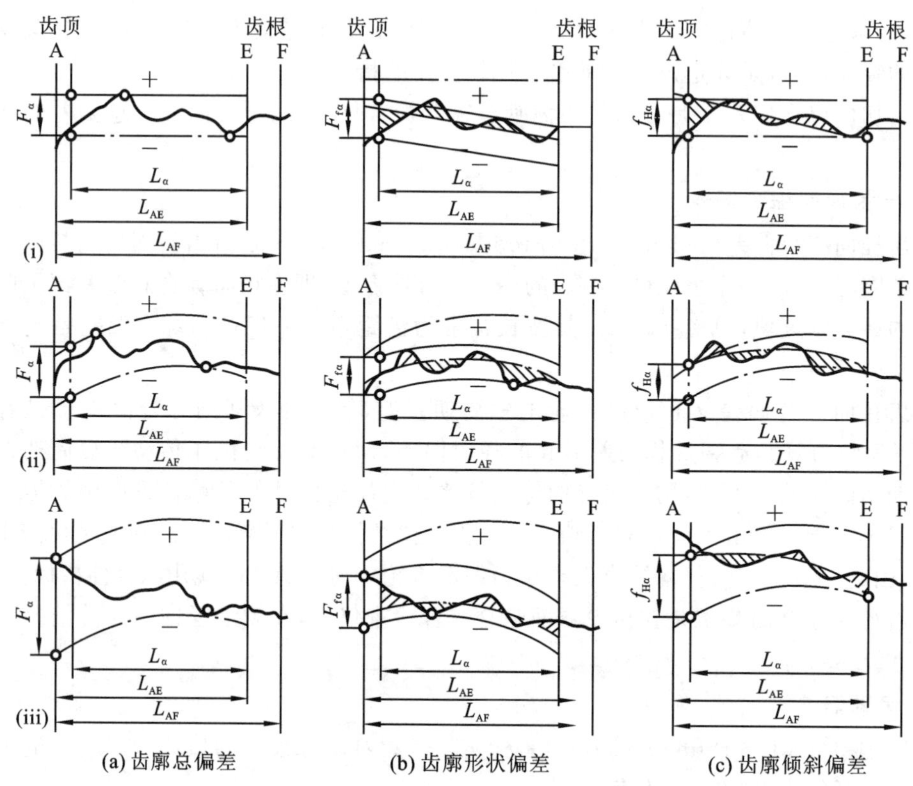

图 11-16 齿廓偏差

(ⅰ) 设计齿廓,未修形的渐开线;实际齿廓,在减薄区内具有偏向体内的负偏差。

(ⅱ) 设计齿廓,修形的渐开线;实际齿廓,在减薄区内具有偏向体内的负偏差。

(ⅲ) 设计齿廓,修形的渐开线;实际齿廓,在减薄区内具有偏向体外的正偏差。

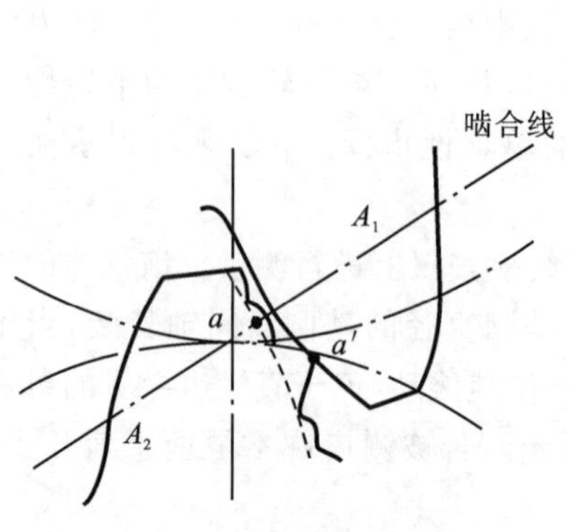

图 11-17 齿廓偏差对传动的影响

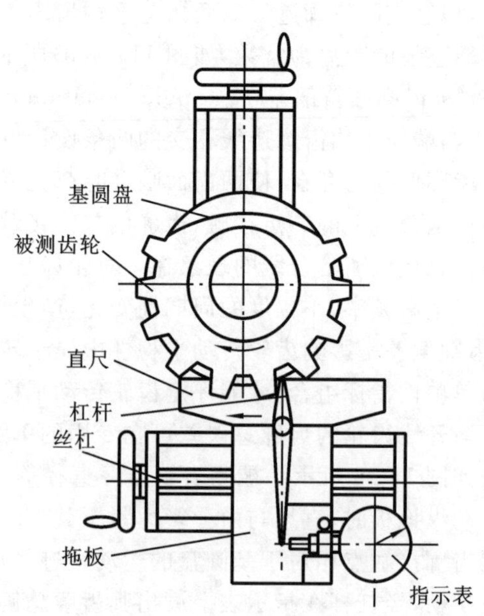

图 11-18 单圆盘渐开线检查仪的工作原理

用于产品比较固定的场合。对于批量生产的不同基圆半径的齿轮，可在通用基圆盘式渐开线检查仪上进行测量，而不需要更换基圆盘。

4. 基圆齿距偏差 f_{pb}

基圆齿距偏差(base circular pitch deviation)是指实际基节与公称基节的代数差，如图 11-19 所示。GB/T 10095.1 中没有定义评定参数基圆齿距偏差，而 GB/Z 18620.1 中给出了这个检验参数。

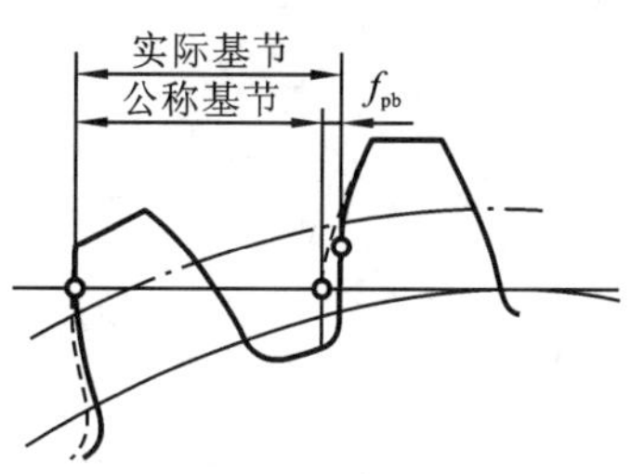

图 11-19　基圆齿距偏差

齿轮副正确啮合的基本条件之一是两齿轮的基圆齿距必须相等。而基圆齿距偏差的存在会引起传动比的瞬时变化，即从上一对轮齿换到下一对轮齿啮合的瞬间发生碰撞、冲击，影响传动的平稳性，如图 11-20 所示。

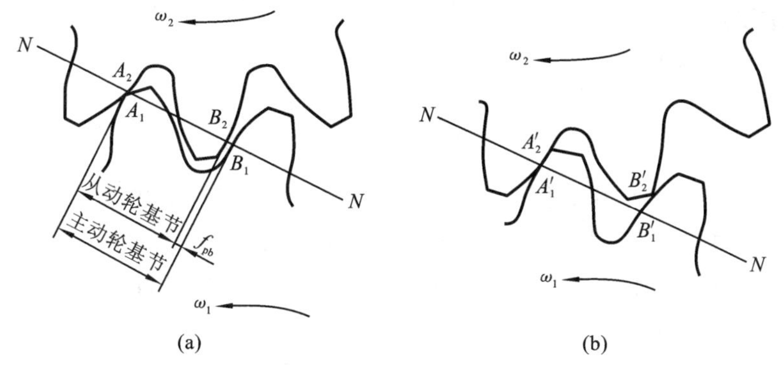

图 11-20　基圆齿距偏差对传动平稳性的影响

当主动轮基圆齿距大于从动轮基圆齿距时，如图 11-20(a)所示，第一对齿 A_1、A_2 啮合终止时，第二对齿 B_1、B_2 尚未进入啮合。此时，A_1 的齿顶将沿着 A_2 的齿根“刮行”(称顶刃啮合)，发生啮合线外的啮合，使从动轮突然降速，直到 B_1 和 B_2 齿进入啮合时，使从动轮又突然加速。因此，从一对齿啮合过渡到下一对齿啮合的过程中，瞬间传动比发生变化，引起冲击，产生振动和噪声。

当主动轮基圆齿距小于从动轮基圆齿距时，如图 11-20(b)所示，第一对齿 A_1'、A_2' 的啮合尚未结束，第二对齿 B_1'、B_2' 就已开始进入啮合。此时，B_2' 的齿顶反向撞向 B_1' 的齿腹，使从动轮突然加速，强迫 A_1' 和 A_2' 脱离啮合。B_2' 的齿顶在 B_1' 的齿腹上“刮行”，同样产生顶刃啮合，直到 B_1' 和 B_2' 进入正常啮合，恢复正常转速为止。这种情况比前一种更坏，因冲击力与运动方向相反，故引起更大的振动和噪声。

上述两种情况都在轮齿替换啮合时发生，在齿轮一转中多次重复出现，影响传动平稳性。因此，基圆齿距偏差可作为评定齿轮传动平稳性中属于换齿性质的单项性指标。它必须与反映转齿性质的单项性指标组合，才能评定齿轮传动平稳性。

基圆齿距偏差通常采用齿轮基节检查仪(见图 11-21(a))进行测量。齿轮基节检查仪可测量模数为 2～16 mm 的齿轮。活动量爪的另一端经杠杆系统与指示表相连，旋转微动螺杆可调节固定量爪的位置。利用仪器附件(如组合量块)，按被测齿轮基节的公称值 P_b 调节活动量爪与固定量爪之间的距离，并使指示表对零。测量时，将固定量爪和辅助支脚插入相

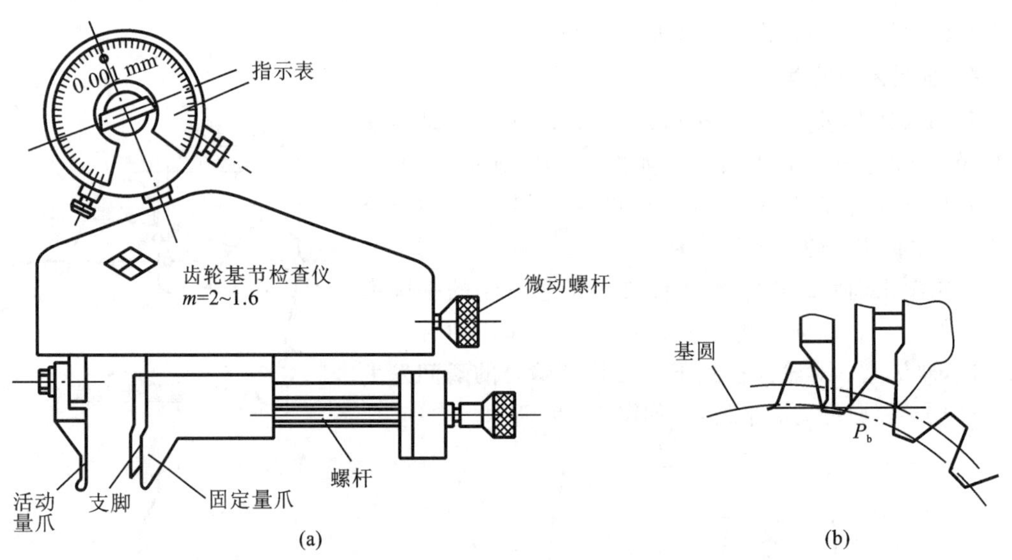

图 11-21　齿轮基节检查仪及其工作原理

邻齿槽(见图 11-21(b)),利用螺杆调节支脚的位置,使它们与齿廓接触,借以保持测量时量爪的位置稳定。摆动齿轮基节检查仪,两相邻同侧齿廓间的最短距离即为实际基节(指示表指示出实际基节对公称基节之差)。在相隔 120°处对左右齿廓进行测量,取所有读数中绝对值最大的数作为被测齿轮的基圆齿距偏差 f_{pb}。

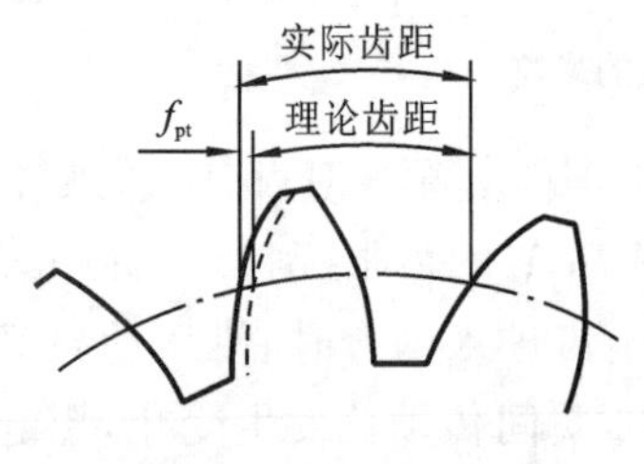

图 11-22　单个齿距偏差

5. 单个齿距偏差 f_{pt}

单个齿距偏差(individual circular pitch deviation)是指在端平面上,在接近齿高中部的一个与齿轮轴线同心的圆上,实际齿距与理论齿距的代数差,如图 11-22 所示。它是国家标准规定的评定齿轮几何精度的基本参数。

单个齿距偏差在某种程度上反映基圆齿距偏差 f_{pb} 或齿廓形状偏差 f_{fa}对齿轮传动平稳性的影响,故单个齿距偏差 f_{pt}可作为齿轮传动平稳性中的单项性指标。

单个齿距偏差也用齿距检查仪测量,在测量齿距累积总偏差的同时,可得到单个齿距偏差值。用相对法测量时,理论齿距是指在某一测量圆周上对各齿测量得到的所有实际齿距的平均值。在测得的各个齿距偏差中,可能出现正值或负值,以其最大数字的正值或负值作为该齿轮的单个齿距偏差值。

综上所述,影响齿轮传动平稳性的误差为齿轮一转中多次重复出现的短周期误差,主要包括转齿误差和换齿误差。评定传递运动平稳性的指标中,能同时反映转齿误差和换齿误差的综合性指标有一齿切向综合偏差 f'_i、一齿径向综合偏差 f''_i,只反映转齿误差或换齿误差两者之一的单项性指标有齿廓偏差、基圆齿距偏差 f_{pb} 和单个齿距偏差 f_{pt}。使用时,可选用一个综合性指标,也可选用两个单项性指标的组合(转齿指标与换齿指标各选一个)来评定,以全面反映对传递运动平稳性的影响。

11.2.3　载荷分布均匀性的检测项目

螺旋线偏差(spiral deviation)是指在端面基圆切线方向上测得的实际螺旋线偏离设计螺旋线的量。

(1) 螺旋线总偏差 F_β(spiral total deviation)是指在计值范围内，包容实际螺旋线迹线的两条设计螺旋线迹线间的距离，如图 11-23(a)所示。

(2) 螺旋线形状偏差 $f_{f\beta}$(form deviation of spiral)是指在计值范围内，包容实际螺旋线迹线的两条与平均螺旋线迹线完全相同的曲线间的距离，且两条曲线与平均螺旋线迹线的距离为常数，如图 11-23(b)所示。

(3) 螺旋线倾斜偏差 $f_{H\beta}$(angle deviation of spiral)是指在计值范围的两端与平均螺旋线迹线相交的设计螺旋线迹线间的距离，如图 11-23(c)所示。

实际齿线存在的形状误差和位置误差，使两齿轮啮合时的接触线只占理论长度的一部分，从而导致载荷分布不均匀。螺旋线总偏差是齿轮的轴向误差，是评定载荷分布均匀性的单项性指标。

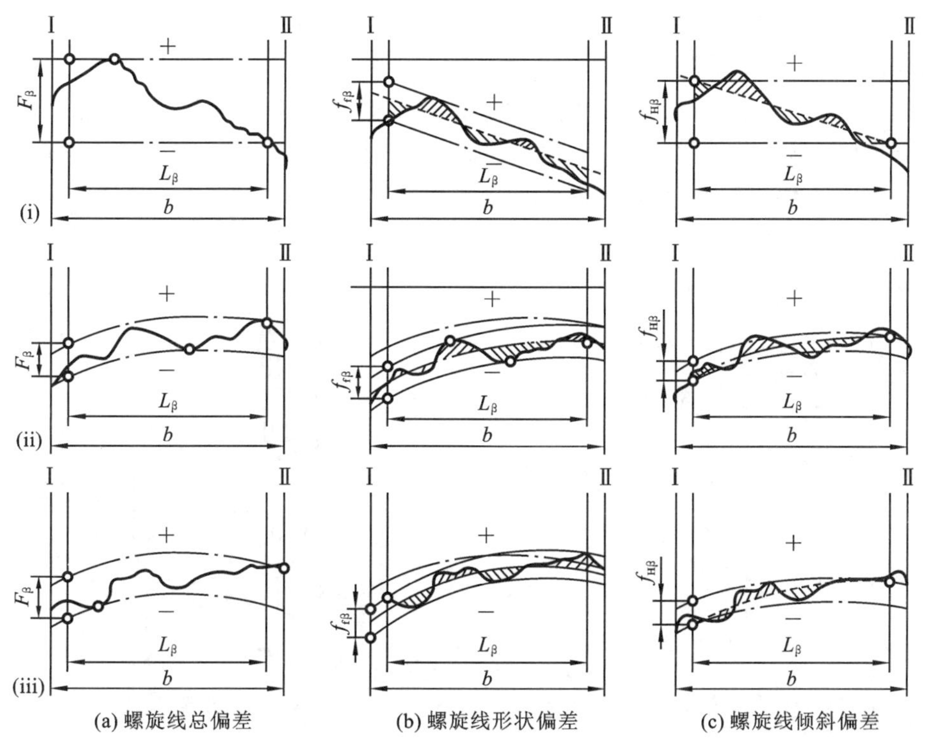

图 11-23　螺旋线偏差

螺旋线总偏差的测量方法有展成法和坐标法。展成法的测量仪器有单盘式渐开线螺旋检查仪、分级圆盘式渐开线螺旋检查仪、杠杆圆盘式通用渐开线螺旋检查仪以及导程仪等。坐标法的测量仪器有螺旋线样板检查仪、齿轮测量中心及三坐标测量机等。直齿圆柱齿轮

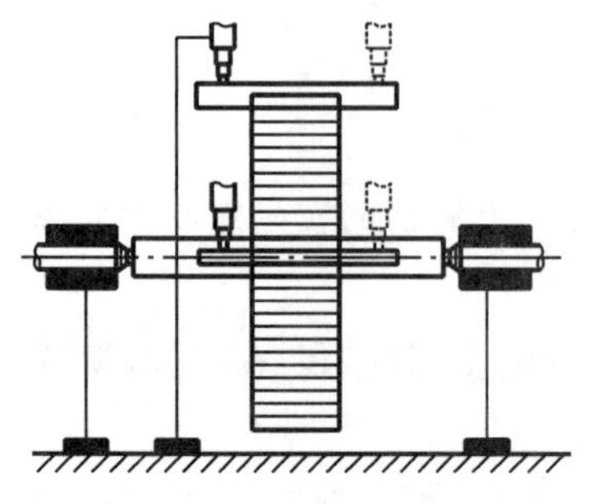
图 11-24　用小圆柱测量螺旋线总偏差

的螺旋线总偏差的测量较为简单，图 11-24 即为用小圆柱测量螺旋线总偏差的原理图。被测齿轮装在芯轴上，芯轴装在两顶针座或等高的 V 形块上，在齿槽内放入小圆柱，以检验平板作基面，用指示表分别测小圆柱在水平方向和垂直方向两端的高度差。此高度差乘以 B/L(B 为齿宽，L 为圆柱长)即近似为齿轮的螺旋线总偏差。为避免安装误差的影响，应在相隔 180°的两齿槽中分别测量，取其平均值作为测量结果。

11.2.4　影响侧隙的单个齿轮因素及其检测

1. 齿厚偏差 f_{sn}

齿厚偏差(thickness deviation of teeth)是指在齿轮的分度圆柱面上，齿厚的实际值与公称值之差，如图 11-25 所示。齿厚偏差是反映齿轮副侧隙要求的一项单项性指标。

齿轮副的侧隙一般是用减薄标准齿厚的方法来获得的。为了获得适当的齿轮副侧隙，规定用齿厚的极限偏差来限制实际齿厚偏差，即 $E_{sni}<f_{sn}<E_{sns}$。一般情况下，E_{sns} 和 E_{sni} 分别为齿厚的上、下极限偏差，且均为负值。

按照定义，齿厚是指分度圆弧齿厚，为了测量方便，常以分度圆弦齿厚计值。图 11-26 所示是用齿厚游标卡尺测量分度圆弦齿厚的情况。测量时，以齿顶圆作为测量基准，通过调整纵向游标卡尺来确定分度圆的高度 h，再从横向游标尺上读出分度圆弦齿厚的实际值 S_a。

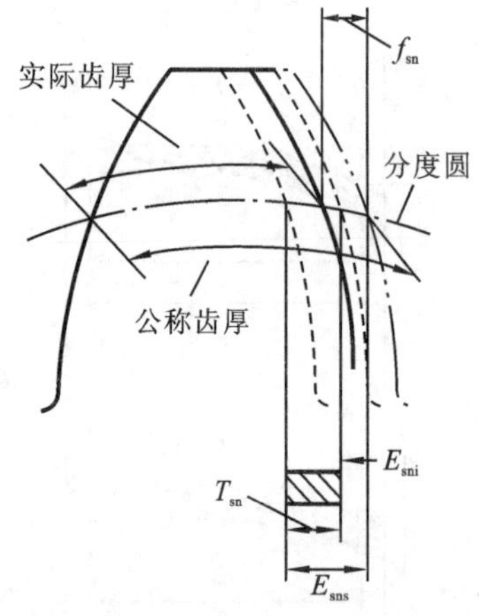

图 11-25　齿厚偏差

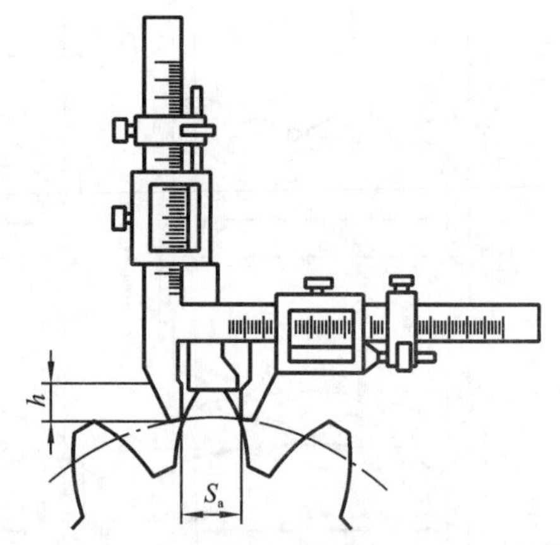

图 11-26　齿厚偏差的测量

对于标准圆柱齿轮，分度圆高度 h、分度圆弦齿厚的公称值 S、齿厚偏差 f_{sn} 用下式计算：

$$h=m\left[1+\frac{z}{2}\left(1-\cos\frac{90^{\circ}}{z}\right)\right] \tag{11-1}$$

$$S=mz\sin\frac{90^{\circ}}{z} \tag{11-2}$$

$$f_{sn}=S_a-S \tag{11-3}$$

式中：m——齿轮模数；

z——齿数。

由于用齿厚游标卡尺测量时，对测量技术要求高，测量精度受齿顶圆误差的影响，测量精度不高，因此它仅用在公法线千分尺不能测量齿厚的场合，如大螺旋角斜齿轮、锥齿轮、大模数齿轮等。测量精度要求高时，分度圆高度 h 应根据齿顶圆实际直径进行修正。

2. 公法线长度偏差

公法线长度偏差(base tangent length deviation)是指在齿轮一周内，实际公法线长度 W_a 与公称公法线长度 W 之差，如图 11-27 所示。

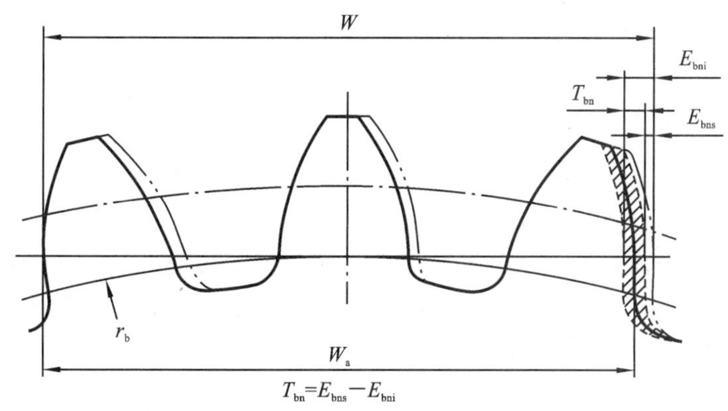

图 11-27　公法线长度偏差

公法线长度偏差是齿厚偏差的函数，能反映齿轮副侧隙的大小，可规定极限偏差(上极限偏差 E_{bns}、下极限偏差 E_{bni})来控制公法线长度偏差。

对于外齿轮，

$$W + E_{bni} \leqslant W_a \leqslant W + E_{bns} \tag{11-4}$$

对于内齿轮，

$$W - E_{bni} \leqslant W_a \leqslant W - E_{bns} \tag{11-5}$$

公法线长度偏差的测量方法与前面所介绍的公法线长度变动的测量相同，在此不再赘述。应该注意的是，测量公法线长度偏差时，需先计算被测齿轮公法线长度的公称值 W，然后按 W 值组合量块，用以调整两量爪之间的距离。沿齿圈进行测量，所测公法线长度与公称值之差，即为公法线长度偏差。

11.3　齿轮副的评定指标及其检测

上面所讨论的都是单个齿轮的加工误差，除此之外，齿轮副的安装误差同样影响齿轮传动的使用性能，因此对这类误差也应加以控制。

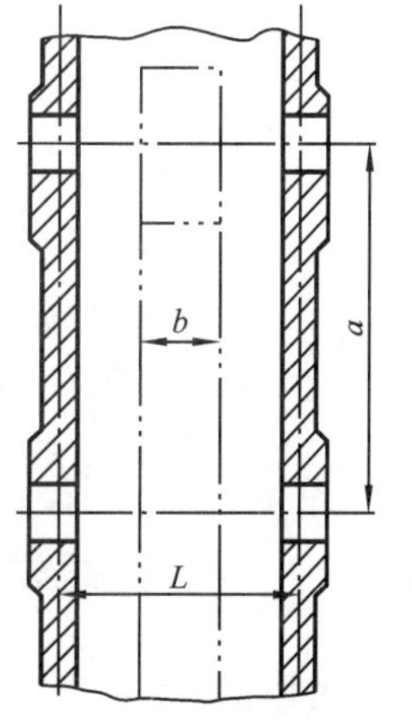

图 11-28　箱体上轴承跨距和齿轮副中心距

b—齿宽；L—轴承跨距；a—公称中心距

如图 11-28 所示，圆柱齿轮减速器的箱体上有两对轴承孔，这两对轴承孔分别用来支撑与两个相互啮合齿轮各自连成一体的两根轴。这两对轴承孔的公共轴线应平行,它们之间的距离称为齿轮副中心距 a,箱体上支撑同一根轴的一对轴承各自中间平面之间的距离称为轴承跨距 L,它相当于被支撑轴的两个轴颈各自中间平面之间的距离。轴线平行度误差和中心距偏差对齿轮传动的使用要求都有影响。前者影响侧隙的大小,后者影响轮齿载荷分布的均匀性。

11.3.1 轴线的平行度误差

轴线的平行度误差(parallelism deviation of the axes)的影响与向量的方向有关。轴线的平行度误差有轴线平面内的平行度误差和垂直平面上的平行度误差。

1. 轴线平面内的平行度误差 $f_{\Sigma\delta}$

轴线平面内的平行度误差(parallelism deviation on the axial plane)是指一对齿轮的轴线,在其基准平面上投影的平行度误差,如图 11-29 所示。

2. 垂直平面上的平行度误差 $f_{\Sigma\beta}$

垂直平面上的平行度误差(parallelism deviation on the vertical plane)是指一对齿轮的轴线,在垂直于基准平面且平行于基准轴线的平面上投影的平行度误差,如图 11-29 所示。基准平面是包含基准轴线,并通过由另一轴线与齿宽中间平面相交的点所形成的平面。两条轴线中任何一条轴线都可作为基准轴线。

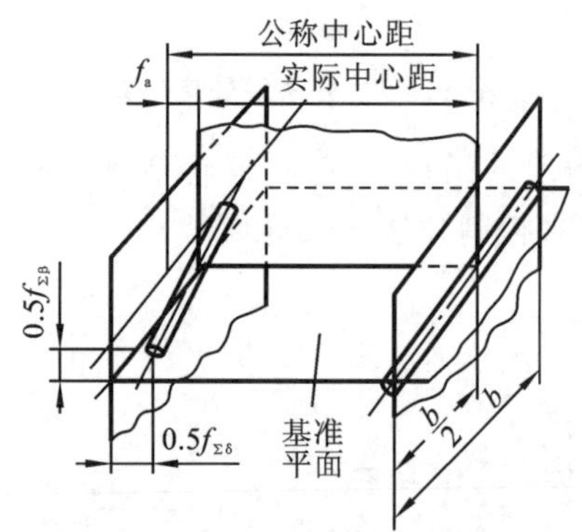

图 11-29 齿轮副的安装误差

$f_{\Sigma\delta}$、$f_{\Sigma\beta}$均在等于全齿宽的长度上测量。由于齿轮轴要通过轴承安装在箱体或其他构件上,因此轴线的平行度误差与轴承的跨距 L 有关。一对齿轮副的轴线若产生平行度误差,必然会影响齿面的正常接触,使载荷分布不均匀,同时还会使侧隙在全齿宽上大小不等。为此,必须对齿轮副轴线的平行度误差进行控制。

11.3.2 中心距偏差 f_a

中心距偏差(center distance deviation)是指在齿轮副的齿宽中间平面内,实际中心距与公称中心距之差,如图 11-29 所示。中心距偏差会影响齿轮工作时的侧隙。当实际中心距小于公称(设计)中心距时,会使侧隙减小;反之,会使侧隙增大。为保证侧隙要求,要求用中心距允许偏差来控制中心距偏差。

为了考核安装好的齿轮副的传动性能,对齿轮副的精度按下列四项指标进行评定。

1. 齿轮副的切向综合总偏差 F'_{ic}

齿轮副的切向综合总偏差是指按设计中心距安装好的齿轮副在啮合转动足够多的转数内，一个齿轮相对于另一个齿轮的实际转角与公称转角之差的总幅度值。F'_{ic}以分度圆弧长计值。一对工作齿轮的切向综合总偏差等于两齿轮的切向综合总偏差 F'_i之和，它是评定齿轮副的传递运动准确性的指标。对于分度传动链用的精密齿轮副，它是重要的评定指标。

2. 齿轮副的一齿切向综合偏差 f'_{ic}

齿轮副的一齿切向综合偏差是指安装好的齿轮副在啮合转动足够多的转数内，一个齿轮相对于另一个齿轮在一个齿距角内的实际转角与公称转角之差的最大幅度值。齿轮副的一齿切向综合偏差以分度圆弧长计值，也就是齿轮副的切向综合总偏差记录曲线上的小波纹的最大幅度值。齿轮副的一齿切向综合偏差是评定齿轮副传递平稳性的直接指标。对于高速传动用齿轮副，它是重要的评定指标，对动载系数、噪声、振动有着重要影响。齿轮副啮合转动足够多转数的目的，在于使误差在齿轮相对位置变化全周期中充分显示出来。所谓"足够多的转数"，通常以小齿轮 z_1 为基准，按大齿轮的转数 n_2 计算。计算公式如下：

$$n_2 = z_1/x \tag{11-6}$$

式中：x——大、小齿轮齿数 z_2 和 z_1 的最大公因数。

3. 接触斑点

接触斑点是指装配好的齿轮副，在轻微制动下，运转后齿面上分布的接触擦亮痕迹，如图 11-30 所示。接触痕迹的大小在齿面展开图上用百分数计算。

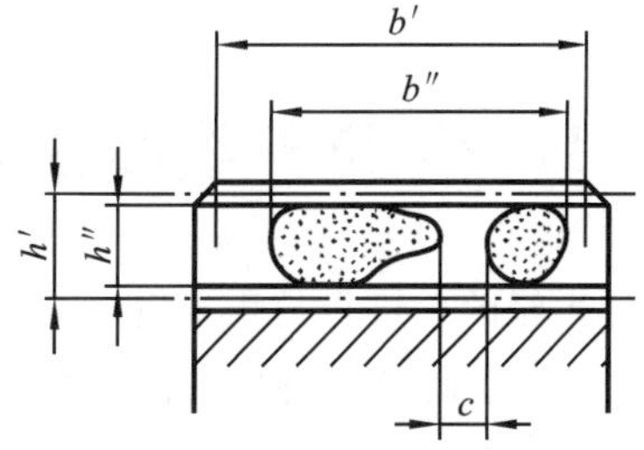

图 11-30　接触斑点

沿齿长方向：接触痕迹的长度 b''(扣除超过模数值的断开部分 c)与工作长度 b'之比的百分数，即

$$\frac{b''-c}{b'} \times 100\%$$

沿齿高方向：接触痕迹的平均高度 h''与工作高度 h'之比的百分数，即

$$\frac{h''}{h'} \times 100\%$$

所谓"轻微制动"，是指不使轮齿脱离，又不使轮齿和传动装置发生较大变形的制动力时的制动状态。沿齿长方向的接触斑点主要影响齿轮副的承载能力，沿齿高方向的接触斑点主要影响工作平稳性。齿轮副的接触斑点综合反映了齿轮副的加工误差和安装误差，是齿面接触精度的综合评定指标。对于接触斑点的要求，应标注在齿轮传动装配图的技术要求中。对于较大的齿轮副，一般是在安装好的传动装置中检验；对于成批生产的机床、汽车、拖拉机等的中小齿轮，允许在啮合机上与精确齿轮啮合检验。

目前，国内各生产单位普遍使用这一精度指标。若接触斑点检验合格，则此齿轮副中的单个齿轮的承载均匀性的评定指标可不予考核。

4. 齿轮副的侧隙

齿轮副的侧隙可分为圆周侧隙 j_{wt}和法向侧隙 j_{bn}两种。

圆周侧隙 j_{wt}是指安装好的齿轮副，当其中一个齿轮固定时，另一齿轮圆周的晃动量，以分度圆上弧长计值，如图 11-31(a)所示。法向侧隙 j_{bn}是指安装好的齿轮副，当工作齿面接

触时,非工作齿面之间的最小距离,如图 11-31(b)所示。圆周侧隙可用指示表测量,法向侧隙可用塞尺测量。在生产中,常检验法向侧隙,但由于圆周侧隙比法向侧隙更便于检验,因此法向侧隙除通过直接测量得到外,也可通过圆周侧隙计算得到。法向侧隙与圆周侧隙之间的关系为

$$j_{bn} = j_{wt}\cos\beta_b\cos\alpha_n \tag{11-7}$$

式中:β_b——基圆螺旋角;

α_n——分度圆法面压力角。

上述齿轮副的四项指标均能满足要求,齿轮副即认为合格。

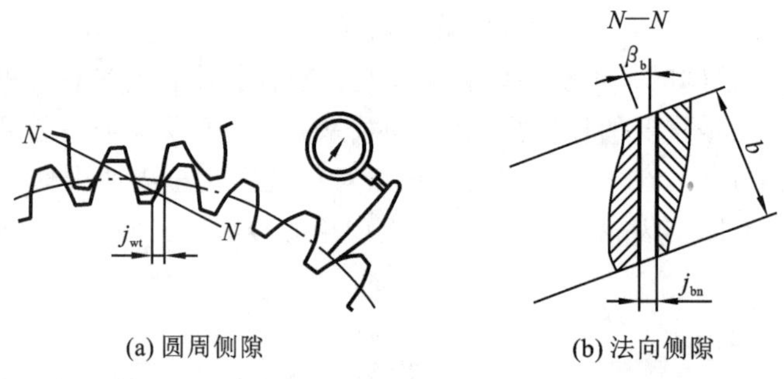

(a) 圆周侧隙　　(b) 法向侧隙

图 11-31　齿轮副侧隙

11.4　渐开线圆柱齿轮精度标准

齿轮的精度设计需要解决如下问题:

(1) 正确选择齿轮的精度等级;

(2) 正确选择评定指标(检验参数);

(3) 正确设计齿侧间隙;

(4) 正确设计齿坯及箱体的尺寸公差与表面粗糙度。

11.4.1　齿轮的精度等级及其选择

1. 精度等级

国家标准对单个齿轮规定了 13 个精度等级(对于 F_i''和 f_i'',规定了 4～12 共 9 个精度等级),依次用阿拉伯数字 0,1,2,3,…,12 表示。其中 0 级精度最高,依次递减,12 级精度最低。0～2 级精度的齿轮对制造工艺与检测水平要求极高,目前加工工艺尚未达到,是为将来发展而规定的精度等级;3～5 级精度为高精度等级;6～8 级精度为中等精度等级,使用最多;9～12 级精度为低精度等级。5 级精度是确定齿轮各项允许值计算式的基础级。

2. 齿轮精度指标各级精度的公差计算公式

各级精度齿轮及齿轮副所规定的各项公差或极限偏差可查阅标准手册,其表中的数值是用"齿轮精度的结构"中对 5 级精度规定的公式乘以级间公比计算出来的。两相邻精度等级的级间公比等于 2,本级数值除以(或乘以)2 即可得到相邻较高(或较低)等级的数值。对

于没有提供数值表的参数偏差允许值，令 m_n、d、b 和 k 分别表示齿轮的法向模数、分度圆直径、齿宽（单位均为 mm）和测量 F_{pk} 时的齿距数，可通过计算得到（见表 11-1）。

表 11-1　5 级精度的齿轮偏差允许值的计算公式、部分公差关系式

齿轮精度	计算公式
单个齿距偏差的极限偏差 $\pm f_{pt}$	$\pm f_{pt}=0.3(m_n+0.4\sqrt{d}+4)$
齿距累积偏差的极限偏差 $\pm F_{pk}$	$\pm F_{pk}=f_{pt}+1.6\sqrt{(k-1)m_n}$
齿距累积总偏差 F_p	$F_p=0.3m_n+1.25\sqrt{d}+7$
齿廓总偏差 F_α	$F_\alpha=3.2\sqrt{m_n}+0.22\sqrt{d}+0.7$
螺旋线总偏差 F_β	$F_\beta=0.1\sqrt{d}+0.63\sqrt{b}+4.2$
一齿切向综合偏差 f_i'	$f_i'=k(9+0.3m_n+3.2\sqrt{m_n}+0.34\sqrt{d})$ 当 $\varepsilon_r<4$ 时，$k=0.2\left(\frac{\varepsilon_r+4}{\varepsilon_r}\right)$；当 $\varepsilon_r\geqslant4$ 时，$k=0.4$
切向综合总偏差 F_i'	$F_i'=F_p+f_i'$
齿廓形状偏差 $f_{f\alpha}$	$f_{f\alpha}=2.5\sqrt{m_n}+0.17\sqrt{d}+0.5$
齿廓倾斜极限偏差 $\pm f_{H\alpha}$	$\pm f_{H\alpha}=2\sqrt{m_n}+0.14\sqrt{d}+0.5$
螺旋线形状偏差 $f_{f\beta}$	$f_{f\beta}=0.07\sqrt{d}+0.45\sqrt{b}+3$
螺旋线倾斜极限偏差 $\pm f_{H\beta}$	$\pm f_{H\beta}=0.07\sqrt{d}+0.45\sqrt{b}+3$
径向综合总偏差 F_i''	$F_i''=3.2m_n+1.01\sqrt{d}+6.4$
一齿径向综合偏差 f_i''	$f_i''=2.96m_n+0.01\sqrt{d}+0.8$
径向跳动 F_r	$F_r=0.8F_p=0.24m_n+1.0\sqrt{d}+5.6$
齿轮副的切向综合总偏差 F'_{ic}	F_{ic}' 等于两配对齿轮 F_i' 之和
齿轮副的一齿切向综合偏差 f_{ic}'	f_{ic}' 等于两配对齿轮 f_i' 之和
轴线平面内的平行度误差 $f_{\Sigma\delta}$	$f_{\Sigma\delta}=f_{px}=F_\beta$
垂直平面上的平行度误差 $f_{\Sigma\beta}$	$f_{\Sigma\beta}=\frac{1}{2}f_{\Sigma\delta}$

3. 精度等级的选择

同一齿轮的三项精度，可以取成相同的精度等级，也可以以不同的精度等级相组合。设计者应根据所设计的齿轮传动在工作中的具体使用条件，对齿轮的加工精度规定最合适的技术要求。

齿轮的精度等级选择的主要依据是齿轮传动的用途、使用条件及对它的技术要求，即要考虑传递运动的精度、齿轮的圆周速度、传递的功率、工作持续时间、振动与噪声、润滑条件、使用寿命及生产成本等的要求，同时还要考虑工艺的可能性和经济性。

齿轮精度等级的选择方法主要有计算法和类比法两种。一般实际工作中，多采用类比法。计算法是根据运动精度要求，按误差传递规律，计算出齿轮一转中允许的最大转角误差，然后再根据工作条件或根据圆周速度或噪声强度要求确定齿轮的精度等级。

类比法是根据以往产品设计、性能试验及使用过程中所累积的成熟经验，以及长期使用中已证实其可靠性的各种齿轮精度等级选择的技术资料，经过与所设计的齿轮在用途、工作

条件及技术性能上作对比后，选定其精度等级。

部分机械采用的齿轮精度等级如表 11-2 所示，齿轮精度等级与速度的应用情况如表 11-3 所示，供选择齿轮精度等级时参考。

表 11-2　部分机械采用的齿轮精度等级

应用范围	精度等级	应用范围	精度等级
测量齿轮	2～5	拖拉机	6～9
汽轮机减速器	3～6	一般用途的减速器	6～9
精密切削机床	3～7	轧钢设备	6～10
一般金属切削机床	5～8	起重机械	7～10
航空发动机	4～8	矿用绞车	8～10
轻型汽车	5～8	农用机械	8～11
重型汽车	6～9		

表 11-3　齿轮精度等级与速度的应用

工作条件	圆周速度/(m/s)		应用情况	精度等级
	直齿	斜齿		
机床	>30	>50	高精度和精密的分度链末端的齿轮	4
	>15～30	>30～50	一般精度分度链末端齿轮，高精度和精密的中间齿轮	5
	>10～15	>15～30	Ⅴ级机床主传动的齿轮、一般精度齿轮的中间齿轮、Ⅲ级和Ⅲ级以上精度机床的进给齿轮、油泵齿轮	6
	>6～10	>8～15	Ⅳ级和Ⅳ级以上精度机床的进给齿轮	7
	<6	<8	一般精度机床齿轮	8
			没有传动要求的手动齿轮	9
动力传动		>70	用于很高速度的透平传动齿轮	4
		>30	用于很高速度的透平传动齿轮，重型机械进给机构、高速重载齿轮	5
		<30	高速传动齿轮、有高可靠性要求的工业齿轮、重型机械的功率传动齿轮、作业率很高的起重运输机械齿轮	6
	<15	<25	高速和适度功率或大功率和适度速度条件下的齿轮，冶金、矿山、林业、石油、轻工、工程机械和小型工业齿轮箱(通用减速器)有可靠性要求的齿轮	7
	<10	<15	中等速度较平稳传动的齿轮，冶金、矿山、林业、石油、轻工、工程机械和小型工业齿轮箱(通用减速器)的齿轮	8
	≤4	≤6	一般性工作和噪声要求不高的齿轮、受载低于计算载荷的齿轮、速度大于 1 m/s 的开式齿轮传动和转盘的齿轮	9

续表

工作条件	圆周速度/(m/s)		应用情况	精度等级
	直齿	斜齿		
航空、船舶和车辆	>35	>70	需要很高的平稳性、低噪声的航空和船舶齿轮	4
	>20	>35	需要高的平稳性、低噪声的航空和船舶齿轮	5
	≤20	≤35	用于高速传动有平稳性、低噪声要求的机车、航空、船舶和轿车的齿轮	6
	≤15	≤25	用于有平稳性和噪声要求的航空、船舶和轿车的齿轮	7
	≤10	≤15	用于中等速度较平稳传动的载重汽车和拖拉机的齿轮	8
	≤4	≤6	用于较低速和噪声要求不高的载重汽车第一挡与倒挡、拖拉机和联合收割机的齿轮	9
其他			检验 7 级精度齿轮的测量齿轮	4
			检验 8～9 级精度齿轮的测量齿轮、印刷机印刷辊子用的齿轮	5
			读数装置中特别精密传动的齿轮	6
			读数装置的传动及具有非直尺的速度传动齿轮、印刷机传动齿轮	7
			普通印刷机传动齿轮	8
单级传动效率			不低于 0.99(包括轴承不低于 0.985)	4～6
			不低于 0.98(包括轴承不低于 0.975)	7
			不低于 0.97(包括轴承不低于 0.965)	8
			不低于 0.96(包括轴承不低于 0.95)	9

4. 齿轮检验项目

根据我国企业齿轮生产的技术和质量控制水平，建议供货方依据齿轮的使用要求和生产批量，在下述检验组中选取一个用于评定齿轮质量。经需方同意后，也可用于验收。在检验中，没有必要测量全部轮齿要素的偏差，因为有些要素对于特定齿轮的功能并没有明显的影响。另外，有些测量项目可以代替另一些项目，如切向综合总偏差检验能代替齿距累积总偏差检验，径向综合总偏差检验能代替径向跳动检验等。

(1) f_{pt}、F_p、F_α、F_β、F_r。

(2) f_{pt}、F_{pk}、F_p、F_α、F_β、F_r。

(3) F_i''、f_i''。

(4) f_{pt}、F_r(10～12 级)。

(5) F_i'、f_i'(协议有要求时)。

11.4.2　齿轮副侧隙

如前所述，齿轮副侧隙分为圆周侧隙 j_{wt} 和法向侧隙 j_{bn}。圆周侧隙便于测量，但法向侧隙是基本的,它可与法向齿厚、公法线长度、油膜厚度等建立函数关系。齿轮副侧隙应按工作条件,用最小法向侧隙来加以控制。

1. 最小法向极限侧隙 $j_{bn\,min}$ 的确定

最小法向极限侧隙的确定主要考虑齿轮副工作时的温度变化、润滑方式及齿轮工作的圆周速度。

1) 补偿温升而引起变形所需的最小法向侧隙 j_{bn1}

$$j_{bn1} = 2a(\alpha_1 \Delta t_1 - \alpha_2 \Delta t_2)\sin\alpha_n \tag{11-8}$$

式中:a——齿轮副中心距;

α_1,α_2——分别为齿轮和箱体材料的线膨胀系数(1/℃);

$\Delta t_1,\Delta t_2$——分别为齿轮和箱体工作温度与标准温度之差,$\Delta t_1 = t_1 - 20°$,$\Delta t_2 = t_2 - 20°$;

α_n——法向压力角(°)。

2) 保证正常润滑所必需的最小法向侧隙 j_{bn2}

j_{bn2}取决于润滑方式和齿轮工作的圆周速度,具体数值如表 11-4 所示。

表 11-4 j_{bn2}的推荐值

润滑方式	圆周速度 v/(m/s)			
	$v \leqslant 10$	$10 < v \leqslant 25$	$25 < v \leqslant 60$	$v > 60$
喷油润滑	$0.01m_n$	$0.02m_n$	$0.03m_n$	$(0.03 \sim 0.05)m_n$
油池润滑	$(0.005 \sim 0.01)m_n$			

注:m_n为法向模数(mm)。

最小法向极限侧隙是补偿温升而引起变形所需的最小法向侧隙 j_{bn1} 与保证正常润滑所必需的最小法向侧隙 j_{bn2} 之和,即

$$j_{bn\,min} = j_{bn1} + j_{bn2} \tag{11-9}$$

2. 齿厚极限偏差的确定

1) 齿厚上极限偏差 E_{sns} 的确定

齿厚上极限偏差除保证齿轮副所需要的最小法向极限侧隙 $j_{bn\,min}$ 外,还应补偿由于齿轮副的加工误差和安装误差所引起的侧隙减小量 J_n。J_n可按下式计算:

$$J_n = \sqrt{f_{pb1}^2 + f_{pb2}^2 + 2\,(F_\beta \cos\alpha_n)^2 + (f_{\Sigma\delta}\sin\alpha_n)^2 + (f_{\Sigma\beta}\cos\alpha_n)^2} \tag{11-10}$$

即侧隙减小量 J_n 与基节极限偏差 f_{pb}、螺旋线总偏差 F_β、轴线平面内的平行度偏差 $f_{\Sigma\delta}$、垂直平面上的平行度偏差 $f_{\Sigma\beta}$ 等因素有关。当 $\alpha_n = 20°$ 时,由表 11-1 可知,$f_{\Sigma\delta} = F_\beta$,$f_{\Sigma\beta} = 0.5 f_{\Sigma\delta}$,化简后得

$$J_n = \sqrt{f_{pb1}^2 + f_{pb2}^2 + 2.104F_\beta} \tag{11-11}$$

齿轮副的中心距偏差 f_a 也是影响齿轮副侧隙的一个因素。中心距偏差为负值时,将使侧隙减小,故最小法向极限侧隙 $j_{bn\,min}$ 与齿轮副中两齿轮的齿厚上极限偏差 E_{sns1} 及 E_{sns2}、中心距偏差 f_a、侧隙减小量 J_n 有以下关系:

$$J_{bn\,min} = |E_{sns1} + E_{sns2}|\cos\alpha_n - 2f_a \sin\alpha_n - J_n \tag{11-12}$$

为便于设计和计算,一般取 E_{sns1} 和 E_{sns2} 相等,即 $E_{sns1} = E_{sns2} = E_{sns}$,这时齿轮的齿厚上

极限偏差为

$$E_{sns} = -f_a \tan\alpha_n + \frac{j_{bn\min} + J_n}{2\cos\alpha_n} \tag{11-13}$$

2）齿厚下极限偏差 E_{sni} 的确定

齿厚下极限偏差 E_{sni} 由齿厚上极限偏差 E_{sns} 与齿厚公差 T_{sn} 确定，即

$$E_{sni} = E_{sns} - T_{sn} \tag{11-14}$$

齿厚公差 T_{sn} 可由下式计算：

$$T_{sn} = 2\tan\alpha_n \sqrt{F_r^2 + b_r^2} \tag{11-15}$$

可见，齿厚公差与反映一周中各齿厚度变动的齿圈径向跳动公差 F_r 和切齿加工时的切齿径向进刀公差 b_r 有关。b_r 的数值与齿轮精度等级的关系如表 11-5 所示。

表 11-5　切齿径向进刀公差值

切齿工艺	磨		滚插		铣	
齿轮的精度等级	4	5	6	7	8	9
b_r 值	1.26IT7	IT8	1.26IT8	IT9	1.26IT9	IT10

3. 计算公法线长度极限偏差 E_{Ws}、E_{Wi}

公法线长度偏差能反映齿厚减薄的情况，且测量较准确、方便，所以可用公法线长度的极限偏差代替齿厚极限偏差标注在图样上。公法线长度的上、下极限偏差（E_{Ws}、E_{Wi}）可分别由齿厚的上、下极限偏差（E_{sns}、E_{sni}）换算得到，其换算关系如下。

1）对于外齿轮

$$E_{Ws} = E_{sns}\cos\alpha_n - 0.72F_r\sin\alpha_n \tag{11-16}$$

$$E_{Wi} = E_{sni}\cos\alpha_n + 0.72F_r\sin\alpha_n \tag{11-17}$$

2）对于内齿轮

$$E_{Ws} = -E_{sni}\cos\alpha_n - 0.72F_r\sin\alpha_n \tag{11-18}$$

$$E_{Wi} = -E_{sns}\cos\alpha_n + 0.72F_r\sin\alpha_n \tag{11-19}$$

11.4.3　齿坯精度和齿轮表面粗糙度

齿坯的内孔、顶圆和端面通常作为齿轮的加工、测量和装配的基准，齿坯的加工精度对齿轮加工的精度、测量准确度和安装精度影响很大，在一定的条件下，用控制齿轮毛坯精度来保证和提高齿轮加工精度是一项积极措施。因此，标准对齿轮毛坯公差做了具体规定。

齿轮孔或轴颈的尺寸公差和形状公差以及齿顶圆柱面的尺寸公差如表 11-6 所示。基准面径向和轴向跳动公差如表 11-7 所示。齿轮表面粗糙度要求如表 11-8 所示。

表 11-6　齿坯尺寸及形状公差

齿轮精度等级		1	2	3	4	5	6	7	8	9	10	11	12
孔	尺寸公差	IT4	IT4	IT4	IT4	IT5	IT6	IT7		IT8		IT8	
	形状公差	IT1	IT2	IT3									

续表

齿轮精度等级		1	2	3	4	5	6	7	8	9	10	11	12
轴	尺寸公差	IT4	IT4	IT4	IT4	IT5		IT6		IT7		IT8	
	形状公差	IT1	IT2	IT3									
顶圆直径公差		IT6		IT7			IT8			IT9		IT11	
基准面的径向跳动		见表 11-7											
基准面的轴向跳动													

表 11-7　齿坯基准面径向和轴向跳动公差　　单位：μm

分度圆直径/mm		精度等级				
大于	到	1 和 2	3 和 4	5 和 6	7 和 8	9 到 12
—	125	2.8	7	11	18	28
125	400	3.6	9	14	22	36
400	800	5.0	12	20	32	50

表 11-8　齿轮各主要表面的表面粗糙度推荐值 *Ra*　　单位：μm

模数/mm	精度等级							
	5	6	7	8	9	10	11	12
$m<6$	0.5	0.8	1.25	2.0	3.2	5.0	10	20
$6\leqslant m\leqslant 60$	0.63	1.00	0.6	2.5	4	6.3	12.5	25
$m>25$	0.8	1.25	2.0	3.2	5.0	8.0	16	32

11.4.4　齿轮精度的标注代号

国家标准规定:在技术文件需叙述齿轮精度要求时,应注明 GB/T 10095.1—2008 或 GB/T 10095.2—2008。

关于齿轮精度等级标注建议如下:齿轮的检验项目同为某一精度等级时,可标注精度等级和标准编号。如果齿轮检验项目同为 7 级,则标注为 7 GB/T 10095.1—2008 或 7 GB/T 10095.2—2008。

若齿轮检验项目的精度等级不同,如齿廓总偏差 F_a 为 6 级,而齿距累积总偏差 F_p 和螺旋线总偏差 F_β 均为 7 级,则标注为 6(F_a)、7(F_p、F_β) GB/T 10095.1—2008。

思考题与练习题

一、思考题

1. 齿轮传动的使用要求有哪些?彼此有何区别与联系?影响这些使用要求的主要误差是哪些?

2. 传递运动精确性的评定指标有哪些?按特征可归纳为哪几类?

3. ΔF_p 是什么?它能反映影响齿轮传递运动精确性的什么误差?与评定传递运动精

确性的其他指标比较有何优缺点？

4. ΔF_r与 $\Delta F_i''$是什么？为什么它们不能反映运动偏心？各用在何种情况下？

5. 接触斑点应在什么情况下检验才最能确切反映齿轮的载荷分布均匀性？影响接触斑点的因素有哪些？

6. 试分析公法线平均长度偏差与公法线长度变动的联系与区别。

7. 影响齿轮副侧隙大小的因素有哪些？

二、练习题

8. 设有一直齿圆柱齿轮副，模数 $m=2$ mm，齿数 $z_1=25$，$z_2=75$，齿宽 $b_1=b_2=20$ mm，精度等级 766，齿轮的工作温度 $t_1=50$ ℃，箱体的工作温度 $t_2=30$ ℃，圆周速度为 8 m/s，线膨胀系数：钢齿轮 $a_1=11.5\times10^{-6}$，铸铁箱体 $a_2=10.5\times10^{-6}$。试计算齿轮副的最小法向侧隙（$j_{bn\,min}$）及小齿轮公法线长度的上极限偏差（E_{Ws}）、下极限偏差（E_{Wi}）。

9. 单级直齿圆柱齿轮减速器中相配齿轮的模数 $m=3.5$ mm，标准压力角 $\alpha=20°$，传递功率 5 kW。小齿轮和大齿轮的齿数分别为 $z_1=18$ 和 $z_2=79$，齿宽分别为 $b_1=55$ mm，$b_2=50$ mm，小齿轮的齿轮轴的两个轴径皆为 $\phi40$ mm，大齿轮基准孔的公称尺寸为 60 mm。小齿轮的转速为 1 440 r/min，减速器工作时温度会增高，要求保证最小法向侧隙 $j_{bn\,min}=0.21$ mm。

（1）试确定大、小齿轮的精度等级；

（2）试确定大、小齿轮的 F_p、$\pm f_{pt}$、F_α、F_β、F_{pk}的公差或极限偏差；

（3）试确定大、小齿轮的公称公法线长度及相应的跨齿数和极限偏差；

（4）试确定大、小齿轮齿面的表面粗糙度轮廓幅度参数值；

（5）试确定大、小齿轮的齿轮坯公差；

（6）试确定大齿轮轮毂键槽宽度和深度的公称尺寸和它们的极限偏差，以及键槽中心平面对基准孔轴线的对称度公差；

（7）试画出齿轮轴和大齿轮的零件图，并标注技术要求（齿轮结构可参考有关图册或手册来设计）。

参考文献

[1] 王伯平.互换性与测量技术基础[M].北京:机械工业出版社,2008.

[2] 廖念钊.互换性与技术测量[M].北京:中国计量出版社,1991.

[3] 王贵成,范真.公差与检测技术[M].北京:高等教育出版社,2011.

[4] 宋绪丁.互换性与几何量测量技术[M].西安:西安电子科技大学出版社,2019.

[5] 甘永立.几何量公差与检测[M].上海:上海科学技术出版社,2008.

[6] 陈于萍.互换性与测量技术基础[M].北京:机械工业出版社,1998.

[7] 田克华.互换性与测量技术基础[M].哈尔滨:哈尔滨工业大学出版社,1996.

[8] 赵容.互换性与测量技术基础[M].沈阳:辽宁科技出版社,1997.

[9] 楼应候,孙树礼,卢桂萍.互换性与技术测量[M].武汉:华中科技大学出版社,2012.

[10] 徐茂功.公差配合与技术测量[M].北京:机械工业出版社,2008.

[11] 刘巽尔.形状和位置公差原理与应用[M].北京:机械工业出版社,1999.

[12] 俞立钧.机械精度设计基础与质量保证[M].上海:上海科学技术文献出版社,1999.